茶经研习

周才碧　编著

中国轻工业出版社

图书在版编目（CIP）数据

茶经研习 / 周才碧编著 . —北京：中国轻工业出版社，2022.11

ISBN 978-7-5184-4128-0

Ⅰ.①茶⋯　Ⅱ.①周⋯　Ⅲ.①茶文化—中国—古代②《茶经》—研究　Ⅳ.①TS971.21

中国版本图书馆 CIP 数据核字（2022）第 167189 号

责任编辑：贾　磊　　责任终审：劳国强　　整体设计：锋尚设计
文字编辑：吴梦芸　　责任校对：朱燕春　　责任监印：张　可

出版发行：中国轻工业出版社（北京东长安街 6 号，邮编：100740）

印　　刷：北京君升印刷有限公司

经　　销：各地新华书店

版　　次：2022 年 11 月第 1 版第 1 次印刷

开　　本：720×1000　1/16　印张：21.5

字　　数：430 千字

书　　号：ISBN 978-7-5184-4128-0　定价：98.00 元

邮购电话：010-65241695

发行电话：010-85119835　传真：85113293

网　　址：http://www.chlip.com.cn

Email：club@chlip.com.cn

如发现图书残缺请与我社邮购联系调换

211296K8X101ZBW

中国是茶树的原产地，也是世界茶文化的起源和传播中心。自唐代以来，茶成为中国人的日常休闲饮品，文人墨客在茶事生活中感受到了茶饮的诗意，平民百姓在日常饮茶中也感受到了茶带来的健康体验。

2021年3月习近平总书记在武夷山考察时，提出的"要统筹做好茶文化、茶产业、茶科技大文章"要求，以时代精神激活中华优秀传统文化的生命力，将茶业打造成乡村振兴支柱产业。

唐代陆羽的《茶经》创立了世界茶文化的谱系，并且作为茶界经典，一千多年来引领了世界茶叶生产和饮用文化的传播、演化及发展，在我国形成了科学与人文紧密结合，农、文、理、工、科、贸综合发展的现代特色茶学学科。茶叶事业肩负我国文化复兴和乡村振兴双重使命，也是我国"一带一路"倡议的文化载体，是服务人类健康的幸福事业，茶文化的复兴代表着我国文化软实力的提升。

《茶经研习》是一本集知识性与趣味性、继承性与创新性于一体的读本，它以《茶经》导读为线索，在为大家扫清经典原文阅读中的语言障碍的同时，通过系统的知识解读和案例剖析，将古今茶业发展和文化传承关系融会贯通起来，是一部非常有味道的茶文化科普读物和茶文化修习教材！本人从事茶文化教学近二十年，读来自觉受益匪浅。

古今中外茶文化知识如汪洋大海，在茶文化学习中，如何有效克服茶文化学习中因广博而零散、缺乏严密逻辑关系的问题，突破方向性和标准判别难的问题？《茶经研习》难能可贵的是：在系统介绍《茶经》基本知识的同时，能结合中国茶文化继承发展与扬弃创新的理念，理清来龙去脉，将"茶文化"发展成农、文、理贯通，科学和人文并重，集人文、科学、技术导向性与趣味性于一体的读本，还将作者教学过程中的大量实践与思考进行了系统阐述，该书可作为茶文化及相关专业的教学和培训教材，也可作为茶文化爱好者研习的参考书！

华南农业大学茶业科学系主任　陈文品

前言

中共中央办公厅、国务院办公厅印发的《"十四五"文化发展规划》指出，文化是国家和民族之魂，也是国家治理之魂。没有社会主义文化繁荣发展，就没有社会主义现代化。为在新的历史起点上进一步推动社会主义文化繁荣兴盛，深入研究中华文明、中华文化的起源和特质，坚守中华文化立场和文化自信，坚持创造性转化、创新性发展；深入开展各种形式的人文交流活动，赓续中华文脉、传承红色基因，以文载道、以文传声、以文化人；构建中国文化基因的理念体系，凝聚中华儿女团结奋进的精神力量，建设社会主义文化强国和中华民族共有精神家园，增强国际传播影响力、中华文化感召力、中国形象亲和力、中国话语说服力、国际舆论引导力，促进民心相通，构建人文共同体。

茶文化是中国传统文化的重要组成部分，有着悠久的历史。茶之为饮，发乎神农氏，闻于鲁周公；茶之为艺，始于唐，兴于宋，衰落于晚清，复兴于新中国，繁荣于当代。贵州省委、省政府关于加快发展特色优势产业的战略部署，着力推进贵州省茶产业的转型升级，以文促销，以销促产，提升品牌竞争力；加强人才队伍建设，鼓励支持省内大专院校、职业院校设立茶叶专业；强调以喝茶健康为主题，推动茶文化进机关、进学校、进军营、进企业、进社区，将茶文化活动作为中小学劳动课的内容之一，引导形成全社会饮茶、爱茶、关心茶的良好氛围。

为了普及茶文化知识，增强民族自豪感，本书以陆羽《茶经》为引，《茶经》原文整理以明嘉靖二十一年（1542）柯双华竟陵本为底本，校以明万历十六年（1588）程福生竹素园陈文烛校本、明万历四十一年（1613）喻政《茶书》本、文渊阁《四库全书》本、民国十六年（1927）陶湘影宋《百川学海》本等版本，又以《新唐书》《旧唐书》《太平御览》《太平寰宇记》等书作为他校。全书分为茶之源研习、茶之具研习、茶之造研习、茶之器研习、茶之煮研习、茶之饮研习、茶之事研习、茶之出研习、茶之略研习、茶之图研习共十个章节，从茶经原文、原文分析、知识解读、研习方案、课后活动五个方面，剖析了茶的起源、加工及其用具、冲泡及其器具、茶之为饮及其科学饮用、茶为国饮及其轶事典故、茶叶产出及其区域演变等茶文化知识，以期为《茶经》的解读以及茶文化知识的传播和普及提供参考，增强中华文化感召力和中华民族自豪感。

该书获得以下课题资助：国家自然科学基金委项目（31960605、32160727）；贵州省科技厅项目（黔科合支撑［2019］2377号、黔科合基础-ZK［2022］一般5488、黔科合基础-ZK［2021］一般167、黔科合LH字［2014］7428、黔科合基础［2019］1298号）；贵州省教育厅项目（黔农育专字［2017］016号、黔教合KY字［2017］336、黔教高发［2015］337号、黔教合人才团队字［2015］68、黔学位合字ZDXK［2016］23号、黔教合KY字［2016］020、黔教合KY字［2020］193、黔教合KY字［2022］089、黔教合KY字［2020］071、黔教合KY字［2020］070、黔教合人才团队字［2014］45号、黔教合KY字［2014］227号、黔教合KY字［2015］477号）；贵州省卫生厅项目（gzwkj2012-2-017）；贵州省黔南布依族苗族自治州科技局项目（黔南科合［2018］14号、黔南科合学科建设农字［2018］6号、黔南科合［2018］13号）；黔南民族师范学院科研项目（2017xjg0811、2020qnsyrc08、QNSY2018BS019、QNSY2018PT001、qnsyzw1802、QNYSKYTD2018011、Qnsyk201605、2019xjg0303、2018xjg0520、QNYSKYTD2018006、QNYSXXK2018005、QNSY2020XK09、QNYSKYTD2018004、qnsy2018001、QNSY2018PT005）。

目录

第一章

茶之源研习

《茶经·一之源》，简明扼要地介绍了茶字的起源以及茶树的种植、特征、功能等。

为了深入研究茶字的起源以及茶树的起源、特征、生境、种植、品质、功能等，普及茶叶知识，传播中国茶文化，本章以陆羽《茶经·一之源》为引，从茶经原文、原文分析、知识解读、研习方案、课后活动五个方面，详细地剖析了"茶"字的起源，茶树的起源、生物特征、生长环境、栽培方法，以及茶叶的品质特征、功能作用等知识及研习方案。

一、茶经原文

茶者，南方之嘉木也。一尺、二尺乃至数十尺。其巴山、峡川，有两人合抱者，伐而掇之。其树如瓜芦，叶如栀子，花如白蔷薇，实如栟榈，蒂如丁香，根如胡桃。（瓜芦木出广州，似茶，至苦涩。栟榈，蒲葵之属，其子似茶。胡桃与茶，根皆下孕，兆至瓦砾，苗木上抽。）

> 茶，南方的一种优良树木，高达数十尺。在川东、鄂西一带，有主干粗到两人合抱的茶树，砍下树枝，才能采到茶叶。茶树的树形似瓜芦，叶形似栀子，花似白蔷薇，果实似棕树，蒂似丁香，根似胡桃。（瓜芦木产于广州，形态似茶，滋味苦涩。棕树是蒲葵类植物，种子似茶籽。胡桃和茶树，根向下伸长，碰到坚硬的砾土，苗木才向上生长。）

其字，或从草，或从木，或草木并。

其名，一曰茶，二曰槚，三曰蔎，四曰茗，五曰荈。

"茶"字结构，有的从"草"，有的从"木"，有的"草""木"兼从。

茶的名称：一称茶，二称槚，三称蔎，四称茗，五称荈。

qí dì　shàng zhě shēng làn shí　zhōng zhě shēng lì rǎng　xià zhě shēng huáng tǔ
其地，上者生烂石，中者生栎壤，下者生黄土。

fán yì ér bù shí　zhí ér hǎn mào　fǎ rú zhòng guā　sān suì kě cǎi
凡艺而不实，植而罕茂，法如种瓜，三岁可采。

yě zhě shàng　yuán zhě cì　yáng yá yīn lín　zǐ zhě shàng　lù zhě cì　sǔn zhě shàng　yá zhě cì　yè juǎn shàng　yè shū
野者上，园者次。阳崖阴林：紫者上，绿者次；笋者上，芽者次；叶卷上，叶舒
cì　yīn shān pō gǔ zhě　bù kān cǎi duō　xìng níng zhì　jié jiǎ jí
次。阴山坡谷者，不堪采掇，性凝滞，结瘕疾。

种茶的土壤，以由岩石完全风化而形成的土壤最好，其次是砂壤，黄土最差。

凡是茶苗种植技术不当，茶树很少长得茂盛，栽种方法似种瓜。一般种植三年

后就可采茶。

野生茶树好，园地里种植的差。向阳山坡上林荫下生长的茶树：芽叶紫色的好，

绿色的差；笋状的好，针状的差；幼嫩新梢上背卷的嫩叶好，初展时即摊开的

差。背阴山坡的茶树，因为性质凝结不散，饮用易腹中生肿块，不值得采摘。

chá zhī wéi yòng　wèi zhì hán　wéi yǐn　zuì yí jīng xíng jiǎn dé zhī rén　ruò rè kě　níng mèn　nǎo téng　mù sè　sì zhī
茶之为用，味至寒，为饮，最宜精行俭德之人。若热渴、凝闷、脑疼、目涩、四肢
fán　bǎi jié bù shū　liáo sì wǔ chuò　yǔ tí hú　gān lù kàng héng yě
烦、百节不舒，聊四五啜，与醍醐、甘露抗衡也。

cǎi bù shí　zào bù jīng　zá yǐ huì mǎng　yǐn zhī chéng jí
采不时，造不精，杂以卉莽，饮之成疾。

茶的功用，其性质为寒性，作为饮料最适宜。行为端正俭朴高尚的人，若发

烧、口渴、胸闷、头疼、眼涩、四肢无力、关节不舒服，略微喝上四五口，就

同饮醍醐、甘露。

若茶叶采摘不及时，制造不精细，夹杂着野草，饮了就会生病。

chá wéi léi yě　yì yóu rén shēn　shàng zhě shēng shàng dǎng　zhōng zhě shēng bǎi jì　xīn luó　xià zhě shēng gāo lí　yǒu
茶为累也，亦犹人参。上者生上党，中者生百济、新罗，下者生高丽。有

生 泽州、易州、幽州、檀州者，为药无效，况非此者，设服荠苨，使六疾不瘳。知

人参为累，则茶累尽矣。

选用茶叶的困难与选用人参相似。上等的人参产于上党，中等的产于百济、新罗，下等的产于高丽。出产在泽州、易州、幽州和檀州的人参，作药用没有功效，更何况其他地方的呢！倘若误把荠苨当人参服用，生了病也不能痊愈，知道了选用人参的困难，也就可知选用茶叶的一切了。

二、原文分析

（一）嘉木

嘉木即优良树木。

"嘉木树庭，芳草如积。"（汉·张衡《西京赋》）

"缭以垣墉，甃以瓦石，植以嘉木，丹垩辉映。"（明·刘基《北岭将军庙碑》）

（二）巴山、峡川

巴山、峡川即今四川东部、重庆和湖北西部一带。

"巴山遇中使，云自峡城来。"（唐·杜甫《巴山》）

"闭门十日风雨，神游湘浦峡川。"（宋·陆文圭《题萧照山水》）

（三）掇

掇即摘取，采摘。

"妍媸属镜鉴，舛驳混铅黛。披条索其华，掇撷纷琐碎。"（元·吴澄《江西秋闱分韵》）

"行掇木芽供野食，坐牵萝蔓挂朝衣。"（唐·白居易《酬李二十侍郎》）

（四）其树如瓜芦

其树如瓜芦即茶树的树形似瓜芦。

"龙川县有皋芦，名瓜芦，叶似茗，士人谓之过罗或曰物罗，皆夷语也。"（南北朝·沈怀远《南越志》）

"皋芦，叶状如茗，而大如手掌，捼碎泡饮，最苦而色浊，风味不及茶远矣，今广人用之，名曰苦䔢。"（明·李时珍《本草纲目》）

（五）叶如栀子

叶如栀子即叶形似栀子。

"凄凉栀子落，山璺泣清漏。"（唐·李贺《感讽五首·其五》）

"烂开栀子浑如雪，已熟来禽尚带花。"（宋·杨万里《初秋行圃四首·其二》）

"清芬六出水栀子，坚瘦九节石菖蒲。"（宋·陆游《二友》）

（六）花如白蔷薇

花如白蔷薇即花似白蔷薇。

"不用镜前空有泪，蔷薇花谢即归来。"（唐·杜牧《留赠》）

"尽道春光已归去，清香犹有野蔷薇。"（宋·金梁之《蔷薇》）

（七）实如栟榈

实如栟榈即果实似棕树。

"楈枒栟榈，枏柏檿檀。"（汉·张衡《南都赋》）

"悠然顾影成清啸，新制栟榈二寸冠。"（宋·陆游《新制小冠》）

"山花红踯躅，庭树绿栟榈。"（宋·侯遗《茅山书院》）

（八）蒂如丁香

蒂如丁香即蒂似丁香。

"丁香体柔弱，乱结枝犹垫。"（唐·杜甫《江头四咏·丁香》）

"殷勤解却丁香结，纵放繁枝散诞春。"（唐·陆龟蒙《丁香》）

（九）根如胡桃

根如胡桃即根似胡桃。

"苜蓿胡桃霜露浓，衣冠文物叹尘容。"（元·王逢《闻钟》）

"胡桃松实何曾吃，却嚼秋风柏子仁。"（宋·杨万里《拾柏子》）

"胡桃树高丈许，春初生叶，长四、五寸，微似大青叶，两两相对，颇作恶气。"（明·李时珍《本草纲目》）

（十）槚、茗、荈

槚、茗、荈即苦茶、粗茶。

"槚，苦茶。"（东晋·郭璞《尔雅注》）

"寂寂掩高阁，寥寥空广厦。待君竟不归，收领今就槚。"（南北朝·王微《杂诗》）

"早采者为茶，晚取者为茗，一名荈，蜀人谓之苦茶。"（东晋·郭璞《尔雅注》）

"茶，早采为茶，晚采者为茗。"（唐·封演《封氏闻见记·卷六·饮茶》）

"畏水与日，最宜坡地荫处。清明前采者上，谷雨前者次之，此后皆老茗尔。"（明·李时珍《本草纲目》）

"荈，茶叶老者。"（南北朝·顾野王《玉篇·艸部》）

"乌程县西二十里有温山，出御荈。"（南北朝·山谦之《吴兴记》）

（十一）烂石

烂石即长年累月的山岩风化形成的土壤。

"崎岖烂石上，得此一寸芽。"（宋·苏轼《病中夜读朱博士诗》）

"绝壁峭立于大涧中流，乱石飞走，日明月峡。茶生其间，尤为绝品。"（清·郑元庆《石柱记笺释》）

（十二）法如种瓜

法如种瓜即种植方法似种瓜。

"先卧锄，耧却燥土，不耧者，坑虽深大，常杂燥土，故瓜不生。然后培蒲沟切。坑，大如斗口。纳瓜子四枚、大豆三个于堆旁向阳中。"（南北朝·贾思勰《农桑辑要》）

"童孙未解供耕织，也傍桑阴学种瓜。"（宋·范成大《四时田园杂兴》）

"今年学种瓜，园圃多荒芜。"（唐·韦应物《种瓜》）

（十三）野者

野者即自然生长在竹木庇荫的山坡或峡谷之中的野生茶树。

"相邀茅舍坐，自摘野茶煎。"（宋·周密《邂逅·邂逅村翁语》）

"涉涧锄生术，和云嚼野茶。"（宋·高似孙《琼台西路》）

（十四）园者

园者即人工成片栽培的茶园。

"药圃茶园为产业，野麋林鹤是交游。"（唐·白居易《重题》）

"问讯茶园开也未。"（清·陈维崧《蝶恋花·四月荆南山更翠》）

（十五）凝滞

凝滞即凝结不散。

"淹回水而凝滞。"（东周·屈原《涉江》）

"舟凝滞于水滨，车逶迟于山侧。"（南北朝·江淹《别赋》）

"大抵此症，起于饮食失调，兼之水土不伏，食积于小腹之中，凝滞不消。"（明·冯梦龙《醒世恒言·吴衙内邻舟赴约》）

（十六）瘕

瘕即腹中结有硬块的病症。

"何须横议相疵瘢，众口并发鸣群鸦。"（宋·苏轼《辨道歌》）

"拄腹文章未补饥，积瘢潜愧不堪悲。"（唐末·吕本中《书怀》）

（十七）醍醐

醍醐即从牛奶中精炼出的精华，为油脂状的凝结物。

"醍醐，是酪之浆，凡用以重绵滤过，于铜器煮三、两沸。"（南北朝·雷敩《雷公炮炙论》）

"醍醐，生酥中，此酥之精液也。好酥一石，有三、四升醍醐，熟杵炼，贮器中，待凝，穿中至底，便津出得之。"（唐·苏敬《唐本草》）

（十八）卉

卉即草的总称。

"卉，草之总名也。"（东汉·许慎《说文解字》）

"卉木萋萋。"（西周·《诗经》）

（十九）莽

莽即茂密；盛多。

"滔滔孟夏兮，草木莽莽。"（东周·屈原《楚辞·九章·怀沙》）

（二十）上党

上党即唐时郡名，今山西东南部之地。

"上党碧松烟，夷陵丹砂末。"（唐·李白《酬张司马赠墨》）

"长安分石炭，上党结松心。"（唐·李峤《墨》）

（二十一）泽州

泽州即唐时州名，今山西晋城。

"云连怀庆郡，雾绕泽州城。"（明·于谦《到泽州·信马天将暮》）

"车马西来自泽州，思君不见十经秋。"（明·谢榛《明月山下逢武宾相克仁话旧》）

（二十二）易州

易州即今河北易县。

"郡北最高峰，巉岩绝云路。"（唐·贾岛《易州登龙兴寺楼望郡北高峰》）

"平生最恶荆轲事，手障西风过易州。"（元·陈孚《易州》）

（二十三）幽州

幽州即今北京、天津河北北部及辽宁一带。

"东北曰幽州。"（西周·周公旦《周礼·夏官·职方氏》）

"幽州胡马客，绿眼虎皮冠。"（唐·李白《幽州胡马客歌》）

（二十四）檀州

檀州即在今北京密云区一带。

"江县相逢意已投，归来为吏古檀州。"（明·陈第《哭俞虚江先师》）

"五季山川分汉界，太平学校过檀州。"（元·刘诜《送曾韫晖赴京任檀州学正》）

（二十五）荠苨

荠苨即药草名，又称杏参、杏叶沙参、白面根、甜桔梗、土桔梗、地参。

"荠苨和人参，钩吻杂黄精"（清·黄武三《荠苨宵胡止伯实》）

"杏叶沙参一名白面根，生密县山野中。苗高一、二尺，茎色青白，叶似杏叶而小，边有叉芽，又似山小菜叶，微尖而背白，梢间开五瓣白碗子花、根。"（明·朱橚《救荒本草》）

（二十六）六疾

六疾即滋味声色过度而发生的六种疾病，后泛指各种疾病。

"淫生六疾……阴淫寒疾，阳淫热疾，风淫末疾，雨淫腹疾，晦淫惑疾，明淫心疾。"（东周·《左传·昭公元年》）

"闻君妙方术，六疾应手瘳。"（清·唐孙华《题张汉昭小像》）

（二十七）瘳

瘳即疾病痊愈。

"瘳，疾愈也。"（东汉·许慎《说文解字》）

"疾未瘳，帝迎辽就行在所，车驾亲临，执其手，赐以御衣，太官日送御食。"（西晋·陈寿《三国志》）

"其伤于缚者，即幸留，病数月乃瘳。"（清·方苞《狱中杂记》）

三、知识解读

（一）茶树的起源

茶者，南方之嘉木也。

茶，是我国南方的一种优良树木。

说明茶树起源于中国云南、贵州、四川一带，理由如下：

（1）中国西南部山茶科植物最多，是山茶属植物的分布中心；

（2）中国西南部野生茶树最多［野生茶树在10省（自治区、直辖市）200多处出现，其中70%树龄达1200多年，云南特大型、连片的茶树类型之多、数量之大、面积之广，世界罕见，是原产地植物最显著的植物地理学特征］；

（3）中国西南部茶树种内变异最多（形态、叶型等种内变异之多，资源之丰富是世界上任何其他地区不能相比的）；

（4）中国西南部利用茶最早，茶文化内容最丰富（历史和文化层面佐证）；

（5）最早的茶树植物学名；

（6）茶叶生化成分特征提供的线索；

（7）贵州省黔西南布依族苗族自治州晴隆县云头山，发现了迄今为止世界上最古老（距今已经有一百多万年）的古茶籽化石。

（二）"茶"字的起源

1. 茶的名称

其字，或从草，或从木，或草木并。其名，一曰茶，二曰槚，三曰蔎，四曰茗，五曰荈。

"茶"字结构，有的从"草"，有的从"木"，有的"草""木"兼从。茶的名称：一称茶，二称槚，三称蔎，四称茗，五称荈。

"茶"字用得最广泛，随后衍生出"茶"；中唐时，茶字的音、形、义已趋于统一，并一直沿用至今。

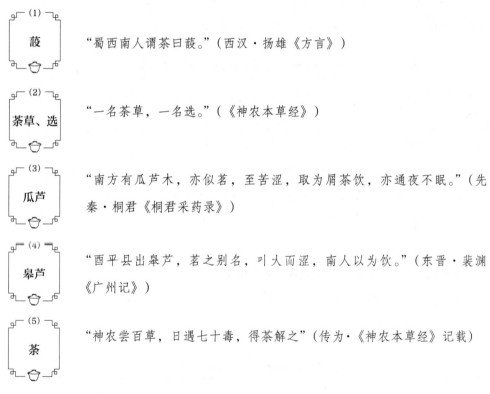

（1）蔎

"蜀西南人谓茶曰蔎。"（西汉·扬雄《方言》）

（2）荼草、选

"一名荼草，一名选。"（《神农本草经》）

（3）瓜芦

"南方有瓜芦木，亦似茗，至苦涩，取为屑茶饮，亦通夜不眠。"（先秦·桐君《桐君采药录》）

（4）皋芦

"酉平县出皋芦，茗之别名，叶大而涩，南人以为饮。"（东晋·裴渊《广州记》）

（5）茶

"神农尝百草，日遇七十毒，得茶解之"（传为·《神农本草经》记载）

2. 茶的发音

在我国不同地区，茶字在发音上也有差异，如在广州发音为 chá，福州为 tá，厦门、汕头等地为 tè，长江流域及华北各地为 chái、zhou 或 chà 等。

"茶"的发音分广东语系（陆路）和福建语系（海路）。广东语系：比利时为cha、朝鲜为cha、伊朗为cha等；福建语系：芬兰为tee、德国为tee、丹麦为re等。

（三）茶树的生物特征

1. 树型

一尺、二尺乃至数十尺。其巴山、峡川，有两人合抱者，伐而掇之。

茶树高达数十尺，在川东鄂西一带，有主干粗到两人合抱的茶树，砍下树枝，才能够采摘到茶叶（表1-1）。

世界上现存的最粗、最大、最古老的栽培型古茶树——锦绣茶王，位于云南省临沧市凤庆县，高10.6m，径5.82m，树龄3200年以上。

表1-1　乔木型、小乔木型和灌木型茶树及其分布

茶树及其分布类型	树高	树体	分布
乔木型	≥10m	植株高大，分枝部位高，主干和主轴明显	云南等地
小乔木型	2~3m	植株较高大，分枝部位较低，主轴不太明显，但主干明显	华南和西南茶区
灌木型	0.8~1.2m	植株矮小，分枝部位低，主干和主轴不明显	江北和江南茶区

2. 树形

其树如瓜芦。（原注：瓜芦木出广州，似茶，至苦涩。）

茶树的树形似瓜芦（表1-2）。瓜芦，即苦丁茶，又称皋芦、苦簦，产于广州，形态似茶，滋味苦涩。

表1-2　茶树叶、花、果及其特征

部位	类型	特征
叶	长圆形或卵状长圆形，先端钝或短渐尖	基部圆或宽楔形，疏生锯齿
花	花序圆锥状、花萼裂片圆形、花瓣卵状长圆形	花序簇生叶腋，花瓣基部合生
果	呈球形	蒴果3球形或1~2球形

3．叶片

叶如栀子。

叶形似栀子（表1-3）。栀子是茜草科栀子属的常绿灌木。

表1-3 茶树叶片特征

部位	特征	备注
叶缘	具有深浅稀密不一的锯齿，一般16~32对	
叶脉	呈网状，与主脉呈45°~65°	
侧脉	有5~15对，其出角一般为45°~80°	不完全叶，由叶柄和叶片组成，没有托叶，为单叶互生；叶正面有蜡质层，背面着生茸毛
叶形	阔椭圆形、卵圆形、椭圆、细长椭圆形、长椭圆形、披针形等	
叶尖	圆头、急尖、钝尖、渐尖等	
叶片大小	特大叶（70cm²以上）、大叶（40~69cm²）、中叶（21~39cm²）、小叶（20cm²以下）	

4．花

花如白蔷薇。

茶花似白蔷薇（表1-4）。白蔷薇是蔷薇科蔷薇属植物。

表1-4 茶花特征

结构	特征	备注
花柄	长5~19mm，基部有2~3个鳞片	
花萼	由5~7个萼片组成。近圆形，呈绿色或绿褐色	
花冠	由5~9枚花瓣组成。圆形或卵圆形，呈白色，少数呈淡黄或粉红色。大花直径4.0~5.0cm，中花直径3.0~4.0cm，小花直径约2.5cm	茶花由着生丁叶腋处叶芽两侧的花芽发育而成。花轴短而粗，属假总状花序，有单生、对生和丛生等；为两性花，稍有芳香，花期10月至翌年2月
雄蕊	由花丝和花药构成，每朵花有200~300枚	
雌蕊	由子房、花柱和柱头构成。子房外多数密生茸毛；花柱长3~17mm；柱头光滑，3~5裂	

5．果实

实如栟榈。（原注：栟榈，蒲葵之属，其子似茶。）

茶树果实似栟榈（表1-5）。栟榈，即棕榈，种子似茶籽。

13

表1-5　茶果和茶籽特征

	颜色	类型	形状	特征
茶果	未成熟时为绿色，成熟后变为棕绿色或绿褐色	有五室、四室、三室、双室和单室等	球形、肾形、三角形、正方形和梅花形	果实为蒴果，茶花受精至果实成熟，需16个月，导致花与果实并存（抱子怀胎）
茶籽	多数为棕褐色或黑褐色	大粒直径约15mm，中粒直径约12mm，小粒直径约10mm	近球形、半球形	种皮较薄，且较光滑，发芽率较高
			肾形	种皮较厚，粗糙而有花纹，发芽率较低

6. 蒂

蒂如丁香。

茶树蒂似丁香（表1-6）。丁香是木樨科丁香属落叶灌木或小乔木。

表1-6　树型和形态

	类型	特征	代表品种
树型	乔木型	植株高大，分枝部位高，主干和主轴明显	海南大叶种
	半乔木型	植株较高大，分枝部位较低，主轴不太明显，但主干明显	凤凰水仙
	灌木型	植株矮小，分枝部位低，主干和主轴不明显	湄潭苔茶
形态	直立状	分支角度小（<30°），枝条向上紧贴，近似直立	政和大白茶
	半披张状	分支角度（30°~45°）	福鼎大白茶
	披张状	分支角度大（>45°），枝条向四周披张伸出	大蓬茶

7. 根

根如胡桃。（原注：胡桃与茶，根皆下孕，兆至瓦砾，苗木上抽。）

根似胡桃（表1-7）。（根向下伸长，碰到坚实的砾土，木苗才向上生长。）

表1-7　茶树根的特征及功能

根系类型	颜色	描述	特征	功能
主根	棕红色	由胚根生长形成的中轴根	寿命较长，垂直向下生长，长70~80cm，向土生长可达1~2m	起支撑、储藏作用

根系类型	颜色	描述	特征	功能
侧根	棕红色	着生在主根上	寿命较长。呈螺旋状水平排列，横向生长，分布在20~50cm土层内	起固定、疏导、储藏作用
须根	白色透明状	着生在主根和侧根上	寿命短且不断更新中，未死亡的则发育成侧根	主要吸收水分和无机盐，也能吸收少量二氧化碳
根毛		根尖上有许多根毛		主要吸收土壤水分和养分

（四）茶树的生长环境

1．土壤

其地，上者生烂石，中者生栎壤，下者生黄土。

种茶的土壤（表1-8），以岩石充分风化的土壤为最好，其次是栎壤，黄土最差。

适宜茶树生长的土壤类型有砖红壤、赤红壤、红壤、黄壤、黄棕壤、棕壤、褐土和紫色土等。

表1-8　适宜茶树生长的土壤特征

项目	要求
酸碱度	土壤pH在4.5~5.5较为适宜
质地	以砂壤土为好
厚度	上层≥100cm，熟化层和半熟化层约50cm
养分	有机质＞1.5%，有效氮10~15mg/100g，有效磷70mg/100g，有效钾30mg/100g
含水量	为田间最大持水量的60%~90%，空气相对湿度70%~90%

2．地形

阴山坡谷者，不堪采掇，性凝滞，结瘕疾。

背阴山坡的茶树，因为性质凝结不散，饮用易腹中生肿块，不值得采摘。

光照、温度、降水量、纬度、海拔、地形、地势、坡度、坡向等环境因素（表1-9），影响茶树生长发育和次生物质代谢。阴山坡谷地，气温较低，日照时间短，茶树芽叶萌发迟缓，叶小质薄，制成的茶叶品质较差。

表1-9 适宜茶树生长的环境因素

项目	要求
光照	漫射光下生育的芽叶内含物丰富，持嫩性好
温度	年平均气温在25~28℃
湿度	适合空气湿度约85%
雨量	年降水量约1500mm
纬度	纬度较低的茶区，适合制造红茶；纬度较高的茶区，适合制造绿茶
坡度	坡度约25°
海拔	≤800m，分布在山区的坡地和丘陵地带

（五）茶树的栽培方法

1. 繁殖方式

凡艺而不实，植而罕茂。

茶苗种植技术不当，茶树很少长得茂盛。茶树的繁殖方式（表1-10）分为有性繁殖和无性繁殖。

表1-10 茶树的繁殖方式

繁殖方式	类型		特征
有性繁殖	杂交种子繁殖等	优点	（1）幼苗主根发达，抗逆能力强； （2）育种、育苗和种植方法简单，茶籽运输方便，便于长距离引种，成本低，有利于良种的推广； （3）有性繁殖的后代具有复杂的遗传性，有利于引种驯化，同时可为茶树育种提供丰富的育种材料
		缺点	（1）后代个体出现性状分离和差异，会导致加工作业和品质保证困难； （2）对于结实率低的品种，难以用种子繁殖加以推广
无性繁殖	扦插、分株、嫁接、压条和组织培养等	优点	（1）无性繁殖后代能保持母体品种的特征特性； （2）无性繁殖后代性状一致，有利于建成整齐划一的茶园，管理、采收方便； （3）繁殖系数大，有利于迅速扩大良种面积； （4）克服某些不结实良种在繁殖上的困难
		缺点	（1）技术要求高，成本较大，苗木运输包装不方便； （2）母树的病虫害容易遗传给后代； （3）苗木的抗逆能力比实生苗要弱

2．种植方法

法如种瓜。

茶树的种植方法似种瓜。茶树的种植包括基地选择、基地规划、茶园开垦、茶园种植和苗圃管理（表1-11）。

表1-11　茶树的种植

项目	要求
园地选择	必须符合环境质量标准，具备茶树生长所需各种环境条件
园地规划	因地制宜；分区划片；道路、水利、林业规划
园地开垦	清理地面；生荒地需经初垦和复垦；坡度≤25°，建直行茶园
茶园种植	单行种植：行距130~170cm，穴距25~40cm 双行种植：行距150~200cm，穴距25~40cm 多行种植：行距150~200cm，穴距20~30cm
苗圃管理	覆草与覆膜防冻；除草追肥；定型修剪；防治病虫害

3．投产时期

三岁可采。

茶树种植3年后即可采摘（表1-12）。其发育时期可分为第一年、第二年、第三年、投产期和衰退期。

表1-12　发育时期

时期	管理
第一年	茶苗种植时，在离地15~29cm处剪去树冠
第二年	在离地30~35cm处剪去树冠
第三年	打顶采摘，离地高度45~50cm处修剪为宜
投产期	每年需修剪2次。春茶采摘结束，根据茶树生长情况，及时进行轻修剪或重修剪。秋茶采摘结束，再进行一次轻修剪；每年需深耕土壤2次。春茶、秋茶采摘结束各进行一次深耕管理
衰退期	对树冠衰老的茶树采用重修剪，留下离地面高度30~45cm的骨干枝部分；对树势衰老者采用台刈，离地面5~10cm处剪去全部地上枝干

（六）茶叶的品质特征

1. 原料

野者上，园者次。

野生茶树好，园地里种植的差。常见的茶树类型有野生茶树和栽培茶树（表1-13）。

表1-13　野生茶树和栽培茶树

类型		特征	品质
野生茶树	树型	多数为乔木型，树高≥3m	微酸，滋味苦涩，味较淡，茶质厚重，入口后有回甘且绵长
	叶	叶长10~20cm，叶面平或微隆，叶缘稀钝齿或无齿，主副叶脉粗壮而明显，嫩叶、嫩枝无毫或少毫	
栽培茶树	树型	多数为灌木型，树高1.5~3cm	苦涩度和刺激性不高，入口略甜
	叶	嫩叶多毫，叶缘细锐齿，叶身肥厚，叶长6~15cm，主副叶脉明显	

2. 色泽

阳崖阴林：紫者上，绿者次。

向阳山坡上林荫下生长的茶树：芽叶紫色的好，绿色的差。茶树鲜叶色泽以绿色为主，也常发生色泽的紫化、黄化和白化等变异（表1-14）。

表1-14　茶叶色泽

类型	特征	代表品种
绿色	茶多酚、咖啡因、茶氨酸、茶多糖和叶绿素含量偏高	福鼎大白茶
紫化	花青素、咖啡因、槲皮素和山柰酚3-α-D-半乳糖苷含量增加，茶氨酸含量降低	紫娟
黄化	茶氨酸、木犀草素和山柰酚3-α-D-葡萄糖苷含量增加；儿茶素、咖啡因、叶绿素和类胡萝卜素含量降低	黄金芽
白化	茶氨酸、谷氨酸、简单儿茶素和黄酮醇/黄酮苷含量显著增加；类黄酮、叶绿素、类胡萝卜素、咖啡因、儿茶素和原花青素含量降低	安吉白茶
适制性	叶色呈黄绿或紫绿色，适制红茶；叶色呈绿或深绿色，适制绿茶	

3. 嫩度

笋者上，芽者次。

芽叶未展如笋状的为好，芽叶展开如针状的较次。就采摘的茶叶嫩度来说，单芽是最嫩的，一芽一叶为其次，一芽二叶及三叶相对就要老一些（表1-15）。

表1-15　芽叶的类型

部位	类型	特征
	单芽	茶多酚、氨基酸、咖啡因和蛋白质含量高；儿茶素和碳水化合物含量低
新梢	一芽一叶	茶多酚、儿茶素含量增加；氨基酸、咖啡因和蛋白质含量逐渐降低
	一芽二叶	茶多酚、儿茶素加、氨基酸、咖啡因和蛋白质含量逐渐降低
	一芽三叶	碳水化合物含量高；茶多酚、儿茶素、氨基酸、咖啡因、蛋白质含量逐渐降低

4. 形态

叶卷上，叶舒次。

幼嫩新梢上背卷的嫩叶好，初展时即摊开的较差（表1-16）。新梢生长顺序：芽体膨胀→鳞片开展→鱼叶开展→真叶开展。

表1-16　叶的特征

类型		特征
	鳞片	茶树新梢萌芽前的第一片变态叶，呈黄绿或棕褐色，无叶柄，质地较硬，表面有茸毛与蜡质
叶片	鱼叶	茶芽萌发后的第二片变态叶；发育不完全的叶片，其色较淡，叶柄宽而扁平，叶缘一般无锯齿，或前端略有锯齿，侧脉不明显，叶形多呈倒卵形，叶尖圆钝
	真叶	发育完全的叶片（正常叶），叶缘有锯齿，呈鹰嘴状
真叶形状	叶形指数＝长/宽；圆形或卵圆形（<2.0）、椭圆形（2.0~2.5）、长椭圆形（2.6~3.0），披针形（>3.0）	
真叶形态	有平滑、隆起和微隆起；隆起的叶片，叶肉生长旺盛	
真叶适制性	绿茶、红茶、青茶、白茶、黄茶和黑茶六大茶类	

（七）茶叶的功能作用

1. 性寒

茶之为用，味至寒，为饮，最宜精行俭德之人。

茶的功用与茶性（图1-1），其性质为寒性，可以降火，作为饮品最适宜。

唐代以蒸青团茶为主，茶性至寒；而现代茶类分为六大类，有绿茶、黄茶、青茶、白茶、红茶、黑茶，茶性又有所不同。

图1-1 茶的功用与茶性

2. 防治疾病

若热渴、凝闷、脑疼、目涩、四肢烦、百节不舒，聊四五啜，与醍醐、甘露抗衡也。

若发烧、口渴、胸闷、头疼、眼涩、四肢无力、关节不舒服，喝上四五口，就如同饮牛奶提炼出的精华和甜美的甘露一样。在物质方面，柴米油盐酱醋茶，以茶修身，茶为国饮，既可解渴，又利于健康（表1-17）。

表1-17 茶叶的成分

种类	组分	部位	变化	功能
茶多酚	儿茶素（黄烷醇类）、花青素类、花白素类、黄酮醇类、黄酮类	嫩叶、嫩茎、芽	伸育度小＞伸育度大，大叶种＞小叶种，夏茶＞秋茶＞春茶，海拔低＞海拔高，纬度低＞纬度高	抗氧化、防衰老、抗辐射、杀菌消炎、抗癌抗突变、降低血糖
氨基酸	茶氨酸	嫩芽叶、根	伸育度小＞伸育度大，春茶＞夏茶，海拔高＞海拔低，纬度高＞纬度低	镇静作用、抗焦虑、抗抑郁、增强记忆、增进智力
生物碱	咖啡因、茶叶碱、可可碱	红梗、白毫、花、种子	伸育度小＞伸育度大，大叶种＞小叶种，夏茶＞春茶，遮阳＞不遮阳	利尿、改善便秘、提神醒脑、强心解痉、松弛平滑肌
糖类	单糖、寡糖、多糖	新梢、鲜叶、茶籽子叶、根	大叶种＞小叶种，海拔低＞海拔高，遮阳＞不遮阳	抗凝血、抗血栓、降血脂、抗辐射、抗癌、抗氧化、增强机体免疫功能
维生素	维生素C、维生素A、维生素E、维生素D	鲜叶	小叶种＞大叶种，海拔低＞海拔高	抗坏血酸、促进代谢、治疗多发性神经炎、心脏活动失调和胃功能障碍

续表

种类	组分	部位	变化	功能
茶皂素	皂苷元、糖体、有机酸	茶籽、鲜叶	大叶种＞小叶种，海拔低＞海拔高，遮阳＞不遮阳	溶血、解毒、抗菌活性、抗氧化、抗高血压、天然表面活性剂
芳香物质	醇类、醛类、酮类、酸类、酯类	鲜叶、花	夏茶＞春茶，遮阳＞不遮阳，海拔低＞海拔高	调节精神状态、抗菌、消炎

在精神方面，琴棋书画诗酒茶，以茶养性，茶之为饮最宜精行俭德之人。

四、研习方案

（一）茶树的起源

"茶树的起源"研习方案见表1-18。

表1-18 "茶树的起源"研习方案

研习内容	茶树的起源		
学情分析	经过历史课程的学习，已基本了解我国是四大文明古国之一，具有五千年的悠久历史		
研习目标	在历史课程的基础上，学习茶树的起源相关知识		
评价目标	了解茶树的起源		
重难点	熟知茶树起源于中国的历史证据		
研习方法	多媒体辅助教学法、讲授法、讨论法		
研习环境	教师活动	学生活动	设计意图
导入 茶树的起源	茶树起源于哪里	思考，回答： 中国？印度？	思考问题 引出专题
茶树的起源	茶树起源于中国的证据	思考，回答： 发现茶籽化石？	以已学知识为引 逐步导出

讲解	(1) 中国西南部山茶科植物最多； (2) 中国西南部野生茶树最多； (3) 中国西南部种内变异最多； (4) 中国西南部利用茶最早，茶文化内容最丰富； (5) 最早的茶树植物学名； (6) 茶叶生化成分特征提供的线索； (7) 在贵州发现的最古老的古茶籽化石	认真听讲	联系实际 随堂互动
交流讨论	为什么印度与中国争当茶树起源地	讨论，回答： 茶文化起源，商品输出	
总结知识	茶者，南方之嘉木也	做笔记	引出别名

（二）茶字的起源

"茶字的起源"研习方案见表1-19。

表1-19　"茶字的起源"研习方案

研习内容	茶字的起源		
学情分析	经过茶树起源的学习，已基本掌握茶树的起源地		
研习目标	在茶树起源地的基础上，学习茶字的名称与发音相关知识		
评价目标	了解茶的名称与发音		
重难点	熟知茶的名称与发音的复杂性		
研习方法	多媒体辅助教学法、讨论法、讲授法		
研习环境	教师活动	学生活动	设计意图
导入别名	马铃薯、洋芋、土豆，是否一样	观察，回答： 是？不是？	思考问题 引出专题
茶的别名	茶有哪些别名	思考，回答： 槚？蔎？	以已学知识为引 逐步导出
讲解	"茶"字结构，按部首说，或从"草"，或从"木"，或"草""木"兼从。茶的名称：一称茶，二称槚，三称蔎，四称茗，五称荈 用得最多、最广泛的是"茶"，随后衍生出"茶"；中唐时，茶字的音、形、义已趋于统一，并一直沿用至今	认真听讲	联系实际 随堂互动

交流讨论	为什么茶有那么多别名	讨论，回答：中国地大物博，民族众多	
总结知识	其字，或从草，或从木，或草木并。其名，一曰茶，二曰槚，三曰蔎，四曰茗，五曰荈	做笔记	引出发音
导入发音	"花"：普通话"huā"，贵州话"hua"，福建话"fɑ"；为什么会有这样的差别	思考，回答：地域、民族差别	思考问题 引出专题
茶字的发音	茶有哪些发音呢	思考，回答：chá？	以已学知识为引 逐步导出
讲解	我国不同地区在发音上也有差异，如广州发音为chá，福州发音为tá，厦门、汕头等地发音为tè，长江流域及华北各地发音为chái、zhou或chà等。"茶"的发音有广东语系（陆路）和福建语系（海路）	认真听讲	联系实际 随堂互动
交流讨论	对于"茶"，你们怎么读呢	讨论，回答：chɑ？tá？	
总结知识	"茶"的发音有广东语系（陆路）和福建语系（海路）	做笔记	引出茶树的生物特征

（三）茶树的生物特征

"茶树的生物特征"研习方案见表1-20。

表1-20　"茶树的生物特征"研习方案

研习内容	茶树的生物特征
学情分析	经过茶字的起源学习，已基本掌握茶字的名称与发音
研习目标	在茶字的名称与发音的基础上，学习茶树的生物特征相关知识
评价目标	掌握茶树的生物特征
重难点	熟知茶的树型、树形、叶片、花、果实、茎和根的特征
研习方法	讲授法、多媒体辅助教学法、讨论法

研习环境	教师活动	学生活动	设计意图
导入树型		观察，回答：乔木型？小乔木型？灌木型？	思考问题 引出专题
树型	茶的树型有哪些特征	思考，回答：高大？矮小？	以已学知识为引 逐步导出
讲解	茶树高达数十尺，在川东鄂西一带，有主干粗到两人合抱的茶树，砍下树枝，才能够采摘到茶叶	认真听讲	联系实际 随堂互动
交流讨论	世界上现存的最古老的茶树分布于哪里	讨论，回答：贵州？云南？	
总结知识	一尺、二尺乃至数十尺。其巴山、峡川，有两人合抱者，伐而掇之	做笔记	引出瓜芦木
导入瓜芦木	南瓜是草本植物，葫芦也是草本植物，那么瓜芦是草本植物还是木本植物	思考，回答：草本？木本？	思考问题 引出专题
树形	瓜芦木出广州，似茶，至苦涩。瓜芦木与茶树有什么差别	思考，回答：苦涩？树形相似？	以已学知识为引 逐步导出
讲解	茶树的树形似瓜芦。瓜芦，即苦丁茶，又称皋芦、苦簦、过芦，产于广州，形态似茶，滋味苦涩；树形详见表1–2	认真听讲	联系实际 随堂互动
交流讨论	除了茶树、苦丁茶，还有哪些饮用植物的滋味苦涩	讨论，回答：咖啡？苦瓜？	
总结知识	其树如瓜芦	做笔记	引出叶片
导入叶片	树如瓜芦，其叶片与瓜芦（苦丁茶）是否相似	观察，回答：是？否？	思考问题 引出专题
叶片	叶、栀子有什么共同点	思考，回答：常绿？锯齿？	以已学知识为引 逐步导出
讲解	不完全叶，只有叶柄和叶片，没有托叶，为单叶互生；叶正面蜡质层，背面着生茸毛	认真听讲	联系实际 随堂互动
交流讨论	茶树叶片与其他植物叶片特征的区别是什么	讨论，回答：大小？颜色？	
总结知识	叶如栀子	做笔记	引出茶花

导入茶花		观察，回答： 白色？粉色？	看图说话 引出专题
茶花	茶花有哪些特征	思考，回答： 花瓣？花蕊？	以已学知识为引 逐步导出
讲解	茶花由着生于叶腋处叶芽两侧的花芽发育而成。花轴短而粗，属假总状花序，有单生、对生和丛生等；为两性花，花期为10月至翌年2月	认真听讲	联系实际 随堂互动
交流讨论	茶花有哪些成分	讨论，回答： 纤维素？维生素？糖类？	
总结知识	花如白蔷薇	做笔记	引出茶的果实
导入果实		观察，回答： 茶果？	看图说话 引出专题
果实	果实的特征	思考，回答： 茶果呈绿色？	以已学知识为引 逐步导出
讲解	果实为蒴果，茶花受粉至果实成熟，需16个月，导致花与果实并存（抱子怀胎）	认真听讲	联系实际 随堂互动
交流讨论	茶籽的开发与利用有哪些	讨论，回答： 茶籽油？日用品？	
总结知识	实如栟榈	做笔记	引出茶树的茎
导入 桃树的茎	桃树的茎有哪些特征	思考，回答： 红褐色？粗壮？	看图说话 引出专题
茶树茎	茶树茎的特征有哪些	思考，回答： 枝条？	以已学知识为引 逐步导出
讲解	新梢发育木质化，由青绿→浅黄→红棕；枝条老化后，由浅灰色→暗灰色	认真听讲	联系实际 随堂互动
交流讨论	茶树茎段的组织培养技术是什么	讨论，回答： 培养基？茎段？	
总结知识	蒂如丁香	做笔记	引出茶的根
导入 桃树的根	桃树的根有哪些特征	思考，回答： 根多？根长？	看图说话 引出专题

茶树根	茶树根的有哪些特征	思考，回答： 主根？须根？	以已学知识为引 逐步导出
讲解	主根：由胚根生长形成的中轴根，寿命较长，垂直向下生长，长70~80cm，向土生长可达1~2m； 侧根：着生在主根上，寿命较长。呈螺旋状水平排列，横向生长，分布在20~50cm土层内； 须根：着生在主根和侧根寿命短且不断更新中，未死亡的则发育成侧根	认真听讲	联系实际 随堂互动
交流讨论	茶树的根是否能作为药用	讨论，回答： 能？不能？	
总结知识	根如胡桃	做笔记	引出茶树的生长 环境

（四）茶树的生长环境

"茶树的生长环境"研习方案见表1-21。

表1-21　"茶树的生长环境"研习方案

研习内容	茶树的生长环境		
学情分析	经过茶树的生物特征学习，已基本掌握茶的树形、叶片、花、果实、茎和根的特征		
研习目标	在茶的树形、叶片、花、果实、茎和根的基础上，学习茶树生长环境相关知识		
评价目标	了解茶树生长的土壤条件和地形		
重难点	熟知土壤和地形对茶树生长的影响		
研习方法	讲授法、多媒体辅助教学法、讨论法		
研习环境	教师活动	学生活动	设计意图
导入 土壤类型	土壤有哪些类型	思考，回答： 黑土？黄壤？	看图说话 引出专题
土壤条件	茶树生长的土壤条件是什么	思考，回答： 酸碱度？质地？	以已学知识为引 逐步导出
讲解	适宜茶树生长的砖红壤、赤红壤、红壤、黄壤、黄棕壤、棕壤、褐土和紫色土等	认真听讲	联系实际 随堂互动
交流讨论	茶园如何耕作	讨论，回答： 深耕？浅耕？	
总结知识	其地，上者生烂石，中者生栎壤，下者生黄土	做笔记	引出环境因素

导入 桃树地形	桃树生长的地形特征是什么	思考，回答：平原？丘陵？	看图说话 引出专题
茶树地形	适宜茶树生长的地形是什么	思考，回答：高原？山谷？	以已学知识为引 逐步导出
讲解	光照、温度、降水量、纬度、海拔、地形、地势、坡度、坡向等环境因素，影响茶树生长发育和次生物质代谢。阴山坡谷地，气温较低，日照时间短；茶树芽叶萌发迟缓，叶小质薄，制成的茶叶品质较差	认真听讲	联系实际 随堂互动
交流讨论	适宜茶树生长的环境因素有哪些	讨论，回答：温度适宜？水分充足？	
总结知识	阴山坡谷者，不堪采掇，性凝滞，结瘕疾	做笔记	引出茶树的栽培方法

（五）茶树的栽培方法

"茶树的栽培方法"研习方案见表1-22。

表1-22　"茶树的栽培方法"研习方案

研习内容	茶树的栽培方法		
学情分析	经过茶树的生长环境学习，已基本掌握茶树生长的土壤条件和地形		
研习目标	在茶树生长的土壤条件和地形的基础上，学习茶树栽培方法相关知识		
评价目标	掌握茶树的繁殖方式、种植方法和投产时期		
重难点	熟知茶树的繁殖方式、种植方法和投产时期的特征		
研习方法	多媒体辅助教学法、讲授法		
研习环境	教师活动	学生活动	设计意图
导入种瓜	种瓜后得到什么结果	思考，回答：种瓜得瓜？	看图说话 引出专题
繁殖方式	茶树的繁殖方式有哪些	思考，回答：嫁接？扦插？	以已学知识为引 逐步导出
讲解	有性繁殖：分裂繁殖、出芽繁殖、孢子繁殖等方法；无性繁殖：扦插、分株、嫁接、压条和组织培养等多种形式	认真听讲	联系实际 随堂互动

交流讨论	茶树良种的作用是什么	讨论，回答：增加产量？改善品质？	
总结知识	凡艺而不实，植而罕茂	做笔记	引出茶树的种植方法
导入栽种树苗	栽种树苗的方法有哪些	思考，回答：挖坑，移苗，填土，浇水？	看图说话引出专题
种植方法	茶树的种植方法有哪些	思考，回答：基地选择？茶园开垦？	以已学知识为引逐步导出
讲解	基地选择：必须符合环境质量标准。基地规划：考虑园、林、水、电、路综合配套。茶园开垦：生荒地需经初垦和复垦；坡度≤10°。茶园种植：单行条列式种植；双行条列式种植。苗圃管理：覆草与覆膜防冻；除草追肥；定型修剪；防治病虫害	认真听讲	联系实际随堂互动
交流讨论	茶园除草技术是什么	讨论，回答：人工除草？化学除草？	
总结知识	法如种瓜	做笔记	引出茶树的投产时期
导入水稻	水稻的生长过程有哪些	思考，回答：幼苗期？成熟期？	看图说话引出专题
投产时期	茶树投产时期是什么	思考，回答：幼苗期？成熟期？衰退期？	以已学知识为引逐步导出
讲解	茶树的发育时期有第一年、第二年、第三年、投产期和衰退期	认真听讲	联系实际随堂互动
交流讨论	茶叶采摘技术有哪些	讨论，回答：手采？机械采？	
总结知识	三岁可采	做笔记	引出茶叶的品质特征

（六）茶叶的品质特征

"茶叶的品质特征"研习方案见表1-23。

表1-23　"茶叶的品质特征"研习方案

研习内容	茶叶的品质特征		
学情分析	经过茶树的栽培方法学习，已基本掌握茶树的繁殖方式、种植方法和投产时期		
研习目标	在茶树的栽培方法的基础上，学习茶叶品质特征的相关知识		
评价目标	熟知茶叶在原料、色泽、嫩度和形态上的品质特征		
重难点	掌握茶叶的品质特征		
研习方法	多媒体辅助教学法、教授讨论法		
研习环境	教师活动	学生活动	设计意图
导入原料		观察，回答： 栽培型茶树？	看图说话 引出专题
原料	野生茶树和栽培茶树	思考，回答： 野生茶树高大？ 栽培茶树矮小？	以已学知识 为引 逐步导出
讲解	野生茶树：微酸，滋味苦涩，味较淡，茶质厚重，入口后有回甘且绵长。 栽培茶树：苦涩度和刺激性不高，入口略甜	认真听讲	联系实际 随堂互动
交流讨论	如何防治茶树的病虫害	讨论，回答： 药剂防治？诱杀？	
总结知识	野者上，园者次	做笔记	引出茶叶色泽
导入色泽		观察，回答： 绿色？	看图说话 引出专题
色泽	茶叶变异后的色泽如何	思考，回答： 黄色？红色？	以已学知识 为引 逐步导出

讲解	茶树鲜叶色泽以绿色为主，也常发生色泽的紫化、黄化和白化等变异	认真听讲	联系实际 随堂互动
交流讨论	绿茶加工工艺有哪些	讨论，回答： 杀青？发酵？	
总结知识	阳崖阴林：紫者上，绿者次	做笔记	引出茶叶嫩度
导入 树的嫩叶	一般树的嫩叶在哪个部位	观察，回答： 树的嫩梢？	看图说话 引出专题
嫩度	茶叶的嫩度	思考，回答： 芽？叶？	以已学知识 为引 逐步导出
讲解	单芽：茶多酚、氨基酸、咖啡因和蛋白质含量高；儿茶素和碳水化合物含量低； 一芽一叶：茶多酚、儿茶素含量增加；氨基酸、咖啡因和蛋白质含量逐渐降低； 一芽二叶：茶多酚、儿茶素、氨基酸、咖啡因和蛋白质含量逐渐降低； 一芽三叶：碳水化合物含量高；茶多酚、儿茶素、氨基酸、咖啡因、蛋白质含量逐渐降低	认真听讲	联系实际 随堂互动
交流讨论	茶叶贮藏条件是什么	讨论，回答： 温度？光照？	
总结知识	笋者上，芽者次	做笔记	引出茶叶形态
导入形态		观察，回答： 阔圆形？椭圆形？	看图说话 引出专题
形态	叶片的形态有哪些	思考，回答： 嫩叶？老叶？	以已学知识 为引 逐步导出
讲解	鳞片：茶树新梢萌芽前的第一片变态叶； 鱼叶：茶芽萌发后的第二片变态叶； 真叶：发育完全的叶片（正常叶）	认真听讲	联系实际 随堂互动
交流讨论	鲜叶管理应注意什么	讨论，回答： 盛放器具？运输？	
总结知识	叶卷上，叶舒次	做笔记	引出茶叶的功能作用

（七）茶叶的功能作用

"茶叶的功能作用"研习方案见表1-24。

表1-24 "茶叶的功能作用"研习方案

研习内容	茶叶的功能作用		
学情分析	经过茶叶的品质特征学习，已基本掌握茶叶在原料、色泽、嫩度和形态上的品质特征		
研习目标	在茶叶原料、色泽、嫩度和形态上的品质特征的基础上，学习茶叶的功能作用相关知识		
评价目标	（1）了解茶叶偏性； （2）熟知茶叶成分功能		
重难点	熟知茶叶性寒及成分有防治疾病的作用		
研习方法	多媒体辅助教学法、讲授法		
研习环境	教师活动	学生活动	设计意图
导入偏性	凉性：绿茶、黄茶、白茶、普洱生茶（新） 中性：轻发酵乌龙茶、中发酵乌龙茶 温性：重发酵乌龙茶、黑茶、红茶	观察，回答：凉性？温性？	看图说话 引出专题
偏性	哪些茶叶性寒	思考，回答：绿茶？黄茶？	以已学知识为引 逐步导出
讲解	唐代以蒸青团茶为主，茶性至寒，而现代茶类分为六大类，有绿茶、黄茶、青茶、白茶、红茶、黑茶，而茶性又有所不同	认真听讲	联系实际 随堂互动
交流讨论	如何科学饮茶	讨论，回答：忌饮隔夜茶？睡前少饮茶？	
总结知识	茶之为用，味至寒，为饮最宜	做笔记	引出茶叶成分能防治疾病
导入成分	茶叶的成分有哪些	观察，回答：蛋白质？糖？维生素？	看图说话 引出专题
成分	茶叶成分功能有哪些	思考，回答：提神醒脑？降血脂？	以已学知识为引 逐步导出
讲解	在物质方面，柴米油盐酱醋茶，以茶修身，茶为国饮，既可解渴，又利于健康；在精神方面，琴棋书画诗酒茶，以茶养性，茶之为饮最宜精行俭德之人	认真听讲	联系实际 随堂互动
交流讨论	茶叶成分可以做成什么产品	讨论，回答：牙膏？洗衣液？	
总结知识	精行俭德之人，若热渴、凝闷、脑疼、目涩、四肢烦、百节不舒，聊四五啜，与醍醐、甘露抗衡也	做笔记	引出茶之具

五、课后活动

课后活动方案见表1-25。

表1-25　"茶叶企业的品牌建设及茶园基地参观交流"活动方案

活动名称	茶叶企业的品牌建设及茶园基地的参观交流			
活动时间	根据教学环节灵活安排			
活动地点	根据教学环节灵活安排			
活动目的	（1）扩展学生认知面，开拓视野，了解自然，享受自然，回归自然； （2）增进团队中个人的有效沟通，增强团队的整体互信，结识新朋友； （3）提升开放的思维模式，体验自我生存的价值，分享成功的乐趣			
安全保障	专业拓展培训教师、户外安全指导员、专业技术保障设备、随队医生全程陪同			
活动内容				
项目	指导教师	辅助教师	备注	
联系企业负责人，说明活动目的	A老师	B老师		
从学校出发，乘车去往茶园基地	A老师	B老师		
学习企业的发展历程及品牌的建设	A老师	B老师		
参观茶厂并了解茶叶机械设备	A老师	B老师		
参观该企业的茶园基地	A老师	B老师		
饮茶并交流心得	A老师	B老师		
合影	A老师	B老师		
返回学校	A老师	B老师		
活动反馈				
（1）本次活动的意义是使学生了解茶叶企业的品牌建设以及茶园管理； （2）本次活动主要使学生对茶叶知识进行全面的学习； （3）不安排茶叶制作实践				

第二章

茶之具研习

《茶经·二之具》，详细地介绍了唐代的制茶用具——种类、构造和功能等。

为了深入研究制茶用具及其特点，普及茶叶知识，传播中国茶文化；本章以陆羽《茶经·二之具》为引，从茶经原文、原文分析、知识解读、研习方案、课后活动五个方面，详细地剖析了制茶用具演变和现代制茶用具等知识及研习方案。

一、茶经原文

籯，一曰籃，一曰笼，一曰筥。以竹织之，受五升，或一斗、二斗、三斗者，茶人负以采茶也。

> 籯，称为篮子、笼子或竹筐，用竹子编制，背着采茶，可装五升、一斗、二斗或三斗。

灶，无用突者。

> 灶，用无烟囱的茶灶。

釜，用唇口者。

> 釜，用锅口外翻形成唇边的锅。

甑，或木或瓦，匪腰而泥，篮以箄之，篾以系之。始其蒸也，入乎箄；既其熟也，出乎箄。釜涸，注于甑中。又以榖木枝三亚者制之，散所蒸牙笋并叶，畏流其膏。

甑，木制或陶制，泥土糊于其腰，竹制的箅置于甑底，竹篾系在箅上。始蒸时，茶叶放于箅内；蒸熟后，从箅中取出。釜内水干时，注水入甑中。用三杈的榖木枝将芽笋和叶片散开，防止茶中精华膏汁流出。

chǔ jiù   yì yuē duì   wéi héng yòng zhě jiā
杵臼，一曰碓，惟恒用者佳。

杵臼，称为碓，其专用于捣茶的效果最佳。

guī   yì yuē mú   yì yuē quān   yǐ tiě zhì zhī   huò yuán   huò fāng   huò huā
规，一曰模，一曰棬。以铁制之，或圆，或方，或花。

规，称为模或棬，由铁制成，有方形、圆形、花形。

chéng   yì yuē tái   yì yuē zhēn   yǐ shí wéi zhī   bù rán   yǐ huái   sāng mù bàn mái dì zhōng   qiān wú suǒ yáo dòng
承，一曰台，一曰砧，以石为之。不然，以槐、桑木半埋地中，遣无所摇动。

承，称为台或砧，由石头制成，用槐木或桑木半埋于土中使其稳固。

dān   yì yuē yī   yǐ yóu juàn huò yǔ shān   dān fú bài zhě wéi zhī   yǐ dān zhì chéng shàng   yòu yǐ guī zhì dān shàng   yǐ zào
chá yě   chá chéng   jǔ ér yì zhī
襜，一曰衣，以油绢或雨衫、单服败者为之。以襜置承上，又以规置襜上，以造茶也。茶成，举而易之。

襜，称为衣，由油绢或布、袋制成。将襜放于承上，又把模具放于襜上，用于压制茶叶，茶饼制好后，再将其更换。

bì lì   yì yuē yíng zǐ   yì yuē péng láng   yǐ èr xiǎo zhú   cháng sān chǐ   qū èr chǐ wǔ cùn   bǐng wǔ cùn   yǐ miè zhī fāng
yǎn   rú pǔ rén tǔ luó   kuò èr chǐ   yǐ liè chá yě
芘莉，一曰赢子，一曰筹筤。以二小竹，长三尺，躯二尺五寸，柄五寸。以篾织方眼。如圃人土罗，阔二尺，以列茶也。

芘莉，称为籝或筹筤，两根三尺长的竹竿并排摆放，用二尺五寸作为躯干，五寸作为柄，竹篾编织成方形小口，类似于两尺宽的土筛子，用于放置茶饼。

qǐ   yì yuē zhuī dāo   bǐng yǐ jiān mù wéi zhī   yòng chuān chá yě
棨，一曰锥刀。柄以坚木为之，用 穿 茶也。

棨，称为锥刀。其手柄由坚实的木头制成，用于给茶饼扎孔。

pū   yì yuē biān   yǐ zhú wéi zhī   chuān chá yǐ jiě chá yě
扑，一曰鞭，以竹为之，穿 茶以解茶也。

扑，称为鞭，由竹子编成，用于穿茶饼，便于运输。

bèi   záo dì shēn èr chǐ   kuò èr chǐ wǔ cùn   cháng yí zhàng   shàng zuò duǎn qiáng   gāo èr chǐ   ní zhī
焙，凿地深二尺，阔二尺五寸，长一丈。上 作 短 墙，高二尺，泥之。

焙，地上凿一个深二尺、宽二尺五寸、长一丈的坑，坑上建二尺高的矮墙，用泥土抹上。

guàn   xuē zhú wéi zhī   cháng èr chǐ wǔ cùn   yǐ guàn chá bèi zhī
贯，削竹为之，长二尺五寸，以贯 茶焙之。

贯，由竹子削成的长二尺五寸的棍子，烘焙时用于穿起茶饼。

péng   yì yuē zhàn   yǐ mù gòu yú bèi shàng   biān mù liǎng céng   gāo yì chǐ   yǐ bèi chá yě   chá zhī bàn gàn   shēng xià péng
棚，一曰栈。以木构于焙上，编木两层，高一尺，以焙茶也。茶之半干，升下棚，
quán gàn   shēng shàng péng
全干，升上棚。

棚，称为栈。在焙坑上用木制的架子搭建而成，分为上下两层，间距一尺，用于烘焙茶。半干的茶叶放于棚的下层，全干的放于棚的上层。

chuān   jiāng dōng   huái nán pōu zhú wéi zhī   bā chuān xiá shān rèn gǔ pí wéi zhī   jiāng dōng yǐ yì jīn wéi shàng chuān   bàn jīn wéi
穿，江东、淮南剖竹为之。巴川 峡山 纫榖皮为之。江东以一斤为上 穿，半斤为
zhōng chuān   sì liǎng   wǔ liǎng wéi xiǎo chuān   xiá zhōng yǐ yì bǎi èr shí jīn wéi shàng chuān   bā shí jīn wéi zhōng chuān   wǔ shí jīn
中 穿，四两、五两为小穿。峡 中以一百二十斤为上 穿，八十斤为 中 穿，五十斤
wéi xiǎo chuān   chuān zì jiù zuò   zhì chuàn zhī chuàn zì   huò zuò guàn chuàn   jīn zé bù rán   rú mó   shàn
为小穿。穿字旧作"钗钏"之"钏"字，或作贯"串"。今则不然，如磨、扇、
tán   zuàn   féng wǔ zì   wén yǐ píng shēng shū zhī   yì yǐ qù shēng hū zhī   qí zì yǐ chuān míng zhī
弹、钻、缝五字，文以平 声书之，义以去声呼之，其字以 穿 名之。

穿，江东、淮南地区由竹篾制成，巴山峡川地区由榖树皮制成；在江东地区的茶饼以一斤、半斤或四五两穿起来，分别用上穿、中穿和小穿来表示，而峡中地区的上、中、小穿的茶饼分别是一百二十斤、八十斤和五十斤。在古代，穿原是写成"钏"或"串"。而现在，穿与磨、扇、弹、钻、缝这五个字一样，写入文章时，做动词时为平声，做名词时为去声，但字形为"穿"。

yù　　yǐ mù zhì zhī　　　yǐ zhú biān zhī　　　yǐ zhǐ hú zhī　　zhōng yǒu gé　　shàng yǒu fù　　xià yǒu chuáng　páng yǒu mén　　yǎn yī

育，以木制之，以竹编之，以纸糊之。中有隔，上有覆，下有床，旁有门，掩一

shàn　　zhōng zhì yī qì　　zhù táng wēi huǒ　　lìng yūn yūn rán　　jiāng nán méi yǔ shí　　fén zhī yǐ huǒ

扇。中置一器，贮煻煨火，令煴煴然。江南梅雨时，焚之以火。

育，由木制的，或用竹篾来编制，再糊上一层纸，中间有间隔，上面有盖，下面有托盘，旁边有一扇可以开闭的门，中间放器皿，用于盛无烟的火灰，使火保持微弱火势。江南梅雨时节，可加火用于除湿。

二、原文分析

（一）籯

籯即竹篮，又称篮或笼或筥，用于盛放采摘下来的新鲜茶叶。

由竹篾编织而成，容积五升，或一斗、二斗、三斗。

"黄金满籯，不如一经。"（东汉·班固《汉书·韦闲传》）

1. 筥即盛物的容器。

筥

由竹篾编织而成，一般为圆形。

"于以盛之，维筐及筥。"（西周·《诗经》）

2. 升，唐代计量单位，一升为现在的0.6升。

升

"量者，龠、合、升、斗、斛也，所以量多少也……合龠为合，十合为升，十升为斗，十斗为斛，而五量嘉矣。"（东汉·班固《汉书·律历志上》）

3. 斗

斗，计量单位，十升为一斗。

"斗，十升也。"（东汉·许慎《说文解字》）

"扫除十斗归，以叶自彰。"（三国·邯郸淳《笑林》）

（二）灶

灶即一种没有烟囱的炉灶。

"南山茶事动，灶起岩根傍。"（唐·皮日休《茶社》）

"塞井夷灶，陈于军中，而疏行首。"（东周·左丘明《左传》）

"如使成器入灶更火，牢坚不可复变。"（汉·王充《论衡·无形》）

突

突即烟囱。

"臣闻客有过主人者，见其灶直突，傍有积薪，客谓主人，更为曲突，远徙其薪，不者且有火患。"（东汉·班固《汉书·霍光传》）

"突无凝烟，席不暇暖。"（晋·葛洪《抱朴子·辨问》）

（三）釜

釜即指一种带唇口形的锅，用于烧水、盛"甑"；唇口，锅口边缘圆凸如唇，旨在加厚锅口，使其耐用。

"其在釜下燃，豆在釜中泣。"（三国·曹植《七步诗》）

"扫我坛，涤我釜。"（明·陈继儒《大司马节寰袁公（袁可立）家庙记》）

"许子以釜甑爨，以铁耕乎?"（东周·孟子《孟子·滕文公上》）

（四）甑

甑即一种蒸茶的蒸笼，包括箪、叉，用于盛放并蒸茶。

由木或瓦制成，一般为圆形。

"荷甑堕地，不顾而去。"（南北朝·范晔《后汉书·孟敏传》）

1.

泥

泥即涂抹，用泥土将甑和釜的连接部位密封。

"王以赤石脂泥壁。"（南北朝·刘义庆《世说新语·汰侈》）

2.

算

算即蒸隔，放于甑内起隔水作用，由竹子编织而成。

"算，蔽也。所以蔽甑底。"（东汉·许慎《说文解字》）

"算，甑算也。"（南北朝·顾野王《玉篇·竹部》）

3.

膏

膏即黏稠的液体，指茶中的精华。

"普洱茶膏黑如漆，醒酒第一，绿色者更佳。"（清·赵学敏《本草纲目拾遗》）

（五）杵臼

杵臼即碓，用于捣碎（揉捻）蒸过的茶叶，由脱粟的木杵和石臼组成。

"断木为杵，掘地为臼。"（周·姬昌《周易》）

（六）规

规又称模或棬，即压制茶饼的模具，由铁制成，形状有圆形、方形和花形。

（七）承

承即砧或台，用于盛放模具，由石头或木头制成。

（八）襜

襜即布或袋，用于盛放蒸过的茶叶，由油绢或雨衣或单衫制成，便于压制后脱模。

（九）芘莉

芘莉又称籯子或篣筤，即架子，用于放置茶饼。

由两根长三尺（一尺≈33.33厘米）的竹竿制成，其设计为长二尺五寸（一寸≈3.33厘米），宽二尺，手柄长五寸，中间用篾编织成类似筛箩的形状，大小为二尺。

（十）棨

棨即锥刀，用于在茶饼上面钻孔，便于将茶饼穿起，其手柄由木头制成。

"建幢棨。"（东汉·班固《汉书·韩延寿传》）

"棨戟十。"（东汉·班固《汉书·匈奴传》）

"都督阎公之雅望，棨戟遥临。"（唐·王勃《滕王阁序》）

（十一）扑

扑即竹鞭，用于穿茶饼成串，方便输送。

"执敲扑而鞭笞天下，威振四海。"（汉·贾谊《过秦论》）

（十二）焙

焙即炉灶，用于烘烤饼茶。

其设计为地上挖一个长、宽、深分别为一丈（一丈≈333.33厘米）、二尺五寸和二尺的坑，四周建二尺高的矮墙用泥抹平整。

"壑源诸处私焙茶，其绝品亦可敌官焙……悉私焙茶耳。"（南宋·胡仔《苕溪渔隐丛话》）

（十三）贯

贯即长二尺五寸的竹棍，用于贯穿茶饼。

"贯，穿也。以绳穿物曰贯。"（《苍颉》）

"贯鱼以官人宠。"（周·姬昌《易·剥》）

（十四）棚

棚又称栈，即两层木架，用于盛放饼茶烘焙。

由木制成的，其设计为分上下两层，间距一尺高，放在烘焙茶的烘炕上。在茶半干时，就放在棚下面那一层；等到全干后，就挪到上面一层。

"姑妄言之姑听之，豆棚瓜架雨如丝。"（清·蒲松龄《聊斋志异》）

"棚，栈也。"（东汉·许慎《说文解字》）

（十五）穿

穿即串或钏。用于计数的工具，分为上、中、小串。

其在江东、淮南地区由竹篾制成，在巴山峡川地区由榖树皮制成；在江东地区的茶饼以一斤、半斤或四五两穿起来，分别用上穿、中穿和小穿来表示，而峡中地区的上、中、小穿的茶饼分别是一百二十斤、八十斤和五十斤。

（十六）育

育即木制的框架，用于贮藏茶饼。

其设计为上面有盖，中间有间隔，下面有托盘，旁边有一扇可以开闭的门，中间放器皿用于盛没有烟的火灰，使火保持微弱火势。

糖煨即热灰。

"热灰谓之糖煨。"（汉·服虔《通俗文》）

煴煴即微火。

"置煴火。"（东汉·班固《汉书·李广苏建传》）

"元来……煴煴的羞得我腮儿热。"（元·关汉卿《拜月亭》）

江南梅雨时即农历四五月间。

三、知识解读

（一）引入

1. 回顾一之源

茶者，南方之嘉木也。

其字，或从草，或从木，或草木并。其名，一曰茶，二曰槚，三曰蔎，四曰茗，五曰荈。

2. 引入二之具

茶之为用，味至寒，为饮最宜。采不时，造不精，杂以卉莽，饮之成疾。

晴，采之、蒸之、捣之、焙之、穿之、封之、茶之干矣。自采至于封，七经目。

工欲善其事，必先利其器。（《论语》）

同理，名茶也需良具。

（二）二之具

唐代制茶工具包括籝、灶、釜、甑、箅、叉、杵臼、规、承、檐、芘莉、棨、扑、焙、贯、棚、穿、育，其作用依次如下：

1. 采茶（采摘）工具

籝，即竹篮，用于盛放鲜叶。

2. 蒸茶（杀青）工具

灶，即无烟囱的炉灶，用于"釜"加热；釜，即带唇口形的锅，用于烧水、支撑"甑"；甑，即蒸茶的蒸笼，包括箅、叉，用于盛放并蒸茶。

3. 捣茶（揉捻）、拍茶（造型）工具

杵臼，即碓，用于捣碎（揉捻）蒸青叶；规，即铁制模具，用于揉捻叶造型；承，即石头或木头制成的砧或台，用于盛放模具；檐，即油绢、雨衣或单衫制成的布或袋，用于盛放蒸青叶，便于压制后脱模；芘莉，即竹制架子，用于放置茶饼。

4. 烘焙（干燥）工具

棨，即锥刀，供饼茶穿孔用；扑，即绳子或鞭子，用于串饼茶运输；焙，即炉

灶，用于烘烤茶饼；贯，即竹子削成的棍子，用于串饼茶烘焙；棚，即两层木架，用于盛放饼茶烘焙。

5. 穿茶（记数）、封藏（包装）工具

穿，即串或钏，用于计数工具，分为上、中、小穿；育，即木制框架，用于贮藏茶饼。

（三）制茶用具演变

中国制茶历史悠久，自发现野生茶树，从生煮羹饮到饼茶散茶，从绿茶到六大茶类，从手工操作到机械化制茶，其制茶用具发生了很大的变化（表2-1）。

表2-1　制茶用具演变

时期	演变阶段	茶类	工艺	工具
神农氏	生煮羹饮阶段	药用、食用、饮用	采摘	类似篮子
西晋	晒干收藏阶段	饮用	采摘、晒干或烘干、保藏	篮子、竹筛
唐代	蒸青团茶阶段	蒸青团茶	采、蒸、捣、拍、焙、穿、封	籝、灶、釜、甑、箄、叉、杵臼、规、承、檐、芘莉、棨、扑、焙、贯、棚、穿、育
宋代	蒸青散茶阶段	蒸青散茶	采、蒸、榨、研、造、过黄、烘	籝、甑、筐箔、焙
	龙团凤饼	饼茶	蒸、榨、研、龙凤模、烘	籝、灶、釜、甑、箄、叉、杵臼、规、承、檐、芘莉、棨、扑、焙、贯、棚、穿、育
唐代	炒青绿茶阶段	炒青绿茶	采摘、杀青、揉捻、复炒、烘焙	籝、杵臼、规、承、檐、芘莉、棨、扑、焙、贯、棚、穿、育
唐代		白茶	采摘、晒干、保藏	篮子、竹筛
宋代		花茶	采摘、晒干、窨制、保藏	籝、棨、扑、焙、贯、棚、育
十六世纪	其他茶类阶段	红茶	采摘、萎凋、揉捻（切）、发酵、干燥	筚、灶、置铛、箕、扇、笼、幔、焙
		黄茶	采摘、杀青、揉捻（切）、闷黄、干燥	筚、灶、置铛、箕、扇、笼、幔、焙
明代		黑茶	采摘、杀青、揉捻（切）、渥堆、干燥	筚、灶、置铛、箕、扇、笼、幔、焙、蒸灶、甑、木模、篾包、杵棒
清代		青茶	采、拣、捘、炙、焙、汰、欛	笼、籝、釜、篓、焙锅、箩筛、碾茶机器、揉捻机

43

（四）现代制茶用具

现代制茶用具分为茶园管理机械、茶叶加工机械，详见表2-2。

1. 茶园管理机械

（1）耕作机械　包括旋耕机、中耕机、深耕机等。

（2）植保机械　包括喷雾（粉）机、弥（烟）雾机等。

2. 茶叶加工机械

（1）茶叶初加工机械　包括清洗机、脱水机、分级机、萎凋机、摇青机、揉捻机、揉切机、速包机、包揉机、杀青机、整形机、烘干机等。

（2）茶叶再加工机械　包括筛分机、拣梗机、提香机、包装机等。

（3）茶叶深加工机械　包括超微粉碎机、超临界CO_2萃取仪、旋转蒸发仪、冷冻干燥仪等。

表2-2　现代制茶用具

机械类型		明细	特点
茶园管理机械	耕作机械	旋耕机	按旋耕刀轴的配置方式，旋耕机分为横轴式和立轴式两类，以刀轴水平横置的横轴式旋耕机应用较多
		中耕机	深耕机原理与旋耕机类似，主要工作部件分为锄铲式和回转式两大类；以锄铲式为主，按作用分为除草铲、松土铲和培土铲三种类型
		深耕机	深耕机原理与旋耕机类似，主要用于大棚内或低矮建筑物下的深耕、耙、旋耕等作业
	植保机械	喷雾/粉机	将液体分散成为雾状的一种机器，为农业机械的植保机械。喷雾机按工作原理分液力、气力和离心式喷雾机
		弥/烟雾机	利用空吸作用或脉冲喷气，将药水或其他液体变成雾状，均匀地喷射到其他物体上的机械，用于杀虫、消毒杀菌或施肥；由压缩空气的装置和细管、喷嘴等组成
茶叶加工机械	初加工	清洗机	由水池（带有供水、排水系统）、输送带、喷水装置等组成
		脱水机	由转筒总体、机体、座椅总成、刹车装置、电动机及电器开关部件组成
		分级机	由喂料斗、锥形筒筛、接斗茶及传动机构等组成；鲜叶从喂料斗进入锥形筒筛，随着筛网移动，因网格由密到疏，从而选出不同等级的鲜叶
		萎凋机	利用大风量穿透叶层带走水汽或热量。按其结构形式可分为砖木结构、金属结构和大型萎凋槽三种

机械类型	明细	特点
	摇青机	将晾青后的茶叶放入慢速旋转的竹篾滚筒中，依靠茶叶与竹篾，茶叶与茶叶之间的轻微摩擦作用
	揉捻机	用于茶叶卷紧条索，揉破细胞。主要由揉筒、揉盘、加压装置、传动机构和机架等部分组成
	揉切机	用于形成红碎茶色、香、味、形特色的工序，多用转子揉切机与齿辊揉切机组合或用劳瑞制茶机与齿辊揉切机组合作业
	速包机	为球形乌龙茶做形机械，具有紧袋和包揉作用，快速成球，可成球形或半球形
初加工	包揉机	利用茶坯在干燥前仍具柔软性和可塑性，在滚、压、揉、转等不同方式机械力的作用下，使茶条卷曲成型。通常将速包机、平板包揉机和松包机三种机械配套使用
	杀青机	通过高温破坏和钝化鲜叶中的氧化酶活性，抑制鲜叶中的茶多酚等的酶促氧化。杀青机多采用滚筒杀青机、微波杀青机、蒸汽杀青机、锅式杀青等
	整形机	一般为手动、半自动和全自动。其原理大体为通过人为控制电或其他介质加热的温度配合机械的物理刺激，以达到做形、干燥等目的。常见的有扁形茶炒制机、茶叶理条机、双锅曲毫炒干机等
	烘干机	主要利用高温热空气进行干燥，由鼓风机鼓入的热空气透过筛网或输送带上的孔眼，把茶叶逐渐烘干
茶叶加工机械	筛分机	根据毛茶不同长短、轻重、粗细、整碎、梗杂等进行筛分、分级，可分为圆筛机、抖筛机、飘筛机等
	拣梗机	利用茶叶和梗的物理特性不同，进行茶、梗分离的机械设备，主要有机械式、静电式和光电式等不同类型
再加工	提香机	茶叶精制中常用的提香烘焙设备，主要由机体、电气控制部、电加热器、电机及离心风机等组成
	包装机	用于各种塑料袋的封口，常见的有常热式或脉冲式茶叶包装封口机、茶叶真空与充气包装机、袋泡茶叶包装机等
	超微粉碎机	利用空气分离、重压研磨、剪切的形式来实现干性物料超微粉碎的设备，由柱形粉碎室、研磨轮、研磨轨、风机、物料收集系统等组成
深加工	超临界CO_2萃取仪	利用压力和温度对超临界CO_2溶解能力而进行，常用于萃取茶叶中内含成分；由CO_2注入泵、萃取器、分离器、压缩机、CO_2储罐、冷水机等设备组成
	旋转蒸发仪	由马达、蒸馏瓶、加热锅、冷凝管等部分组成，主要用于减压条件下连续蒸馏易挥发性溶剂
	冷冻干燥仪	工作原理与电冰箱一样，由干燥箱、凝结器、冷冻机组、真空泵、加热/冷却装置等组成，包括制冷系统、真空系统、加热系统、电器仪表控制系统

四、研习方案

（一）引入二之具

引入"二之具"研习方案见表2-3。

表2-3　引入"二之具"研习方案

研习内容	二之具		
学情分析	经过"一之源"专题的学习，学生已经能够掌握茶树起源及相关的基本知识		
研习目标	回顾"一之源"，温故而知新；引入《茶经·二之具》内容，学习新知识点		
评价目标	（1）熟知茶树起源； （2）熟知茶树其他相关知识		
重难点	熟知茶树起源和其他相关知识，并灵活运用		
研习方法	（1）讲授法； （2）实物演示法； （3）讨论法		
研习环境	教师活动	学生活动	设计意图
引入 一之源	马铃薯、洋芋、土豆，是否一样	思考，回答： 是？不是？	联系生活实际 引出专题
回顾 一之源	那么茶有哪些别名	思考，回答： 槚？蔎？	以已学知识为引 逐步导出
讲解	茶者，南方之嘉木也。 其字，或从草，或从木，或草木并。其名，一曰茶，二曰槚，三曰蔎，四曰茗，五曰荈	认真听讲	联系实际 随堂互动
交流讨论	为什么茶有那么多别名	讨论，回答： 中国地大物博，民族众多	
总结知识	茶者，南方之嘉木也	做笔记	引出二之具
导入 二之具	米需蒸、煮或炒方可吃，那么茶叶是否也需要蒸、炒或烘才可以喝	思考，回答： 是？否？	联系生活实际 引出专题
引入 二之具	那么茶叶蒸、炒、烘需要哪些制茶工具呢	讨论，回答： 锅？灶炉？篮子？	以已学知识为引 逐步导出

讲解	唐代制茶用具包括籯、灶、釜、甑、箅、叉、杵臼、规、承、檐、芘莉、棨、扑、焙、贯、棚、穿、育	认真听讲	联系实际随堂互动
交流讨论	现代制茶方法有哪些	讨论，回答：手工制茶？机械制茶？	
总结知识	采茶工具：籯；蒸茶工具：灶、釜、甑；捣茶、拍茶工具：杵臼、规、承、檐、芘莉；烘焙工具：棨、扑、焙、贯、棚；穿茶、封藏工具：穿、育	做笔记	引出二之具

（二）二之具

"二之具"研习方案见表2-4。

表2-4 "二之具"研习方案

研习内容	二之具		
学情分析	经过《茶经·一之源》专题的学习，学生已了解茶的相关知识		
研习目标	了解制茶工具及其使用方法		
评价目标	（1）了解制茶工具；（2）熟知制茶工具的使用方法		
重难点	灵活运用制茶工具		
研习方法	（1）讲授法；（2）实物演示法；（3）讨论法		
研习环境	教师活动	学生活动	设计意图
导入采茶	煮饭前，需要打米或买米，那么制茶前，需要采茶吗	思考，回答：需要？不需要？	联系生活实际引出专题
采茶工具	采茶工具有哪些	思考，回答：篮子？竹篓？	以已学知识为引逐步导出
讲解	唐代：籯，即竹篮，用于盛放鲜叶	认真听讲	联系实际随堂互动
交流讨论	籯是否沿用至今	讨论，回答：是，其称呼不一样	
总结知识	籯	做笔记	引出蒸茶工具

导入蒸茶	蒸饭需要哪些用具	思考，回答：电饭锅？甑子？	联系生活实际 引出专题
蒸茶工具	蒸茶工具有哪些	讨论，回答：炉子？甑子？	以已学知识为引，逐步导出
讲解	唐代：灶，即无烟囱的炉灶，用于"釜"加热；釜，即带唇口形的锅，用于烧水、支撑"甑"；甑，即蒸茶的蒸笼，包括箄、叉，用于盛放并蒸茶	做笔记	联系实际 随堂互动
交流讨论	灶、釜、甑是否沿用至今	讨论，回答：是，其称呼不一样	
总结知识	灶、釜、甑	做笔记	引出捣茶、拍茶工具
导入捣茶、拍茶工具	蒸好饭后，若制作糍粑需要哪些工具	思考，回答：石臼？石舂？	联系生活实际 引出专题
捣茶、拍茶工具	捣茶和拍茶工具有哪些	讨论，回答：杵臼？规？	以已学知识为引 逐步导出
讲解	唐代：杵臼，即碓，用于捣碎（揉捻）蒸青叶；规，即铁制模具，用于揉捻叶造型；承，即石头或木头制成的砧或台，用于盛放模具；襜，即油绢、雨衣或单衫制成的布或袋，用于盛放蒸青，便于压制后脱模；芘莉，即竹制架子，用于放置茶饼	认真听讲	联系实际 随堂互动
交流讨论	杵臼、规、承、襜、芘莉是否沿用至今	讨论，回答：是，其称呼不一样	
总结知识	杵臼、规、承、襜、芘莉	做笔记	引出烘焙工具
导入烘焙工具	糍粑制作好后需阴干，那么茶叶制作好后怎样干燥	思考，回答：烘焙？晒干？	联系生活实际 引出专题
烘焙工具	烘焙需要哪些用具	思考，回答：焙？棚？	以已学知识为引 逐步导出
讲解	唐代：棨，即锥刀，供饼茶穿孔用；扑，即绳子或鞭子，用于串饼茶运输；焙，即炉灶，用于烘烤茶饼；贯，即竹子削成的棍子，用于串饼茶烘焙；棚，即两层木架，用于盛放饼茶烘焙	认真听讲	联系实际 随堂互动
交流讨论	哪些烘焙用具被沿用至今	讨论，回答：焙？棚？	

总结知识	棨、扑、焙、贯、棚	做笔记	引出穿茶、封藏工具
导入穿茶、封藏工具	糍粑阴干后，若需上市售卖需要真空包装，那么茶叶制好后需要怎样包装	观察，回答：罐装？纸盒？	联系生活实际引出专题
穿茶、封藏工具	记数、封藏需要哪些用具	思考，回答：穿？育？	以已学知识为引逐步导出
讲解	唐代：穿，即串或钏，用于计数工具，分为上、中、小串； 育，即木制框架，用于贮藏茶饼	认真听讲	联系实际随堂互动
交流讨论	穿、育是否沿用至今	讨论，回答：是？否？	
总结知识	穿、育	做笔记	引出制茶用具演变

（三）制茶用具演变

"制茶用具演变"研习方案见表2-5。

表2-5　"制茶用具演变"研习方案

研习内容	制茶用具演变		
学情分析	经过二之具专题的学习，已能够基本掌握制茶工艺及其用具的使用方法		
研习目标	学习制茶用具的演变发展		
评价目标	（1）熟知历史文化； （2）熟知各朝代制茶用具的特点		
重难点	熟知茶器具发展史及各阶段的特点		
研习方法	（1）讲授法； （2）实物演示法； （3）讨论法		
研习环境	教师活动	学生活动	设计意图
导入蒸青团茶	唐代盛行蒸青团茶，现代是否还在制作	思考，回答：是？否？	思考问题引出专题

制茶用具 演变	明代流行散茶并逐渐演变成六大茶类，与现代制茶工艺及其用具是否一致	思考，回答： 是？否？	以已学知识为引逐步导出
讲解	从生煮羹饮到饼茶散茶，从绿茶到六大茶类，从手工操作到机械化制茶，其制茶用具发生了很大的变化。制茶用具演变详见表2-1	认真听讲	联系实际 随堂互动
交流讨论	历代制茶用具为什么会发生演变	讨论，回答： 茶叶类型发生改变，其制作工具不同？	
总结知识	从生煮羹饮到饼茶散茶，从绿茶到六大茶类，从手工操作到机械化制茶，其制茶用具发生了很大的变化	做笔记	引出现代制茶用具

（四）现代制茶用具

"现代制茶用具"研习方案见表2-6。

表2-6　"现代制茶用具"研习方案

研习内容	现代常见的制茶用具		
学情分析	通过对《茶经·二之具》中所有制茶用具的学习，了解到其中的很多制茶用具在现代已经不适用，本节内容主要学习现在常用的制茶工具		
研习目标	学习现代的制茶工艺		
评价目标	（1）了解现代的制茶用具； （2）熟知现代制茶工具的使用方法		
重难点	熟知现代制茶工艺及其用具		
研习方法	（1）讲授法； （2）实物演示法； （3）讨论法		
研习环境	教师活动	学生活动	设计意图
导入 耕作机械	在种植茶树之前需要做什么呢	思考，回答： 选地？整地？	思考问题 引出专题
耕作机械	在种植茶树前需整地，那么整地需要哪些农业机械呢	思考，回答： 耕地机？除草机？	以已学知识为引逐步导出
讲解	旋耕机，分为横轴式和立轴式两类； 深耕机，分为除草铲、松土铲和培土铲三种类型； 中耕，用于大棚内或低矮建筑物下的深耕、耙、旋耕等作业；耕作机械详见表2-2	认真听讲	联系实际 随堂互动

交流讨论	种植茶树，选地有何要求	讨论，回答： 土壤？气候？	
总结知识	旋耕机、深耕机、中耕机	做笔记	引出植保机械
导入 植保机械	假设菜园发生虫灾，可以采取哪些措施	思考，回答： 捕捉？喷药？	思考问题 引出专题
植保机械	喷药需要哪些工具	思考，回答： 喷雾机？	以已学知识为引 逐步导出
讲解	喷雾/粉机，液体分散成为雾状的一种机器； 弥/烟雾机，用于杀虫、消毒杀菌或施肥，由压缩空气的装置和细管、喷嘴等组成；植保机械详见表2-2	认真听讲	联系实际 随堂互动
交流讨论	喷药时应该注意哪些问题	讨论，回答： 浓度？剂量？对植物无害？	
总结知识	喷雾/粉机、弥/烟雾机	做笔记	引出初加工
导入加工 工具	唐代制茶需要哪些工具	思考，回答： 焙？釜？甑？	思考问题 引出专题
初加工	现代茶叶的初加工需要哪些工具	思考，回答： 萎凋机？揉捻机？	以已学知识为引 逐步导出
讲解	清洗机，由水池（带有供水、排水系统）、输送带、喷水装置等组成； 脱水机，由转筒总体、机体、坐垫总成、刹车装置、电动机及电器开关部件组成； 分级机，由喂料斗、锥形筒筛、接斗茶及传动机构等组成；用于筛选出不同等级的鲜叶； 萎凋机，可分为砖木结构、金属结构和大型萎凋槽三种； 摇青机，用于杀青； 揉捻机，主要由揉筒、揉盘、加压装置、传动机构和机架等部分组成，用于茶叶卷紧条索、揉破细胞； 揉切机，用于形成红碎茶色、香、味、形特色的工具； 速包机，具有紧袋和包揉作用，用于乌龙茶的造型，可成球形或半球形； 包揉机，用于茶条卷曲成型； 杀青机，用于做形、干燥等，常见的有扁形茶炒制机、茶叶理条机、双锅曲毫炒干机等； 烘干机，利用高温热空气，用于烘焙茶叶；初加工工具详见表2-2	认真听讲	联系实际 随堂互动

交流讨论	如何选择茶叶的初加工机械	讨论，回答： 不同茶类，不同工艺？	
总结知识	清洗机、脱水机、分级机、萎凋机、摇青机、揉捻机、揉切机、速包机、包揉机、杀青机、整形机、烘干机	做笔记	引出再加工
导入再加工	商品上市之前，为使其均一化和质量统一需采取哪些措施	思考，回答： 挑剔？风选？	思考问题 引出专题
再加工	茶叶风选等再加工工艺需要哪些工具	筛分机？吹风机？	以已学知识为引 逐步导出
讲解	筛分机，用于筛茶，可分为圆筛机、抖筛机、飘筛机等； 拣梗机，用于茶、梗分离，主要有机械式、静电式和光电式等不同类型； 提香机，用于提香烘焙，主要由机体、电气控制部、电加热器、电机及离心风机等组成； 包装机，用于各种塑料袋的封口，常见的有常热式或脉冲式茶叶包装封口机、茶叶真空与充气包装机、袋泡茶包装机等；再加工工具详见表2-2	认真听讲	联系实际 随堂互动
交流讨论	如何选择茶叶的再加工机械	讨论，回答： 不同茶类，不同工艺？	
总结知识	筛分机、拣梗机、提香机、包装机	做笔记	引出深加工
导入深加工	为提高产品价值，需采取哪些措施	思考，回答： 萃取？压缩？	思考问题 引出专题
深加工	现代茶叶的深加工需要哪些工具	思考，回答： 超微粉碎机？	以已学知识为引 逐步导出
讲解	超微粉碎机，用于干性物料超微粉碎，由柱形粉碎室、研磨轮、研磨轨、风机、物料收集系统等组成； 超临界CO_2萃取仪，用于萃取茶叶中内含成分，由CO_2注入泵、萃取器、分离器、压缩机、CO_2储罐、冷水机等设备组成； 旋转蒸发仪，用于减压条件下连续蒸馏易挥发性溶剂，由马达、蒸馏瓶、加热锅、冷凝管等部分组成； 冷冻干燥仪，用于冷冻干燥，由干燥箱、凝结器、冷冻机组、真空泵、加热/冷却装置等组成； 深加工工具详见表2-2	认真听讲	联系实际 随堂互动

交流讨论	如何选择茶叶的深加工机械	讨论，回答： 不同茶类，不同开发？
总结知识	超微粉碎机、超CO_2萃取仪、旋转蒸发仪、冷冻干燥仪	做笔记

五、课后活动

课后活动方案见表2-7。

表2-7　"制茶用具的实践学习"活动方案

活动名称	制茶用具的实践学习		
活动时间	根据教学环节灵活安排		
活动地点	根据教学环节灵活安排		
活动目的	(1) 扩展学生认知面，开拓视野，了解自然，享受自然，回归自然； (2) 增进团队中个人的有效沟通，增强团队的整体互信，结识新朋友； (3) 提升开放的思维模式，体验自我生存的价值，分享成功的乐趣		
安全保障	专业拓展培训教师、户外安全指导员、专业技术保障设备、随队医生全程陪同		
活动内容			
项目	指导教师	辅助教师	备注
集合出发，并到达地点	A老师	B老师	
古今制茶工具接龙游戏	A老师	B老师	规则：当老师问"古今茶具有哪些？"每个学生说出的茶具不能重复，出现重复或者错误，需要接受惩罚
看图说话	A老师	B老师	规则：当老师给出一制茶工具，同学们依次说出对应图片中制茶工艺及其用具的名称，正确加一分，在最短时间内得十分则获胜
午餐	A老师	B老师	
介绍制茶工具	A老师	B老师	规则：学生安静听讲。教师讲解制茶工具的历史即用途

续表

项目	指导教师	辅助教师	备注
真心话大总结	A老师	B老师	规则：每个学生谈谈今天所认识的制茶工具，以及有什么感受
集合回校	A老师	B老师	
活动反馈			
通过此次活动，学生更加了解古今制茶工艺及其用具			

第三章

茶之造研习

《茶经·三之造》，详细地介绍了唐代蒸青团茶的等级、制造技术和鉴别方法等。

为了深入研究唐代造茶、制茶演变以及现代制茶技术、茶叶分类和评茶技术等，普及茶叶知识，传播中国茶文化；本章以陆羽《茶经·三之造》为引，从茶经原文、原文分析、知识解读、研习方案、课后活动五个方面，详细地剖析了三之造、制茶工艺演变以及现代的制茶技术、茶叶分类和评茶技术等知识及研习方案。

一、茶经原文

fán cǎi chá　　zài èr yuè　　sān yuè　　sì yuè zhī jiān
凡采茶，在二月、三月、四月之间。

采摘茶叶，一般都在农历的二月、三月、四月。

chá zhī sǔn zhě　　shēng làn shí wò tǔ　　cháng sì wǔ cùn　　ruò wēi jué shǐ chōu　　líng lù cǎi yān　　chá zhī
茶之笋者，生烂石沃土，长四五寸，若薇蕨始抽，凌露采焉。茶之
yá zhě　　fā yú cóng bó zhī shàng　　yǒu sān zhī　　sì zhī　　wǔ zhī zhě　　xuǎn qí zhōng zhī yǐng bá zhě
牙者，发于丛薄之上，有三枝、四枝、五枝者，选其中枝颖拔者
cǎi yān
采焉。

生长在肥沃的土壤里的茶树，芽叶肥壮如笋，长四至五寸，好像刚刚抽芽的薇蕨，可以趁着清晨的露水还没干时去采摘。生长在草木丛中的茶树，茶叶细弱，有同时从一根老枝上抽生出多枝新梢的，采摘时要选择其中长得最为挺拔的芽叶。

qí rì　　yǒu yǔ bù cǎi　　qíng yǒu yún bù cǎi　　qíng　　cǎi zhī　　zhēng zhī　　dǎo zhī　　pāi zhī　　bèi
其日，有雨不采，晴有云不采。晴，采之，蒸之，捣之，拍之，焙
zhī　　chuàn zhī　　fēng zhī　　chá zhī gān yǐ
之，穿之，封之，茶之干矣。

56

当天有雨不采茶，晴天有云也不采，天气晴朗时才采。采摘来的芽叶，经过蒸、捣、拍、焙、穿、封装几道工序后，茶饼就制作好了。

chá yǒu qiān wàn zhuàng　lǔ mǎng ér yán　rú hú rén xuē zhě　cù suō rán　péng niú yì zhě　lián chān rán　fú yún chū shān zhě
茶有千万状，卤莽而言，如胡人靴者，蹙缩然；犎牛臆者，廉襜然；浮云出山者，
lún qūn rán　qīng biāo fú shuǐ zhě　hán dàn rán　yǒu rú táo jiā zhī zǐ　luó gāo tǔ　yǐ shuǐ dèng cǐ zhī　yòu rú xīn zhì dì
轮囷然；轻飙拂水者，涵澹然；有如陶家之子，罗膏土以水澄泚之；又如新治地
zhě　yù bào yǔ liú lǎo zhī suǒ jīng　cǐ jiē chá zhī jīng yú　yǒu rú zhú tuò zhě　zhī gàn jiān shí　jiān yú zhēng dǎo　gù qí xíng shāi
者，遇暴雨流潦之所经。此皆茶之精腴。有如竹箨者，枝干坚实，艰于蒸捣，故其形箩
shāi rán　yǒu rú shuāng hé zhě　jìng yè diāo jǔ　yì qí zhuàng mào　gù jué zhuàng wěi cuì rán　cǐ jiē chá zhī jí lǎo zhě yě
筏然；有如霜荷者，茎叶凋沮，易其状貌，故厥状委萃然。此皆茶之瘠老者也。

茶饼的形状千姿百态，大致来说：有的像胡人的皮靴，皱纹很多；有的像野牛的胸部，棱角整齐；有的像浮云出山，卷曲盘旋；有的像轻风拂水，微波荡漾；有的像陶工的澄泥，光滑润泽；又有的像新开垦的土地被暴雨冲刷过似的，平整光滑。这些都是精美的高档茶。有的像笋壳，枝梗坚硬，很难蒸捣，形状像有孔的筛子；有的像霜打过的荷叶，茎叶凋败，已经变形，外貌干枯瘦薄。这些都是粗老的低档茶。

zì cǎi zhì yú fēng　qī jīng mù　　zì hú xuē zhì yú shuāng hé　bā děng
自采至于封，七经目。自胡靴至于霜荷，八等。

从采摘到封装，经过了七道工序。从像胡人的皮靴再到像霜打过的荷叶，共有八个等级。

huò yǐ guāng hēi píng zhèng yán jiā zhě　sī jiàn zhī xià yě　yǐ zhòu huáng ào dié yán jiā zhě　jiàn zhī cì yě　ruò jiē yán jiā jí
或以光黑平正言嘉者，斯鉴之下也。以皱黄坳垤言嘉者，鉴之次也。若皆言嘉及
jiē yán bù jiā zhě　jiàn zhī shàng yě　hé zhě　chū gāo zhě guāng　hán gāo zhě zhòu　xiǔ zhì zhě zé hēi　rì chéng zhě zé huáng
皆言不嘉者，鉴之上也。何者？出膏者光，含膏者皱；宿制者则黑，日成者则黄；
zhēng yā zé píng zhèng　zòng zhī zé ào dié　cǐ chá yǔ cǎo mù yè yī yě
蒸压则平正，纵之则坳垤。此茶与草木叶一也。

茶饼品质的鉴定，认为色泽黑色光亮，形态平整的茶饼品质好，这是最差的鉴别方法。认为色泽黄褐，凹凸不平，形态多皱就说茶饼品质好，这是较次的鉴别方法。如果对于上述标志性的茶饼既能说出它的优点，又能说出它的缺点，

这才是鉴别茶叶的方法。为什么这样说呢？因为已经压出汁液的茶表面就光润，而含有茶汁的茶就会干缩起皱；过了夜制成的茶饼色泽发黑，当天制成的茶饼则色泽黄；蒸得透，压得紧，茶饼就平整；压得不紧实，茶饼就会凹凸起皱，不平整。关于这一特性，茶和其他草木的情况是一致的。

chá zhī pǐ zāng　　cún yú kǒu jué
茶之否臧，存于口诀。

鉴别茶饼的好坏，有一套口头传授的行内鉴别方法。

二、原文分析

（一）薇蕨

薇蕨即嫩芽。

"资粮既之尽，薇蕨安可食。"（晋·刘琨《扶风歌》）

"野策藤竹轻，山蔬薇蕨新。"（唐·孟郊《长安羁旅》）

"草则葴莎菅蒯，薇蕨荔芛。"（汉·张衡《西京赋》）

"薇蕨纵多师莫踏，我心犹欲尽图看。"（唐·薛能《送同儒大德归柏梯寺》）

"知君秉性甘薇蕨，暇日相思还杖藜。"（清·方文《访姚若侯山中不值留此》）

"薇蕨饿首阳，粟马资历聘。"（唐·杜甫《早发》）

（二）凌露

凌露即迎着露水。

"凌露无云，采候之上。"（明·刑士襄《茶说》）

（三）丛薄

丛薄即草木丛生的地方。

"丛薄深林兮人上栗。"洪兴祖补注："深草曰薄。"（西汉·刘安《招隐士》）

"灌莽杳而无际，丛薄纷其相依。"（南北朝·鲍照《芜城赋》）

"广川桑遍绿，丛薄雉连鸣。"（唐·耿湋《旅次汉故畤》）

"譬彼鹡鸰心，平生在丛薄。"（宋·张九成《秋兴》）

（四）颖拔

颖拔即生长得修长挺拔。

"始孤标而颖拔，乍茸弱而条直。"（唐·郭烱《西掖瑞柳赋》）

（五）卤莽

卤莽即粗略，大略。

"卤莽还乡梦，依稀望阙歌。"（唐·白居易《浔阳秋怀赠许明府》）

"酒力滋睡眸，卤莽闻街鼓。"（唐·韩偓《效崔国辅体》诗之三）

"长梧封人问子牢曰：君为政焉勿卤莽，治民焉勿灭裂。昔予为禾，耕而卤莽之，则其实亦卤莽而报予；芸而灭裂之，其实亦灭裂而报予。"（东周·《庄子》）

（六）蹙缩

蹙缩即皱纹、皱缩。

"蹙缩高颧颊，萧骚短鬓髭。"（宋·范成大《除夜感怀》）

（七）犎牛

犎牛即野牛。

"犎牛骑进阳关矣，只恨难为叩角歌。"（清·弘历《嘲刘统勋》）

（八）臆

臆即胸部。

"气交愤于胸臆。"（东汉·王粲《登楼赋》）

"臆，匈也。"（东汉·张揖《广雅》）

"仪遗忏以臆对。"（东汉·班固《汉书·序传》）

"丹臆兰臆。"（西晋·潘岳《射雉赋》）

"夜寒衣湿披短蓑，臆穿足裂忍痛何？"（唐·王建《水夫谣》）

（九）廉

廉即棱角。

"进而眠之，欲其帱之廉也。"（西周·周公旦《周礼》）

"哀以立廉。"（《礼记·乐记》）

（十）轮囷

轮囷即弯弯曲曲地聚拢的样子。

"蟠木根柢，轮囷离奇，而为万乘器者，以左右先为之容也。"（汉·邹阳《狱中上梁王书》）

（十一）轻飙

轻飙（"飙"同"飚"）即微风。

"仙子御轻飚，环佩摇虚影。"（元·王冕《题凝雪水仙图》）

"轻飚振槁叶，唱彻阳关曲。"（宋·罗与之《玉梁道中杂咏》）

"轻飚逢叶动，小雨得荷喧。"（宋·宋祁《晚夏西园二首》）

"轻飚习习起青苹，宿雾全开霁色新。"（宋·杨亿《次韵和表弟张滉秋霁之什》）

"轻飚卷空云幂幂，水影天光同一色。"（宋·孔武仲《家居三首》）

"轻飙掠晚莎，秋物惨关河。"（唐末·罗隐《轻飙》）

（十二）涵澹

涵澹即水摇荡的样子。

"余波拗怒犹涵澹，奔涛击浪常喧豗。"（宋·欧阳修《盆池》）

"山下皆石穴罅，不知其浅深，微波入焉，涵澹澎湃而为此也。"（宋·苏轼《石钟山记》）

"空明与巉峭，终古相涵濡。"（清·魏源《贵溪象山龙虎山》）

（十三）泚

泚即清澈。

"新台有泚，河水弥弥。"（《诗·邶风·新台》）

"金沟清泚，铜池摇扬，既佳光景，当得剧棋。"（隋唐·李大师《南史》）

（十四）治地

治地即开垦的土地。

"卖薪自可了盐酪，治地何妨栽果蔬。"（宋·陆游《泛舟过金家埂赠卖薪王翁》）

"出郭五里强，治地十亩宽。"（宋·刘克庄《林容州别墅》）

"满城争种花，治地惟种药。"（宋·司马光《酬赵少卿药园见赠》）

"生儿更有教，治地尽肥硗。"（元·许有壬《神山避暑晚行田间用陶渊明平畴交远风良苗亦怀新为韵·其三》）

（十五）箨

箨即笋壳。

"乃是新笋初脱之箨。"（明·吴承恩《西游记》）

"但恨从风箨，根株长相离。"（南北朝·谢朓《咏竹》）

"绿竹半含箨，新梢才出墙。"（唐·杜甫《咏竹》）

"进箨分苦节，轻筠抱虚心。"（唐·柳宗元《巽公院五咏·苦竹桥》）

"箨落长竿削玉开，君看母笋是龙材。"（唐·李贺《昌谷北园新笋四首》）

"解箨时闻声簌簌，放梢初见叶离离。"（宋·陆游《东湖新竹》）

"初篁苞绿箨，新蒲含紫茸。"（南北朝·谢灵运《于南山往北山经湖中瞻眺》）

（十六）簏箷

簏箷即筛子，"箷"为"筛"的通假字。

"茅檐閒杵臼，竹屋细簏簌。"（宋·楼璹《耕图二十一首·簏》）

“细剉无节，篵去土而食之者”（南北朝·贾思勰《齐民要术》）

（十七）沮

沮即败坏。

“臣，恐人心离散，士气凋沮。”（《宋史本传》）

（十八）委萃

委萃即委顿疲困。

“离披委丛萃，万物困幽独。”（宋·员兴宗《遗任子渊省元六首其一》）

（十九）坳垤

坳垤即凹凸不平。

“池台静相照，澒洞失坳垤。”（宋·程俱《雪中与礼部同舍过葆真宫》）

“坳垤草披拂，崎岖石巑岏。”（元·周伯琦《野狐岭》）

（二十）否臧

否臧即好坏。否，坏；臧，好。

“议之者颇辨否臧，用之者多迷本末。”（唐·白居易《议兵策》）

“不付名至，否臧何验？”（南北朝·魏收《魏书·元子思传》）

“于是审民之好恶，察政之否臧。”（宋·范仲淹《用天下心为心赋》）

“其两省谏官，并准有唐故事……限以迁官之年月，责以供职之否臧。”（清·毕沅《续资治通鉴·宋真宗景德三年》）

“适来所记，无可否臧，见亦何爽？”（唐末·刘昫《旧唐书·郑朗传》）

“千载有疑议，一言能否臧。”（唐·刘商《哭韩淮端公兼上崔中丞》）

三、知识解读

（一）引入三之造

1. 回顾二之具

采茶工具：籝。

蒸茶工具：灶、釜、甑。

捣茶工具：杵臼、规、檐、芘莉。

烘茶工具：棨、扑、焙、贯、棚。

穿茶、封茶工具：穿、育。

2. 引入三之造

晴，采之、蒸之、捣之、焙之、穿之、封之、茶之干矣。自采至于封，七经目。

茶有千万状，卤莽而言。自胡靴至于霜荷，八等。

（二）三之造·制茶

1. 采

采即采摘鲜叶。

二月、三月、四月之间；长四五寸，薇蕨始抽，凌露采焉；枝颖拔者采焉。有雨不采，晴有云不采，晴，采之。

（1）时间　二月，三月，四月之间；凌露采焉。

（2）天气　有雨不采茶，晴天有云也不采茶，天气晴朗时才采。

（3）长势　长四至五寸，刚刚抽芽。

（4）要求　采摘长得最为挺拔的芽叶。

俗话说"早采三天是宝，晚采三天是草"。因此，茶叶一定要及时采摘。

2. 蒸

蒸即杀青。

蒸压则平正，纵之则坳垤。

63

（1）蒸得透，压得紧，茶饼平整。

（2）压不实，茶饼凹凸起皱，不平整。

3．捣

捣即捣碎。

枝干坚实，艰于蒸捣，其形籭簁然。

枝梗坚硬，很难蒸捣，形状像是有孔的筛子。

（1）装叶量要适宜。

（2）茶叶嫩度要适宜。

4．拍

"拍"较"压"和"榨"的力量更小，防止饼茶褶皱和坳垤，使其更加的平整、紧实。

（1）压得紧，茶饼平整。

（2）压不实，茶饼凹凸起皱，不平整。

5．焙

焙即焙火。

进一步降低水分利于保存、提高香气。

（1）焙火轻，颜色较亮；焙火重，颜色较暗。

（2）粗老茶叶高温烘焙，细嫩茶叶低温烘焙。

（3）较嫩茶叶，烘焙时间较短；粗老茶叶，烘焙时间较长。

6．穿

穿，是一种计数方法。

江东、淮南地区用竹篾穿，巴川峡山地区用韧性比较好的树皮穿。

（1）江东以一斤为上穿，半斤为中穿，四两五两为小穿。

（2）峡中以一百二十斤为上穿，八十斤为中穿，五十斤为小穿。

7．封

封即包装。

包装方法：纸盒包装、纸袋包装、薄膜袋包装、金属罐包装、塑料包装。

（1）便于贮运。

（2）避免或减轻各种外力的损害和污染。

（三）三之造·别茶

1. 要点

鉴别茶饼的匀整度、松紧、嫩度、色泽和净度。

2. 等级

（1）优质茶

胡人靴——饼面有细细的横纹；

犎牛臆——饼面有整齐粗褶纹；

浮云出山——饼面有卷曲褶纹；

轻飙拂水——饼面呈现微波形；

澄泥——饼面光滑；

雨沟——饼面光滑有沟痕。

（2）劣质茶

竹箨——饼面呈笋壳状，形状像有孔的筛子；

霜荷——饼面呈凋萎的荷叶状。

（四）制茶工艺演变

药用、食用→晒干或烘干散茶→饼茶→蒸青散茶→炒青散茶→其他茶类。

1. 药用、食用

上古时期为药用，食用方法为咀嚼鲜叶；春秋时期为食用，主要工艺为采摘、生煮。

"神农尝百草，日遇七十毒，得荼解之"（传为《神农本草经》记载）

"苦荼久食益意思。"（东汉·华佗《食经》）

"吴人采荼煮之，曰茗粥。"（唐·房玄龄《晋书》）

"婴相景公时，食脱粟之饭，炙三弋、五卵，茗菜而已。"（春秋《晏子春秋》）

"冬生叶，可煮乍羹饮。"（晋·郭璞《尔雅注》）

2. 晒干或烘干散茶

魏晋南北朝时期为晒干阶段，主要工艺为晾晒、阴干。

"芽茶以火作为次，生晒者为上，亦更近自然。"（明·田艺蘅《煮泉小品》）

3. 饼茶

唐代蒸青作饼逐渐完善，北宋年间，做成团片状的龙凤团茶盛行。

"宋太平兴国初，特置龙凤模，遣使即北苑造团茶，以别庶饮，龙凤茶盖始于此。"（宋·熊蕃《宣和北苑贡茶录》）

"荆巴间采茶作饼，成以米膏出之。"（东汉·张揖《广雅》）

4. 蒸青散茶

宋代主要有蒸青团茶和蒸青散茶，其中散茶主要工艺为鲜叶、蒸、揉、焙、烘，无需制饼穿孔、贯串烘干。

"茶有两类，曰片茶，曰散茶。"（元·脱脱《宋史·食货志》）

"采讫，一甑微蒸，生熟得所。蒸已，用筐箔薄摊，乘湿揉之，入焙，匀布火，烘令干，勿使焦。"（元·王桢《农书·百谷谱》）

5. 炒青

唐代开始炒青制茶，主要工艺为高温杀青，揉捻，复炒，烘焙至干。

"山僧后檐茶数丛……斯须炒成满室香"，又有"自摘至煎俄顷余。"（唐·刘禹锡《西山兰若试茶歌》）

"我是江南桑苧家，汲泉闻品故园茶，只应碧岳苍鹰爪，可压红囊白雪芽。其自注云：日铸则越茶矣，不团不饼，而曰炒青，曰苍鹰爪，则撮泡矣。"（宋·陆游《安国院试茶》）

"炒时，须一人从旁扇之……"（明·闻龙《茶笺》）

6. 其他茶类

在绿茶的制造基础上，选择不同的鲜叶原料，通过不同的制茶工艺，逐渐出现了色、香、味、形等品质特征不同的茶类，即黑茶、红茶、黄茶、青茶、白茶，它们与绿茶一起被称为六大茶类。

（1）黄茶　黄茶制作工艺在公元7世纪形成。加工工艺流程：

鲜叶→ 杀青 → 闷黄 → 干燥

"顾彼山中不善制法，就于食铛火薪焙炒，未及出釜，业已焦枯，讵堪用哉，兼以竹造巨苴筒，乘热便贮，虽有绿枝紫笋，辄就萎黄，仅供下食，奚堪品斗。"（明·许次纾《茶疏》）

（2）黑茶　黑茶最早出现于秦汉时期。加工工艺流程：

鲜叶→ 杀青 → 揉捻 → 渥堆 → 干燥

"以商茶低伪，悉征黑茶，产地有限……"（明·陈讲奏疏）

（3）白茶　白茶起源于东汉。加工工艺流程：

鲜叶→ 萎凋 → 干燥

"茶者以火作者为次，生晒者为上，亦近自然……清翠鲜明，尤为可爱。"（明·田艺蘅《煮泉小品》）

"永嘉东三百里是海，是南三百里之误。南三百里是福建福鼎（唐为长溪县辖区），系白茶原产地。"（陈椽《茶叶通史》）

"茶有宜以日晒者，青翠香洁，胜于火炒。"（明·孙大绶《茶谱外集》）

（4）红茶　红茶起源于十六世纪，最早的红茶始于福建崇安的小种红茶。加工工艺流程：

鲜叶→ 萎凋 → 揉捻 → 发酵 → 干燥

"山之第九曲处有星村镇，为行家萃聚。外有本省邵武，江西广信等处所产之茶，黑色红汤，土名江西乌，皆私售于星村各行。"（清·刘埥《片刻余闲集》）

（5）青茶　青茶最早在福建创制。加工工艺流程：

鲜叶→ 萎凋 → 做青 → 杀青 → 揉捻 → 干燥

"武夷茶……茶采后，以竹筐匀铺，架于风日中，名曰晒青，俟其青色渐收，然后再加炒焙……烹出之时，半青半红，青者乃炒色，红者乃焙色也。"（清·王草堂《茶说》）

（五）现代制茶技术

1. 萎凋

（1）目的　提高叶温，使叶质柔软，便于造形；散发水分，提高细胞浓度，促进内含物转化。

（2）程度　失水率（红茶、青茶）25%~35%。

① 看：叶面失去光泽，叶色暗淡，无泛红现象。

② 闻：青草气大部分消失，略显茶香或清香、水果香。

③ 捏：叶形变萎缩，叶质变柔软，嫩茎梗折而不断，无焦芽、干边现象，紧捏成团松手后能慢慢弹散。

2．杀青

（1）目的　破坏酶活性，蒸发水分，散发青气，发展茶香。

（2）要求　不生不焦、杀匀杀透、无红梗红叶。

（3）原则　抛闷结合，多抛少闷；高温杀青，先高后低；嫩芽老杀，老叶嫩杀。

（4）程度　失水率（绿茶、青茶、黑茶、黄茶）8.2%；叶色由鲜绿转变为暗绿，手捏叶软，嫩茎梗折之不断，青草气消失，略带茶香，紧捏叶子成团，稍有弹性。

3．揉捻

（1）目的　初步做形，卷紧茶条，缩小体积，破坏叶组织，既要茶汁容易泡出，又要耐冲泡。

（2）要求　五要五不要。

（3）原则　老叶热揉，嫩叶冷揉；轻重交替，快慢结合。

（4）程度　失水率（绿茶、红茶、青茶、黑茶）0.5%~1%；成条率在80%以上；细胞破碎率在45%~65%；茶汁黏附于叶面，手摸有湿润黏手的感觉。

4．闷黄

（1）目的　将杀青叶趁热堆积，使茶坯在湿热条件下发生热化学变化，使叶子全部均匀变黄。

（2）程度　含水率25%；叶色转黄绿有光泽，青气消失，发出浓郁的香气，茶香显露。

5．渥堆

（1）目的　除去部分涩味、降低收敛性、使茶叶变色。

（2）程度　含水率（黑茶）35%；叶色由暗绿转为黄褐色，香气由粗青气转为酒糟气、辛辣气味；堆温在40~43℃，堆面出现水珠，茶坯易解散。

6．做青

（1）目的　茶叶进行半发酵，促进香气的形成。

（2）原则　看青做青，看天做青。

（3）程度　失水率（青茶）15%；一摸叶片，二看叶色，三闻香气。

7．发酵

（1）目的　促进多酚类氧化。

（2）程度　含水率（红茶、青茶、黑茶）30%。

①闻香：青草香、清香、清花香、花香、果香、熟香、渐淡、酸馊味。

②看色：青绿、黄绿、黄色、红黄、红色、紫红、暗红。

③注意：宁轻勿重，立即干燥。

④红碎茶：浓强鲜，清香或清花香、黄色或黄红色。

⑤工夫红茶：浓甜醇，花香或果香，黄红或红色。

8．干燥

（1）目的　彻底破坏酶活性，制止多酚类氧化；散发青草气，巩固和发展茶香；紧结茶条，塑造外形；蒸发水分，固定品质，便于贮运。

（2）原则　分次干燥，中间摊凉；毛火快烘，足火慢烘；嫩叶薄摊，老叶厚摊。

（3）程度　含水量6%~7%；手捏茶叶茎梗碎。

（六）现代茶叶分类

红茶、绿茶、青茶、黄茶、白茶、黑茶。

1．绿茶

（1）工艺流程　鲜叶→摊凉→杀青→揉捻→干燥。

（2）特征　清汤绿叶。

（3）分类及其代表茶　炒青（西湖龙井、都匀毛尖）、烘青（黄山毛峰、信阳毛尖）、晒青（普洱生茶、安化黑毛茶）、蒸青（恩施玉露）。

2．红茶

（1）工艺流程　鲜叶→萎凋→杀青→揉捻→发酵→干燥。

（2）特征　红汤红叶。

（3）分类及其代表茶　小种红茶（正山小种）、工夫红茶（滇红、祁红、闽红）、红碎茶（滇红碎茶、南川红碎茶）。

3. 青茶

（1）工艺流程　鲜叶→萎凋→做青→炒青→揉捻→干燥。

（2）特征　绿叶红镶边。

（3）分类及其代表茶　闽北乌龙茶（武夷岩茶）、闽南乌龙茶（安溪铁观音）、广东乌龙茶（凤凰单丛）、台湾乌龙茶（包种、东方美人）。

4. 黄茶

（1）工艺流程　鲜叶→摊凉→杀青→揉捻→闷黄→干燥。

（2）特征　黄汤黄叶。

（3）分类及其代表茶　黄芽茶（君山银针、蒙顶黄芽、霍山黄芽）、黄小茶（北港毛尖、沩山毛尖、平阳黄汤）、黄大茶（霍山黄大茶、广东大叶青）。

5. 白茶

（1）工艺流程　鲜叶→萎凋→干燥。

（2）特征　满披白毫、色白如银。

（3）分类及其代表茶　白毫银针、白牡丹、贡眉、寿眉。

6. 黑茶

（1）工艺流程　鲜叶→摊凉→杀青→揉捻→渥堆→干燥。

（2）特征　叶色油黑或褐黄。

（3）分类及其代表茶　云南普洱熟茶，广西六堡茶，湖南四砖、三尖、花卷，湖北老青砖，四川南路边（茶）、西路边（茶）。

（七）现代评茶技术

五项八因子评茶法。

（1）五项　外形、汤色、香气、滋味、叶底。

（2）八因子　形状、色泽、整碎、净度、汤色、香气、滋味、叶底。

四、研习方案

（一）引入三之造

"引入三之造"研习方案见表3-1。

表3-1 "引入三之造"研习方案

研习内容	引入三之造		
学情分析	经过《茶经·二之具》专题的学习，已基本了解相关制茶工具		
研习目标	回顾《茶经·二之具》，温故而知新；引入《茶经·茶之造》内容，学习新知识点		
评价目标	（1）熟知制茶工具； （2）掌握制茶工具的用法		
重难点	温故而知新，引入三之造		
研习方法	（1）讲授法； （2）实物演示法； （3）讨论法		
研习环境	教师活动	学生活动	设计意图
导入 二之具	茶之为饮，发乎神农……兴于唐，唐代盛行什么茶	思考，回答： 散茶？龙团凤饼？	思考问题 引出专题
回顾 二之具	唐代蒸青团茶的制造工具有哪些	思考，回答： 甑？釜？	以已学知识为 引 逐步导出
讲解	籝；灶、釜、甑；杵臼、规、檐、芘莉；棨、扑、焙、贯、棚；穿、育	认真听讲	联系实际 随堂互动
交流讨论	现代制茶工具有哪些	讨论，回答： 杀青机？理条机？	
总结知识	采茶工具、蒸茶工具、捣茶工具、烘茶工具、穿茶工具、封茶工具	做笔记	引出三之造
导入 三之造	"自采至于封，七经目"中，"七经目"指的是	思考，回答： 捣？采？	思考问题 引出专题

71

续表

引入 三之造	唐代蒸青团茶的制作工序及等级	讨论，回答： 采？蒸？胡人靴？	以已学知识为引，逐步导出
讲解	从采摘到封装，一共有七道工序。采摘新鲜茶叶，进行蒸青、揉捻、造型、干燥、记数、封装几道工序，即可制成茶饼。茶饼的形状千姿百态，按其形态颜色来分，从像胡人的皮靴到像经霜打过的荷叶，共有八个等级	认真听讲	联系实际，随堂互动
交流讨论	哪些制茶工艺被沿用至今	讨论，回答： 蒸茶？焙茶？	
总结知识	晴，采之、蒸之、捣之、焙之、穿之、封之、茶之干矣。自采至于封，七经目。 茶有千万状，卤莽而言。自胡靴至于霜荷，八等	做笔记	引出三之造

（二）三之造·制茶

"三之造·制茶"研习方案见表3-2。

表3-2 "三之造·制茶"研习方案

研习内容	三之造·制茶		
学情分析	经过《茶经·二之具》专题的学习，已基本了解相关制茶工具		
研习目标	在《茶经·二之具》基础上，学习"三之造·制茶"相关知识		
评价目标	掌握制茶步骤及其注意事项		
重难点	熟知制茶步骤及其注意事项		
研习方法	（1）讲授法； （2）实物演示法； （3）讨论法		
研习环境	教师活动	学生活动	设计意图
导入采	煮饭前，需要打米或买米，那么制茶前，需要采茶吗	思考，回答： 需要？不需要？	思考问题 引出专题
采	采茶过程需要注意哪些因素	思考，回答： 天气？时间？	以已学知识为引 逐步导出

讲解	采摘鲜叶。 （1）时间　二月，三月，四月之间；凌露采焉； （2）天气　有雨不采茶，晴天有云也不采茶，天气晴朗时才采； （3）长势　长四至五寸，刚刚抽芽； （4）要求　采摘长得最为挺拔的芽叶	认真听讲	联系实际 随堂互动
交流讨论	采茶方式有哪些	讨论，回答： 手采？机采？	
总结知识	二月、三月、四月之间；长四五寸，薇蕨始抽，凌露采焉；枝颖拔者采焉。有雨不采，晴有云不采，晴，采之	做笔记	引出蒸
导入蒸	玉米的加热方式有哪些	思考，回答： 烤？蒸？煮？	思考问题 引出专题
蒸	蒸茶过程需要注意哪些因素	讨论，回答： 火候？茶叶厚度？	以已学知识 为引，逐步 导出
讲解	杀青。 （1）蒸得透，压得紧，茶饼平整； （2）压不实，茶饼凹凸起皱，不平整	认真听讲	联系实际 随堂互动
交流讨论	蒸青茶有哪些	讨论，回答： 恩施玉露？抹茶？	
总结知识	蒸压则平正，纵之则坳垤	做笔记	引出捣
导入捣	糍粑怎么制作	思考，回答： 捣？揉？	思考问题 引出专题
捣	捣茶过程需要注意哪些因素	讨论，回答： 坚硬？茶叶嫩度？	以已学知识 为引 逐步导出
讲解	枝梗坚硬，很难蒸捣，形状像是有孔的筛子。 （1）装叶量要适宜； （2）揉捻结束后，应速解块，及时上烘	认真听讲	联系实际 随堂互动
交流讨论	现代捣茶工具有哪些	讨论，回答： 捻茶机？	
总结知识	枝干坚实，艰于蒸捣，其形籭然	做笔记	引出拍

导入拍	怎样使饼茶变平整	思考，回答： 拍？打？	思考问题 引出专题
拍	拍的程度不同对饼茶有什么影响	讨论，回答： 平整？起皱？	以已学知识 为引 逐步导出
讲解	（1）压得紧，茶饼平整； （2）压不实，茶饼凹凸起皱，不平整	做笔记	联系实际 随堂互动
交流讨论	现在普洱茶制作过程还有"拍"这个步骤吗	讨论，回答： 没有？有？	
总结知识	"拍"较"压"和"榨"的力量更小，防止饼茶褶皱和坳埂，使其更加的平整、紧实	做笔记	引出焙
导入焙	面包的制作需要烘焙，茶叶需要烘焙吗	思考，回答： 需要？不需要？	联系实际 随堂互动
焙	茶叶焙火需要考虑哪些因素	讨论，回答： 时间？茶叶量？	以已学知识 为引 逐步导出
讲解	焙火。 （1）焙火轻，颜色较亮，焙火重，颜色较暗； （2）粗老茶叶高温烘焙，细嫩茶叶低温烘焙； （3）较嫩茶叶，烘焙时间较短，粗老茶叶，烘焙时间较长	做笔记	联系实际 随堂互动
交流讨论	现代焙火工具有哪些	讨论，回答： 烘焙机？干燥箱？	
总结知识	焙火轻重、时间，茶叶老嫩都会影响茶叶品质	做笔记	引出穿
导入穿	穿针引线的"穿"与穿之的"穿"有何区别	思考，回答： 动词？量词？	思考问题 引出专题
穿	唐代茶叶计数方法有哪些	讨论，回答： 上穿？中穿？	以已学知识 为引 逐步导出
讲解	江东、淮南地区用竹篾穿，巴川、峡山地区用韧性比较好的树皮穿。江东以一斤为上穿，半斤为中穿，四两五两为小穿；峡中以一百二十斤为上穿，八十斤为中穿，五十斤为小穿	做笔记	联系实际 随堂互动
交流讨论	古代计数还有哪些	讨论，回答： 石子计数？斤？	

总结知识	穿，是一种计数方法	做笔记	引出封
导入封	"人靠衣装，马靠鞍"，茶叶上市前需要做什么	思考，回答： 宣传？包装？	思考问题 引出专题
封	茶叶包装材料有哪些	讨论，回答： 金属罐？纸盒？	以已学知识 为引 逐步导出
讲解	包装材料：金属罐包装、纸盒包装、塑料包装、薄膜袋包装、纸袋包装。 （1）便于贮运； （2）避免或减轻各种外力的损害和污染	做笔记	联系实际 随堂互动
交流讨论	古代的包装材料有哪些	讨论，回答： 油纸？竹制？麻布？	
总结知识	"纸囊，以剡藤纸白厚者夹缝之，以贮所炙茶，使不泄其香也"	做笔记	引出别茶

（三）三之造·别茶

"三之造·别茶"研习方案见表3-3。

表3-3 "三之造·别茶"研习方案

研习内容	三之造·别茶		
学情分析	经过专题的学习，已基本了解相关制茶工具		
研习目标	在三之造·制茶基础上，学习三之造·别茶相关知识		
评价目标	学会鉴别茶叶品质		
重难点	熟练掌握别茶的标准		
研习方法	（1）讲授法； （2）实物演示法； （3）讨论法		
研习环境	教师活动	学生活动	设计意图
导入 鉴别要点	怎么选择好的水果	思考，回答： 外形？色泽？	思考问题 引出专题
鉴别要点	从哪些因素辨别饼茶外形	思考，回答： 嫩度？色泽？	以已学知识 为引 逐步导出

讲解	鉴别茶饼匀整度、松紧、嫩度、色泽和净度	认真听讲	联系实际 随堂互动
交流讨论	现在怎样鉴别茶叶品质	讨论，回答： 感官审评？仪器检测？	
总结知识	茶之否臧，存于口诀	做笔记	引出茶叶等级
导入 茶叶等级	古代将人分为三六九等的依据是什么	思考，回答： 权力？财富？	思考问题 引出专题
茶叶等级	古代茶叶分为哪些等级	讨论，回答： 浮云？五等？	以已学知识 为引，逐步 导出
讲解	胡靴、犎牛臆、浮云、轻飙拂水、澄泥、雨沟、竹箨、霜荷	认真听讲	联系实际 随堂互动
交流讨论	都匀毛尖分为哪六个等级	讨论，回答： 尊品？一级？	
总结知识	自胡靴至于霜荷，八等	做笔记	引出制茶工艺演变

（四）制茶工艺演变

"制茶工艺演变"研习方案见表3-4。

表3-4 "制茶工艺演变"研习方案

研习内容	制茶工艺演变
学情分析	经过三之造·别茶的学习，已基本了解别茶要点
研习目标	在三之造·别茶基础上，学习制茶工艺演变相关知识
评价目标	（1）了解制茶工艺演变的重要阶段； （2）掌握各阶段中茶叶形状及其加工工艺
重难点	掌握制茶工艺演变的重要阶段及其加工工艺
研习方法	（1）讲授法； （2）实物演示法； （3）讨论法

研习环境	教师活动	学生活动	设计意图
导入药用、食用	神农为什么尝百草	思考，回答：喜欢吃？寻找可食植物？	思考问题 引出专题
药用、食用	大自然中植物种类多，果实颜色五彩斑斓，难免会中毒，中毒后怎么办	思考，回答：自生自灭？吃茶？	以已学知识为引 逐步导出
讲解	"神农尝百草，日遇七十毒，得茶解之。"上古时期为药用，食用方法为咀嚼鲜叶；春秋时期为食用，主要工艺为采摘、生煮	认真听讲	联系实际 随堂互动
交流讨论	现代茶的功效有哪些	讨论，回答：减肥？美容？	
总结知识	"神农尝百草，日遇七十毒，得茶解之"（传为《神农百草经》记载）	做笔记	引出茶叶等级
导入晒干或烘干散茶	咖啡豆需要烘烤去除水分，提香增味，便于研磨；那么茶叶怎样去除水分	思考，回答：晒干？烘干？	思考问题 引出专题
晒干或烘干散茶	干燥方式有哪些	讨论，回答：晒干？烤干？	以已学知识为引，逐步导出
讲解	魏晋南北朝时期为晒干阶段，主要工艺为晾晒、阴干	认真听讲	联系实际 随堂互动
交流讨论	现代茶叶烘干机有哪些种类	讨论，回答：带式烘干机？	
总结知识	"芽茶以火作为次，生晒者为上，亦更近自然"（明·田艺蘅《煮泉小品》）	做笔记	引出饼茶
导入饼茶	七子饼是什么	思考，回答：七个饼？饼茶？	思考问题 引出专题
饼茶	宋代盛行什么茶	讨论，回答：龙团凤饼？	
讲解	唐代蒸青作饼逐渐完善，北宋年间，做成团片状的龙凤团茶盛行	认真听讲	联系实际 随堂互动
交流讨论	普洱饼茶和龙凤团茶一样吗	讨论，回答：一样？不一样？	以已学知识为引，逐步导出

总结知识	"宋太平兴国初，特置龙凤模，遣使即北苑造团茶，以别庶饮，龙凤茶盖始于此"（宋·《宣和北苑贡茶录》）	做笔记	引出蒸青散茶
导入蒸青散茶	朱元璋为什么弃团改散	思考，回答：便捷？滋味好？	思考问题 引出专题
蒸青散茶	蒸青散茶的工艺	讨论，回答：蒸？焙？	以已学知识为引，逐步导出
讲解	宋代主要有蒸青团茶和蒸青散茶，其中散茶主要工艺为鲜叶、蒸、揉、焙、烘，无需制饼穿孔、贯串烘干。	认真听讲	联系实际 随堂互动
交流讨论	现在哪些茶还用蒸青工艺	讨论，回答：恩施玉露？湄潭翠芽？	
总结知识	"茶有二类，曰片茶，曰散茶"（元·脱脱《宋史·食货志》）	做笔记	引出炒青
导入炒青	瓜子需要炒制去除水分，提香增味；那么茶叶也需要炒制吗	思考，回答：需要？不需要？	思考问题 引出专题
炒青	炒青工艺有哪些	讨论，回答：揉捻？复炒？	以已学知识为引，逐步导出
讲解	"日铸则越茶矣，不团不饼，而曰炒青。" 唐代开始炒青制茶，主要工艺为高温杀青，揉捻，复炒，烘焙至干	认真听讲	联系实际 随堂互动
交流讨论	延续至今的炒青工艺有什么	讨论，回答：杀青？烘焙？	
总结知识	"日铸则越茶矣，不团不饼，而曰炒青"（宋·陆游）	做笔记	引出其他茶类
导入其他茶类	水果怎么分类	思考，回答：地区？大小？	思考问题 引出专题
其他茶类	茶怎么分类	讨论，回答：红茶？黄茶？	以已学知识为引，逐步导出

讲解	在绿茶的制造基础上，选择不同的鲜叶原料，通过不同的制造工艺，逐渐出现了色、香、味、形等品质特征不同的其他茶类，即黄茶、黑茶、白茶、红茶、青茶，它们与绿茶一起被称为六大茶类	认真听讲	联系实际随堂互动
交流讨论	六大茶类最早出现在哪个时期	讨论，回答：唐代？清代？	
总结知识	黄茶制作工艺在公元7世纪形成；黑茶最早出现于秦汉时期；白茶起源于东汉；红茶起源于16世纪。最早的红茶开始与福建崇安的小种红茶开始；青茶最早在福建创制	做笔记	引出现代制茶技术

（五）现代制茶技术

"现代制茶技术"研习方案见表3-5。

表3-5 "现代制茶技术"研习方案

研习内容	现代制茶技术		
学情分析	经过制茶工艺演变专题的学习，已基本了解相关制茶工艺演变		
研习目标	在制茶工艺演变基础上，学习现代制茶技术相关知识		
评价目标	掌握茶叶加工工艺		
重难点	掌握茶叶加工工艺		
研习方法	（1）讲授法； （2）实物演示法； （3）讨论法		
研习环境	教师活动	学生活动	设计意图
导入萎凋	鲜叶采摘之后失水的过程称作什么	思考，回答：摊青、萎凋。	思考问题引出专题
萎凋	萎凋的方法有哪些	思考，回答：日光萎凋？室内萎凋？	以已学知识为引逐步导出

讲解	目的：提高叶温，使叶质柔软，便于造形；散发水分，提高细胞浓度，促进内含物转化； 程度：失水率（红茶、青茶）25%~35%；叶面失去光泽，叶色暗淡，无泛红现象；青草气大部分消失，略显茶香或清香、水果香；叶形变萎缩，叶质变柔软，嫩茎梗折而不断，无焦芽、干边现象，紧捻成团松手后能慢慢弹散	认真听讲	联系实际 随堂互动
交流讨论	萎凋需要注意什么	讨论，回答： 温度？湿度？	
总结知识	程度：看、闻、捏	做笔记	引出杀青
导入杀青	制作酸菜通常需要先焯水，那制茶时通常要做什么呢？ "杀青"是什么意思	思考，回答 影视作品拍摄结束叫杀青？制茶工艺杀青？	思考问题 引出专题
杀青	杀青的目的是什么	讨论，回答： 破坏酶活性？去除青气？	以已学知识为引，逐步导出
讲解	目的：破坏酶活性，蒸发水分，散发青气，发展茶香。 要求：不生不焦、杀匀杀透、无红梗红叶。 原则：抛闷结合，多抛少闷；高温杀青，先高后低；嫩芽老杀，老叶嫩杀。 程度：失水率（绿茶、青茶、黑茶、黄茶）8.2%；叶色由鲜绿转变为暗绿，手捏叶软，嫩茎梗折之不断，青草气消失，略带茶香，紧捏叶子成团，稍有弹性	认真听讲	联系实际 随堂互动
交流讨论	绿茶的杀青方式有哪些	讨论，回答： 蒸青？炒青？烘青？晒青？	
总结知识	原则：抛闷结合，多抛少闷；高温杀青，先高后低；嫩芽老杀，老叶嫩杀	做笔记	引出揉捻
导入揉捻	包饺子时揉面的作用是什么	思考，回答： 做形？面团均匀？	思考问题 引出专题
揉捻	揉捻的注意事项	讨论，回答： 力度？时间？	以已学知识为引，逐步导出

讲解	目的：初步做形，卷紧茶条，缩小体积，破坏叶组织，既要茶汁容易泡出，又要耐冲泡。 要求：五要五不要。 原则：老叶热揉，嫩叶冷揉；轻重交替，快慢结合。 程度：失水率（绿茶、红茶、青茶、黑茶）0.5%~1%；成条率在80%以上；细胞破碎率在45%~65%；茶汁黏附于叶面，手摸有湿润粘手的感觉	认真听讲	联系实际 随堂互动
交流讨论	手工揉捻与机械揉捻是否有区别	讨论，回答： 是？否？	
总结知识	原则：老叶热揉，嫩叶冷揉；轻重交替，快慢结合	做笔记	引出闷黄
导入闷黄	焖黄与闷黄是否有区别	思考，回答： 是？否？	思考问题 引出专题
闷黄	闷黄的注意事项	讨论，回答： 茶叶趁热堆积？	以已学知识为引，逐步导出
讲解	目的：将杀青叶趁热堆积，使茶坯在湿热条件下发生热化学变化，使叶子全部均匀变黄； 程度：含水量25%；叶色转黄绿有光泽，青气消失，发出浓郁的香气，茶香显露	认真听讲	联系实际 随堂互动
交流讨论	闷黄方式分为哪两种	讨论，回答： 干坯闷黄？湿坯闷黄？	
总结知识	程度：含水量25%；叶色转黄绿有光泽，青气消失，发出浓郁的香气，茶香显露	做笔记	引出渥堆
导入渥堆	酿酒需要渥堆发酵，黑茶是否需要渥堆发酵	思考，回答： 是？否？	思考问题 引出专题
渥堆	渥堆的注意事项	讨论，回答： 温度？湿度？时间？	以已学知识为引，逐步导出
讲解	目的：除去部分涩味降低收敛性、使茶叶变色。 程度：含水量（黑茶）35%；叶色由暗绿转为黄褐色，香气由粗青气转为酒糟气、辛辣气味；堆温在40~43℃，堆面出现水珠，茶坯易解散	认真听讲	联系实际 随堂互动

续表

第三章 茶之造研习

交流讨论	渥堆与闷黄是否有区别	讨论，回答：是？否？	
总结知识	程度：含水量（黑茶）35%；堆温在40~43℃	做笔记	引出做青
导入做青	大红袍是哪一类茶	思考，回答：红茶？青茶？	思考问题 引出专题
做青	做青的注意事项	讨论，回答：青叶碰撞？	以已学知识为引，逐步导出
讲解	目的：茶叶进行半发酵，促进香气的形成；原则：看青做青；看天做青；程度：失水率（青茶）15%；一摸叶片；二看叶色；三闻香气	认真听讲	联系实际 随堂互动
交流讨论	做青主要包括哪两种工序	讨论，回答：摇青？晾青？	
总结知识	程度：一摸叶片；二看叶色；三闻香气	做笔记	引出发酵
导入发酵	面包变蓬松的原因是什么	思考，回答：面团发酵？烘焙？	思考问题 引出专题
发酵	发酵的注意事项	讨论，回答：温度？时间？	以已学知识为引，逐步导出
讲解	目的：促进多酚类氧化。程度：含水量（红茶、青茶、黑茶）30%。闻香：青草、清香、清花香、花香、果香、熟香、渐淡、酸馊味。看色：青绿、黄绿、黄也、红黄、红色、紫红、暗红。注意：宁轻勿重，立即干燥。红碎茶：浓强鲜，清香或清花香、黄色或黄红色。工夫红茶：浓甜醇，花香或果香，黄红或红色	认真听讲	联系实际 随堂互动
交流讨论	面团发酵与茶叶发酵是否有区别	讨论，回答：是？否？	
总结知识	宁轻勿重，立即干燥	做笔记	引出干燥
导入干燥	干燥的目的是什么	思考，回答：耐储藏？去除水分？	思考问题 引出专题

干燥	干燥的注意事项	讨论，回答： 温度？时间？	以已学知识为引，逐步导出
讲解	目的：彻底破坏酶活性，制止多酚类氧化；散发青草气，巩固和发展茶香；紧结茶条，塑造外形；蒸发水分，固定品质，便于贮运。 原则：分次干燥，中间摊凉；毛火快烘，足火慢烘；嫩叶薄摊，老叶厚摊。 程度：含水量6%~7%；手捏茶叶茎梗碎	认真听讲	联系实际 随堂互动
交流讨论	干燥的方式有哪些	讨论，回答： 烘干？晒干？炒干？	
总结知识	原则：分次干燥，中间摊凉；毛火快烘，足火慢烘；嫩叶薄摊，老叶厚摊	做笔记	引出现代茶叶分类

（六）现代茶叶分类

"现代茶叶分类"研习方案见表3-6。

表3-6 "现代茶叶分类"研习方案

研习内容	现代茶叶分类		
学情分析	经过现代制茶技术专题的学习，已基本了解相关制茶技术		
研习目标	在现代制茶技术基础上，学习现代茶叶分类相关知识		
评价目标	掌握茶叶分类及其品质特征		
重难点	掌握各类茶叶主要品质特征		
研习方法	（1）讲授法； （2）实物演示法； （3）讨论法		
研习环境	教师活动	学生活动	设计意图
导入绿茶	都匀毛尖属于哪一类茶	思考，回答： 绿茶？红茶？	思考问题 引出专题
绿茶	绿茶的主要加工工艺	思考，回答： 杀青？发酵？	以已学知识为引 逐步导出

讲解	工艺：鲜叶→摊凉→杀青→揉捻→干燥； 特征：清汤绿叶； 分类及其代表茶：炒青（西湖龙井、都匀毛尖），烘青（黄山毛峰、信阳毛尖），晒青（普洱生茶、安化黑毛茶），蒸青（恩施玉露）	认真听讲	联系实际 随堂互动
交流讨论	贵州有哪些绿茶	讨论，回答： 绿宝石？湄潭翠芽？	
总结知识	清汤绿叶	做笔记	引出红茶
导入红茶	遵义红属于哪一茶类	思考，回答： 红茶？绿茶？	思考问题 引出专题
红茶	制作红茶的关键工序是什么	讨论，回答： 发酵？杀青？	以已学知识为 引，逐步导出
讲解	工艺：鲜叶→萎凋→杀青→揉捻→发酵→干燥； 特征：红汤红叶； 分类及其代表茶：小种红茶（正山小种），工夫红茶（滇红、祁红、闽红），红碎茶（滇红碎茶、南川红碎茶）	认真听讲	联系实际 随堂互动
交流讨论	世界三大高香红茶	讨论，回答： 中国祁门红茶？印度大吉岭红茶？斯里兰卡锡兰红茶？	
总结知识	红汤红叶	做笔记	引出青茶
导入青茶	大红袍属于哪一茶类	思考，回答： 青茶？红茶？	思考问题 引出专题
青茶	青茶的关键工序是什么	讨论，回答： 杀青？做青？发酵？	以已学知识为 引，逐步导出
讲解	工艺：鲜叶→萎凋→做青→炒青→揉捻→干燥； 特征：绿叶红镶边； 分类及其代表茶：闽北乌龙茶（武夷岩茶），闽南乌龙茶（安溪铁观音），广东乌龙茶（凤凰单丛），台湾乌龙茶（包种、东方美人）	认真听讲	联系实际 随堂互动
交流讨论	乌龙茶的"岩韵"和"音韵"是否有区别	讨论，回答： 是？否？	

总结知识	绿叶红镶边	做笔记	引出黄茶
导入黄茶	君山银针属于哪一类茶	思考，回答： 白茶？黄茶？	思考问题 引出专题
黄茶	黄茶的关键工序是什么	讨论，回答： 闷黄？渥堆？	以已学知识为 引，逐步导出
讲解	鲜叶→摊凉→杀青→揉捻→闷黄→干燥； 特征：黄汤黄叶； 分类：黄芽茶、黄小茶、黄大茶	认真听讲	联系实际 随堂互动
交流讨论	闷黄方式分为哪两种	讨论，回答： 干坯闷黄？湿坯闷黄？	
总结知识	黄汤黄叶	做笔记	引出白茶
导入白茶	被称为"女人茶"的是哪一类茶	思考，回答： 白茶？黄茶？	思考问题 引出专题
白茶	白茶的关键工序是什么？	讨论，回答： 萎凋？发酵？	以已学知识为 引，逐步导出
讲解	工艺：鲜叶→萎凋→干燥； 特征：满披白毫、色白如银； 分类：白毫银针，白牡丹，寿眉，贡眉	认真听讲	联系实际 随堂互动
交流讨论	俗话说白茶一年、三年、七年分别为什么	讨论，回答： 茶，药，宝？	
总结知识	满披白毫、色白如银	做笔记	引出黑茶
导入黑茶	古时茶马古道主要流通什么茶	思考，回答： 黑茶？红茶？	思考问题 引出专题
黑茶	黑茶的关键工序是什么	讨论，回答： 发酵？渥堆？	以已学知识为 引，逐步导出
讲解	工艺：鲜叶→摊凉→杀青→揉捻→渥堆→干燥； 特征：叶色油黑或褐黄； 分类及代表茶类：云南普洱熟茶，广西六堡茶，湖南四砖、三尖、花卷，湖北老青砖，四川南路边、西路边	认真听讲	联系实际 随堂互动
交流讨论	大家所熟知的黑茶形状有哪些	讨论，回答： 砖形？饼形？	
总结知识	叶色油黑或褐黄	做笔记	引出现代评茶

（七）现代评茶技术

"现代评茶技术"研习方案见表3-7。

表3-7 "现代评茶技术"研习方案

研习内容	现代评茶技术		
学情分析	经过制茶工艺演变专题的学习，已基本了解相关制茶工艺演变		
研习目标	在制茶工艺演变基础上，学习现代评茶技术相关知识		
评价目标	掌握各类茶叶加工工艺		
重难点	掌握各类茶叶加工工艺		
研习方法	（1）讲授法； （2）实物演示法； （3）讨论法		
研习环境	教师活动	学生活动	设计意图
导入现代评茶技术	怎么鉴别食物的好坏	思考，回答： 外形？滋味？	思考问题 引出专题
现代评茶技术	鉴别茶叶的五项八因子为	思考，回答： 外形？香气？	以已学知识为引 逐步导出
讲解	五项：外形、汤色、香气、滋味、叶底； 八因子：外形、色泽、整碎、净度、汤色、香气、滋味、叶底	认真听讲	联系实际 随堂互动
交流讨论	评茶的流程	讨论，回答： 讨论，回答：取样→把盘→称样→评外形→开汤→评汤色→闻香气→尝滋味→看叶底→打分	
总结知识	五项八因子评茶法	做笔记	

五、课后活动

课后活动方案见表3-8。

表3-8 "参观茶叶加工厂"课后活动方案

活动名称	参观茶叶加工厂		
活动时间	根据教学环节灵活安排		
活动地点	根据教学环节灵活安排		
活动目的	（1）扩展学生认知面，开拓视野，了解自然，享受自然，回归自然； （2）增进团队中个人的有效沟通，增强团队的整体互信，结识新朋友； （3）提升开放的思维模式，体验自我生存的价值，分享成功的乐趣		
安全保障	专业拓展培训教师、户外安全指导员、专业技术保障设备、随队医生全程陪同		
活动内容			
项目		指导教师	辅助教师
集合，从学校出发乘车去往茶厂		A老师	B老师
品尝茶叶		A老师	B老师
工作人员带领参观茶厂，认识加工机械及使用方法		A老师	B老师
观看茶叶加工厂宣传片		A老师	B老师
与工作人员交流互动，了解制茶注意事项		A老师	B老师
体验茶叶加工过程		A老师	B老师
午餐		A老师	B老师
集合，返回学校		A老师	B老师
活动反馈			
通过本次活动，正确认识了茶叶加工机械，并了解了机械的使用方法，掌握了加工的流程			

第四章

茶之器研习

《茶经·四之器》，详细地介绍了唐代的煮茶器具——种类、构造和功能等。

为了深入研究茶叶冲泡器具的演变及特点，普及茶叶知识，传播中国茶文化；本章以陆羽《茶经·四之器》为引，从茶经原文、原文分析、知识解读、研习方案、课后活动五个方面，详细地剖析了四之器、器具演变和现代器具等知识及研习方案。

一、茶经原文

风炉（灰承）

风炉，以铜铁铸之，如古鼎形，厚三分，缘阔九分，令六分虚中，致其圬墁。凡三足，古文书二十一字，一足云"坎上巽下离于中"，一足云"体均五行去百疾"，一足云"圣唐灭胡明年铸"。其三足之间，设三窗，底一窗以为通飚漏烬之所。上并古文书六字，一窗之上书"伊公"二字，一窗之上书"羹陆"二字，一窗之上书"氏茶"二字，所谓"伊公羹，陆氏茶"也。置墆㙪于其内，设三格：其一格有翟焉，翟者，火禽也，画一卦曰离；其一格有彪焉，彪者，风兽也，画一卦曰巽；其一格有鱼焉，鱼者，水虫也，画一卦曰坎。巽主风，离主火，坎主水。风能兴火，火能熟水，故备其三卦焉。其饰以连葩、垂蔓、曲水、方文之类。其炉，或锻铁为之，或运泥为之，其灰承，作三足铁柈抬之。

> 风炉（灰承）：风炉，铜或铁铸造，形似古鼎，壁厚约 1.11cm，口边缘约 3.33cm，炉内间隙六分，内壁涂有泥。一般炉下有三脚，每只炉脚刻有七个古体字——"坎上巽下离于中""体均五行去百疾""圣唐灭胡明年铸"。炉底有一窗通风漏灰；炉身

上壁三脚间开有三顶窗，顶窗上方分别铸有6个古文字——"伊公""羹陆""氏茶"，即是"伊公羹陆氏茶"。炉内设有炉算子支撑，分三格，一格铸有野鸡图，野鸡是火禽，画一离卦；一格铸有老虎图，虎是风兽，画一巽卦；一格铸有鱼图，鱼是水虫，刻画一坎卦。"巽"作风，"离"作火，"坎"作水。风能使火烧旺，火能把水煮开，所以要有这三卦。炉身以花卉、藤蔓、流水、方形花纹等图装饰；炉芯用熟铁或泥巴铸造；灰承（接受灰炉的器具），是有三脚的铁盘，用于托住炉子。

jǔ yǐ zhú zhī zhī gāo yī chǐ èr cùn jìng kuò qī cùn huò yòng téng zuò mù xuān rú jǔ xíng zhī zhī liù chū yuán
筥，以竹织之。高一尺二寸，径阔七寸，或用藤，作木楦。如筥形，织之，六出圆
yǎn qí dǐ gài ruò lì qiè kǒu shuò zhī
眼。其底、盖若利箧口，铄之。

筥：筥，竹编盛器，高约40cm，径约23cm。先做一个筥形模具，再用藤条编在外面，编制到十分之六的地方再编出圆眼，盛器的底和盖像盛器的口，要磨光滑。

tàn zhuā
炭檛
tàn zhuā yǐ tiě liù léng zhì zhī cháng yī chǐ ruì shàng fēng zhōng zhí xì tóu xì yī xiǎo zhǎn yǐ shì zhuā yě ruò jīn zhī
炭檛，以铁六棱制之，长一尺，锐上丰中，执细头系一小镮，以饰檛也，若今之
hé lǒng jūn rén mù yǔ yě huò zuò chuí huò zuò fǔ suí qí biàn yě
河陇军人木吾也。或作鎚，或作斧，随其便也。

炭挝：炭挝，用六棱形的铁棒铸成，长约33.33cm，头部尖中间粗，握的柄头套有一个小环作装饰，像现今河陇地带的军人拿的"木吾"。有的把铁棒做成鎚形或斧形，各随其便。

huǒ jiā
火筴
huǒ jiā yī míng zhù ruò cháng yòng zhě yuán zhí yī chǐ sān cùn dǐng píng jié wú cōng tái gōu suǒ zhī shǔ yǐ tiě huò shú
火筴，一名筯。若常用者，圆直，一尺三寸，顶平截，无葱台勾锁之属，以铁或熟
tóng zhì zhī
铜制之。

火箸

火箸，又名箸，如平常用的火钳，用铁或熟铜铸造，圆直形长约43cm，顶端平齐，没有葱台、勾锁之类的装饰。

fǔ
鍑

fǔ　　yǐ shēng tiě wéi zhī　　jīn rén yǒu yè yě zhě　　suǒ wèi jí tiě　　qí tiě yǐ gēng dāo zhī jū　liàn ér zhù zhī　nèi mō tǔ
鍑，以生铁为之。今人有业冶者，所谓急铁，其铁以耕刀之趄，炼而铸之。内摸土
ér wài mō shā　　tǔ huá yú nèi　　yì qí mó dí　　shā sè yú wài　　xī qí yán yàn　fāng qí ěr　　yǐ zhèng lìng yě　guǎng qí
而外摸沙，土滑于内，易其摩涤；沙涩于外，吸其炎焰。方其耳，以正令也；广其
yuán　　yǐ wù yuǎn yě　　cháng qí qí　　yǐ shǒu zhōng yě　qí cháng　zé fèi zhōng　fèi zhōng　zé mò yì yáng　mò yì yáng zé qí
缘，以务远也；长其脐，以守中也。脐长，则沸中，沸中，则末易扬，末易扬则其
wèi chún yě　hóng zhōu yǐ cí wéi zhī　　lái zhōu yǐ shí wéi zhī　　cí yǔ shí jiē yǎ qì yě　　xìng fēi jiān shí　nán kě chí jiǔ
味淳也。洪州以瓷为之，莱州以石为之，瓷与石皆雅器也，性非坚实，难可持久。
yòng yín wéi zhī　　zhì jié　dàn shè yú chǐ lì　　yǎ zé yǎ yǐ　　jié yì jié yǐ　　ruò yòng zhī héng　　ér zú guī yú tiě yě
用银为之，至洁，但涉于侈丽。雅则雅矣，洁亦洁矣，若用之恒，而卒归于铁也。

鍑：鍑（同"釜"），生铁铸造。"生铁"是现在冶炼人说的"急铁"，其铁是以坏了的农具炼铸。铸锅时，内面涂泥，外面涂沙。内面涂泥使锅面光滑，易磨洗；外面涂沙使锅底粗糙，易吸热。耳铸方形，使锅可放端正。口宽略往外延伸，使沸水有足够的空间不易溢出。脐部突出，烧水时，使锅中心水沸腾水沫易于上升，水味就会甘醇。洪州用瓷做锅，莱州用石做锅，瓷锅和石锅都是雅致好看的器皿，但是不坚固，不耐用。用银做锅，易清洁，但奢侈。雅致固然雅致，清洁确实好清洁，但从耐久实用度来说，还是铁锅最好。

jiāo chuáng
交 床

jiāo chuáng yǐ shí zì jiāo zhī　　wān zhōng lìng xū　　　yǐ zhī fǔ yě
交 床 以十字交之，剜 中 令虚，以支鍑也。

交床：交床，用十字交叉制作的木架，把中间挖空，用于支持锅。

jiá
夹

jiá　　yǐ xiǎo qīng zhú wéi zhī　　cháng yì chǐ èr cùn　　lìng yí cùn yǒu jié　　jié yǐ shàng pōu zhī　　yǐ zhì chá yě　bǐ zhú
夹，以小青竹为之，长一尺二寸，令一寸有节，节已上剖之，以炙茶也。彼竹
zhī xiǎo　　jīn rùn yú huǒ　　jiǎ qí xiāng jié yǐ yì chá wèi　　kǒng fēi lín gǔ jiān mò zhī zhì　　huò yòng jīng tiě　shú tóng zhī
之篠，津润于火，假其香洁以益茶味，恐非林谷间莫之致。或用 精铁、熟铜之

第四章　茶之器研习

lèi qǔ qí jiǔ yě
类，取其久也。

夹：夹，小青竹制成，长40cm。选一头33cm有竹节的位置，自节以上剖开，夹住茶饼在火上烤。让竹条在火上烤出竹液，借助竹夹散发的香气增加茶的香味。但如果不是在山林间炙茶，恐怕难以弄到这种青竹。可以用精铁或熟铜等制成，有耐用的优点。

zhǐ náng
纸囊

zhǐ náng yǐ shàn téng zhǐ bái hòu zhě jiā féng zhī　　yǐ zhù suǒ zhì chá　　shǐ bù xiè qí xiāng yě
纸囊以剡藤纸白厚者夹缝之。以贮所炙茶，使不泄其香也。

纸囊：纸囊，以两层又白又厚的剡藤纸缝制而成。用于贮放烤好的茶，使茶叶的香气不泄漏。

niǎn　　fú mò
碾（拂末）

niǎn　yǐ jú mù wéi zhī　cì yǐ lí sāng tóng zhě wéi zhī　nèi yuán ér wài fāng　nèi yuán bèi yú yùn xíng yě　　wài
碾，以橘木为之，次以梨、桑、桐、柘为之。内圆而外方，内圆备于运行也，外
fāng zhì qí qīng wēi yě　　nèi róng duò ér wài wú yú mù　　duò　xíng rú chē lún　bù fú ér zhóu yān　cháng jiǔ cùn　kuò yī
方制其倾危也。内容堕而外无余木。堕，形如车轮，不辐而轴焉。长九寸，阔一
cùn qī fēn　　duò jìng sān cùn bā fēn　zhōng hòu yí cùn　biān hòu bàn cùn　zhóu zhōng fāng　ér zhí yuán　qí fú mò　yǐ niǎo
寸七分，堕径三寸八分，中厚一寸，边厚半寸，轴中方而执圆。其拂末，以鸟
yǔ zhì zhī
羽制之。

碾：碾，橘木制成，其次是利用梨木、桑木、桐木、柘木制作。碾槽内圆外方，内圆以便于运转，外方防止翻倒；槽内刚好放得下一个碾磙后再无多余的空间。堕是木制做的碾磙，形似车轮，无车辐，中有一轴，轴长30cm，宽约5.1cm；木碾磙的直径46cm，中厚3.33cm，边厚1.67cm，轴中为方，手柄为圆。拂末（拂扫归拢茶末），以鸟的羽毛制成。

luó hé
罗合

luó mò yǐ hé gài zhù zhī　yǐ zé zhì hé zhōng　yòng jù zhú pōu ér qū zhī　yǐ shā juàn yì zhī　qí hé yǐ zhú jiē wéi zhī
罗末以合盖贮之，以则置合中。用巨竹剖而屈之，以纱绢衣之，其合以竹节为之，

或屈杉以漆之。高三寸，盖一寸，底二寸，口径四寸。

> 罗合：罗是罗筛，合是盒子，用罗筛好茶末放在盒中盖好贮存，并把"则"
> （量器）放在盒中。罗筛用大竹剖开弯曲成圆形，罗底蒙上纱或绢。盒子用竹
> 节制成，或用弯曲的杉树片制成圆状并涂上油漆。盒总高10cm，盖高3.33cm，
> 盒底高6.67cm，直径13.33cm。

zé
则

zé　　yǐ hǎi bèi　　lì gé zhī shǔ　　huò yǐ tóng tiě　　zhú bǐ　　cè zhī lèi　　zé zhě liáng yě　　zhǔn yě　　dù yě　　fán

则，以海贝、蛎蛤之属，或以铜、铁、竹匕、策之类。则者，量也，准也，度也。凡

zhǔ shuǐ yì shēng　　yòng mò fāng cùn bǐ　　ruò hǎo bó zhě jiǎn　　shì nóng zhě zēng　　gù yún zé yě

煮水一升，用末方寸匕。若好薄者减，嗜浓者增，故云则也。

> 则：则，用海中的贝壳，蛎蛤之类或铜、铁、竹片做的匙、策之类。"则"是
> 度量、标准和尺度的意思。一般情况，烧一升的水，用一"方寸匕"的匙量取
> 茶末。如有喜欢茶味淡薄的，就减少茶末量；喜欢喝茶味浓厚的，就增加茶末
> 量，因此叫"则"。

shuǐ fāng
水方

shuǐ fāng　　yǐ zhòu mù　　huái　　qiū　　zǐ děng hé zhī　　qí lǐ bìng wài féng qī zhī　　shòu yì dǒu

水方，以椆木、槐、楸、梓等合之，其里并外缝漆之，受一斗。

> 水方：水方，以椆木、槐、楸、梓等为原材料制成，内外的缝隙涂上油漆，防
> 止漏水，容积约十升的盛器。

lù shuǐ náng
漉水囊

lù shuǐ náng　　ruò cháng yòng zhě　　qí gé yǐ shēng tóng zhù zhī　　yǐ bèi shuǐ shī　　wú yǒu tái huì xīng sè yì　　yǐ shú tóng tái huì

漉水囊，若常用者，其格以生铜铸之，以备水湿，无有苔秽腥涩意，以熟铜苔秽，

tiě xīng sè yě　　lín qī gǔ yǐn zhě　　huò yòng zhī zhú mù　　mù yǔ zhú fēi chí jiǔ shè yuǎn zhī jù　　gù yòng zhī shēng tóng　　qí náng

铁腥涩也。林栖谷隐者，或用之竹木。木与竹非持久涉远之具，故用之生铜。其囊

zhī qīng zhú yǐ juǎn zhī　　cái bì jiān yǐ féng zhī　　niǔ cuì diàn yǐ zhuì zhī　　yòu zuò lù yóu náng yǐ zhù zhī　　yuán jìng wǔ cùn　　bǐng

织青竹以卷之，裁碧缣以缝之，纽翠钿以缀之，又作绿油囊以贮之。圆径五寸，柄

yī cùn wǔ fēn

一寸五分。

漉水囊：漉水囊，如同常用的一样。框架是用生铜锻造铸成，以免被水打湿后产生铜绿和污垢，使水有金属氧化生锈腥涩的味道。使用熟铜，易产生铜绿色污垢；使用铁，易产生铁锈，让水变得有腥涩味。在林谷间隐居的人，有的用竹或木制作，但是竹木制品都不耐用，也不方便携带远行，所以用生铜做比较好。滤水袋子，青篾丝编织成圆筒形，裁剪碧绿的绢再缝制，纽缀上翠钿作装饰。用一个防水绿色油布作口袋整个贮放漉水囊。漉水囊的骨架直径16.67cm，柄长5cm。

piáo

瓢

piáo yì yuē xī sháo pōu hù wéi zhī huò kān mù wéi zhī jìn shè rén dù yù chuǎnfù yún zhuó zhī yǐ páo páo

瓢，一曰牺杓，剖瓠为之，或刊木为之。晋舍人杜毓《荈赋》云："酌之以匏。"匏，

piáo yě kǒu kuò jìng báo bǐng duǎn yǒng jiā zhōng yú yáo rén yú hóng rù pù bù shāncǎimíng yù yī dào shi yún wú

瓢也。口阔，胫薄，柄短。永嘉中，余姚人虞洪入瀑布山采茗，遇一道士，云："吾

dān qiū zǐ qí zǐ tā rì ōu suō zhī yú qǐ xiāng wèi yě xī mù sháo yě jīn cháng yòng yǐ lí mù wéi zhī

丹丘子，祈子他日瓯牺之余，乞相遗也。"牺，木杓也，今常用以梨木为之。

瓢：瓢，又名"牺杓"。把瓠瓜（葫芦）剖开或树木凿刻而成。西晋杜育《荈赋》中说："酌之以匏"。"匏"，就是葫芦做的瓢。口宽大、身薄、柄短。永嘉年间，一浙江余姚人虞洪前往瀑布山里采茶，遇见一道士，对他说："我是丹丘子，希望你改天把杯碗中剩余的茶水送点给我喝。""牺"即木勺子，如今常用的是用梨木制成的。

zhú jiā

竹筴

zhú jiā huò yǐ táo liǔ pú kuí mù wéi zhī huò yǐ shì xīn mù wéi zhī cháng yì chǐ yín guǒ liǎng tóu

竹筴或以桃、柳、蒲葵木为之，或以柿心木为之。长一尺，银裹两头。

竹筴：竹筴，桃木、柳木、蒲葵木或柿心木制成，长约33.33cm，两头用银包裹。

cuó guǐ jiē

鹾簋（揭）

cuó guǐ yǐ cí wéi zhī yuánjìng sì cùn ruò hé xíng huòpíng huò léi zhù yán huā yě qí jiē zhú zhì cháng sì cùn yì fēn

鹾簋以瓷为之。圆径四寸，若合形，或瓶或罍，贮盐花也。其揭竹制，长四寸一分，

kuò jiǔ fēn　　jiē　　cè yě
阔九分。揭，策也。

> 醘簋（揭）：醘簋是瓷制的，直径13.33cm，形似盒子，有的做成瓶形的或小口坛形，用于装盐。揭，竹片所制，长13.67cm，宽3cm，用于取盐。

shú yú
熟盂

shú yú yǐ zhù shú shuǐ　　huò cí huò shā　　shòu èr shēng
熟盂以贮熟水，或瓷或沙，受二升。

> 熟盂：熟盂用来盛放煮沸的水，瓷器或陶器，容量为二升。

wǎn
碗

wǎn　　yuè zhōu shàng　　dǐng zhōu cì　　wù zhōu cì　　yuè zhōu shàng　　shòu zhōu　　hóng zhōu cì　　huò zhě yǐ xíng zhōu chù yuè zhōu shàng
碗，越州上，鼎州次，婺州次，岳州上，寿州、洪州次。或者以邢州处越州上，
shū wéi bù rán　　ruò xíng cí lèi yín　　yuè cí lèi yù　　xíng bù rú yuè yī yě　　ruò xíng cí lèi xuě　　zé yuè cí lèi bīng　　xíng
殊为不然。若邢瓷类银，越瓷类玉，邢不如越一也；若邢瓷类雪，则越瓷类冰，邢
bù rú yuè èr yě　　xíng cí bái ér chá sè dān　　yuè cí qīng ér chá sè lǜ　　xíng bù rú yuè sān yě　　jìn dù yù chuān fù suǒ
不如越二也；邢瓷白而茶色丹，越瓷青而茶色绿，邢不如越三也。晋杜毓《荈赋》所
wèi　　qì zé táo jiǎn　　chū zì dōng ōu　　ōu yuè yě　　ōu　　yuè zhōu shàng　　kǒu chún bù juǎn　　dǐ juǎn ér qiǎn　　shòu bàn
谓"器择陶拣，出自东瓯"。瓯，越也。瓯，越州上，口唇不卷，底卷而浅，受半
shēng yǐ xià　　yuè zhōu cí　　yuè cí jiē qīng　　qīng zé yì chá　　chá zuò bái hóng zhī sè　　xíng zhōu cí bái　　chá sè hóng　　shòu zhōu
升已下。越州瓷、岳瓷皆青，青则益茶，茶作白红之色。邢州瓷白，茶色红；寿州
cí huáng　　chá sè zǐ　　hóng zhōu cí hè　　chá sè hēi　　xī bù yí chá
瓷黄，茶色紫；洪州瓷褐，茶色黑。悉不宜茶。

> 碗：碗，越州产的品质最好，鼎州、婺州的差些；岳州产的好，寿州、洪州产的差些。有人认为邢州产的比越州好，完全不是这样。如果说邢州瓷质地像银，那么越州瓷就像玉，这是邢州瓷不如越州瓷的第一点。如果说邢州瓷像雪，那么越州瓷就像冰，这是邢州瓷不如越州瓷的第二点。邢州瓷白而使茶汤呈红色，越州瓷青而使茶汤呈绿色，这是邢州瓷不如越州瓷的第三点。晋代杜育《荈赋》说的"器择陶拣，出自东瓯"（挑拣陶瓷器皿，好的出自东瓯）。瓯（地名），就是越州。瓯（容器名，形似瓦盆），越州产的最好，器口不卷边，器底卷边且浅，容积不超过半升。越州瓷、岳州瓷都是青色，能增进茶汤的颜色，使茶汤现出白红色。邢州瓷白，茶汤是红色；寿州瓷黄，茶汤呈紫色；洪州瓷褐，茶汤呈黑色。这些都不适合用来盛茶。

yǐ bái pú juǎn ér biān zhī　　kě zhù wǎn shí méi　　huò yòng jǔ　　qí zhǐ pà　　yǐ shàn zhǐ jiā fèng lìng fāng　　yì shí zhī yě
畚，以白蒲卷而编之，可贮碗十枚。或用筥，其纸帊，以剡纸夹缝令方，亦十之也。

畚：畚由白蒲草编成，可放十只碗。也有的用竹筥、纸帊和两层剡纸裁成方

形，也是十张。

　jǐ bìng lú pí　　yǐ zhū yú mù jiā ér fù zhī　　huò jié zhú shù ér guǎn zhī　　ruò jù bǐ xíng
札，缉栟榈皮，以茱萸木夹而缚之，或截竹束而管之，若巨笔形。

札：札，用茱萸木夹上棕榈皮，捆紧。有的用一段竹子，在竹管里扎上棕榈纤

维，形状像大毛笔（作刷子用）。

涤方以贮涤洗之余，用楸木合之，制如水方，受八升。

涤方：涤方，盛洗涤后的水，楸木制成，制法和水方一样，容积八升。

滓方以集诸滓，制如涤方，处五升。

滓方：滓方，用来盛放各种茶渣，制作跟涤方一样，容积五升。

　yǐ shī bù wéi zhī　　cháng èr chǐ　　zuò èr méi　　hù yòng zhī　　yǐ jié zhū qì
巾，以绝布为之，长二尺，作二枚，互用之，以洁诸器。

巾：巾，粗绸缎所制，长66.67cm，一般做两块，交替使用，用来清洁各种

茶具。

jù liè
具列

jù liè   huò zuò chuáng   huò zuò jià   huòchún mù   chún zhú ér zhì zhī   huò mù huò zhú   huáng hēi kě jiōng ér qī zhě   cháng
具列，或作床，或作架，或纯木、纯竹而制之，或木或竹，黄黑可扃而漆者。长
sān chǐ   kuò èr chǐ   gāo liù cùn   qí liè zhě   xī liǎn zhū qì wù   xī yǐ chén liè yě
三尺，阔二尺，高六寸。其列者，悉敛诸器物，悉以陈列也。

> 具列：具列，做成床形或架形，纯用木、纯用竹或木竹兼用制作，做成小柜，用油漆涂成黄黑色，有门可关。长1m，宽66.67cm，高20cm。之所以称它具列，是因为可贮放陈列全部器物。

dū lán
都篮

dū lán   yǐ xī shè zhū qì ér míng zhī   yǐ zhú miè   nèi zuò sān jiǎo fāng yǎn   wài yǐ shuāng miè kuò zhě jīng zhī   yǐ dān miè
都篮，以悉设诸器而名之。以竹篾，内作三角方眼，外以双篾阔者经之，以单篾
xiān zhě fù zhī   dì yā shuāng jīng   zuòfāng yǎn   shǐ líng lóng   gāo yì chǐ wǔ cùn   dǐ kuò yì chǐ   gāo èr cùn   cháng èr
纤者缚之，递压双经，作方眼，使玲珑。高一尺五寸，底阔一尺、高二寸，长二
chǐ sì cùn   kuò èr chǐ
尺四寸，阔二尺。

> 都篮：都篮，因能装下所有器具而得名。竹篾编成，内面编成三角形或方形的眼，外面用两道宽篾作经线，一道窄篾作纬线，交替编压在作经线的两道宽篾上，编成方眼，使它的造型看起来玲珑好看。都篮总高50cm，总长80cm，总宽66.7cm，底宽33.33cm，底高6.67cm。

二、原文分析

（一）风炉（灰承）

风炉（灰承）即炉子，铜或铁铸造，像古鼎；炉下有三脚，灰承托住炉子；炉身壁上有三顶窗；炉上有三格；炉芯用铁或泥巴打造；用于煮茶。

风炉，以铜铁铸之，如古鼎形；凡三足，其灰承作三足，铁柈抬之；三足之间，设三窗；置墒堁于其内，设三格。其炉，或锻铁为之，或运泥为之。

"岸花藏水碓，溪竹映风炉。"（唐·岑参《晚过盘石寺礼郑和尚》）

"旋置风炉清樾下，它年奇事记三人。"（南宋·陆游《同何元立蔡肩吾至东丁院汲泉煮茶》）

杇墁

杇墁即涂饰墙壁，粉刷。

坎上巽下离于中

坎上巽下离于中，即煮茶时，水置炉上，风过炉下，中间烧火，火借风势。

坎指水；巽指风；离指火。

"本卦下为巽，巽为木；上卦为坎，坎为水。"（明·黄宗炎《易经象辞》）

"坎者，水之科也。"（南宋·王宗传《童溪易传》）

"巽为木，为风。"（南宋·洪迈《易·说卦》）

"离为火。"（明·黄宗炎《易经象辞》）

圣唐灭胡明年

圣唐灭胡元年即公元763年唐代宗平定安史之乱，在第二年（公元764年）陆羽制造风炉，因此称为灭胡明年。

飙

飙即大风。

"风发飙拂。"（东汉·班固《汉书·扬雄传》）

伊公

伊公即羹汤，殷商伊势善于煮羹汤，后指美味的羹汤。

"伊公调和，易氏燔爊，传车渠之椀，置青玉之案。"（南北朝·萧统《七契》）

6.

墀堁

墀堁即火炉算子，堆积于炉膛内部，用于支撑火炉。

"墀：贮积，堁：小山、小土堆。"（清·张玉书、陈廷敬等《康熙字典》）

7. 翟

翟即野鸡。

"夏翟秋飞，江鼙春涧。"（南北朝·庾信《谢赵王赉雉启》）

"山鸡翟雉来相劝，南禽多被北禽欺。"（唐·李白《山鹧鸪词》）

8. 彪

彪即老虎，作风兽。

"彪，虎文也。"（东汉·许慎《说文解字》）

"熊彪顾盼，鱼龙起伏。"（南北朝·庾信《枯树赋》）

9. 葩

葩即花朵，亦指华丽。

"葩，华也。从艸，皅声。"（东汉·许慎《说文解字》）

"若众葩敷，荣曜春风。"（东汉·张衡《西京赋》）

10. 垂蔓

垂蔓即垂挂的藤蔓。

"青树翠蔓。"（唐·柳宗元《至小丘西小石潭记》）

"丹藤翠蔓。"（南宋·陆游《过小孤山大孤山》）

11. 柈

"柈"通"盘"，即盛物之器。

"以金柈贮槟榔一斛以进之。"（唐·李大师、李延寿《南史·刘穆之列传》）

"蒸裹如千室，焦糟幸一柈。"（唐·杜甫《十月一日》）

（二）筥

筥即竹筥，竹或藤所制，圆形有盖，高40cm，直径23cm，用于装木炭。

筥，以竹织之，或用藤，作木楦如筥形织之，高一尺二寸，径阔七寸。

"筥，筲也。从竹，吕声。"（东汉·许慎《说文解字》）

"筥，饭器，受五升。秦谓筥也。"（南北朝·吕忱《字林》）

"具扑曲筥筐。"（西汉·刘安《淮南子·时则》）

第四章 茶之器研习

1. 木楦

木楦即模具，笪木架子；原指鞋帽子的模具。

"鞋工木胎为楥头，改作楦，至今呼之。"（清·方以智《通雅·谚原》）

"都是你大脚将来蛮楦，把靴尖挣阔，难配金莲。"（清·李渔《意中缘·毒诓》）

2. 箧

箧即箱子。

"卫人使屠伯馈叔向羹与一箧锦。"（东汉·左丘明《左传·昭公十三年》）

"负箧曳屣。"（明·宋濂《送东阳马生序》）

"家书一箧。"（清·梁启超《谭嗣同传》）

3. 铄

铄即光滑、抛光，原意指明亮、灼烁。

"其外浅处，紫碧浮映，日光所烁也。"（明·徐霞客《徐霞客游记》）

"故其华表则镐镐铄铄，赫奕章灼若日月之丽天也。"（三国·何晏《景福殿赋》）

（三）炭檛

炭檛即铁棒。铁铸造；形如锤或斧；握柄头套有小环，用于敲碎木炭。

炭檛以铁六棱制之；或作锤，或作斧；执细头系一小镮，以饰挝也。

1. 镮

镮即金属环。

2. 木吾

木吾即木棒。

"木吾，樟也。"（西晋·崔豹《古今注》）

"拱稽之稽，盖梲檛之类也，河陇谓之木吾。"（清·方以智《通雅·器用》）

（四）火筴

火筴即火钳，铁或铜铸造，圆直形似筷子，顶端平齐；用于夹火碳的工具；"筴"原意指筷子。

火筴，以铁或熟铜制之，若常用者，圆直一尺三寸，顶平截。

"筴，箸也。"（北宋·丁度《集韵》）

筯

筯同"箸"，即火钳，原为筷子，火筴的别称。

"昔者纣为象箸，而箕子怖。"（东周·韩非子《韩非子·喻老》）

（五）鍑

鍑即锅。生铁铸造；锅面光滑；锅耳做成方的，脐部突出；锅底粗糙；用于煮茶。

鍑，以生铁为之；内摸土而外摸滑沙，土滑于内，易其摩涤；方其耳，长其脐；沙涩于外，吸其炎焰。

"鍑，釜大口者。"（东汉·许慎《说文解字·金部》）

"胡地秋冬茎寒，春夏甚风，多赍鬴鍑薪炭，重不可胜。"（东汉·班固，张传玺《汉书·卷九四·匈奴传下》）

"饮从欢喜河流借，馔自摩尼釜鍑分。"（清·黄景仁《李绣川招集广住庵看桂并赠丛辉上人》）

1.

耕刀之趄

"耕刀之趄"即损坏的犁头；"耕刀"锄头、犁头；"趄"坏的、旧的，原意指艰难行走。

"足将进而趑趄，口将言而嗫嚅。"（唐·韩愈《送李愿归盘谷序》）

"趑趄也。"（东汉·许慎《说文解字》）

2.

摸

摸即涂抹，"摸"通"抹"。

"邕读（曹娥碑），能手摸其文读之。"（南宋·范晔《后汉书·蔡邕传》）

3. 以正令也

"以正令也"即使锅放端正，"正"端正；"令"，使。

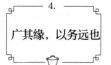

4. 广其缘，以务远也

广其缘，以务远也即锅口宽略往外延伸，使沸腾的水有足够的空间，不易溢出。

5. 脐

脐即锅底突出点。原意指肚子上脐带脱落的痕迹。

"子初生所系也。断之为脐带，以其当心肾之中，前直神阙，后直命门，故谓之脐也。"（明·李时珍《本草纲目·人一·初生脐带》）

6. 末

即"末"通"沫"，水沫，原意指竭，终止。

"忝亲戚之末，未尝修问左右。"（北宋·苏轼《答王商彦》）

"豆至难煮，豫作熟末，客来，但作白粥以投之耳。"（唐·房玄龄《晋书·石崇传》）

"上党碧松烟，夷陵丹砂末。"（唐·李白《酬张司马赠墨》）

7. 洪州

洪州即现江西南昌一带。

"洪州矮张如矮瓠，大帛深衣没双屦。"（元·杨维桢《洪州矮张歌朝代》）

"洪州城中荒且远，每到弱马常驱驰。"（北宋·曾巩《洪州》）

8. 莱州

莱州即山东莱州一带。

"东海如碧环，西北卷登莱。"（北宋·苏轼《过莱州雪后望三山》）

9. 涉

"涉"即过于、过度的意思；原意为步行过水、涉渡、涉江、跋涉。

"涉，徒行濿水也。"（东汉·许慎《说文解字》）

"我亦涉万里，清血满襟祛。"（北宋·苏轼《答任师中家汉公》）

10.

卒

卒即最后、终止、尽、完毕。

"人始于生而卒于死。"（东周·韩非子《韩非子·解老》）

"无衣无褐，何以卒岁?"（先秦·佚名《诗·豳风·七月》）

（六）交床

交床即木架，原为胡床。十字交叉，上搁板中间挖空而成的木架，用于支持锅。

交床以十字交之，剜中令虚，以支鍑也。

"鍑古交床支，瓯香净巾拭。"（清·金农《茶事八韵》）

剜

剜即掏挖。

"韩当急为脱去温衣，用力剜出箭头。"（元末明初·罗贯中《全图绣像三国演义》）

"剜，削也。"（东汉·许慎《说文解字》）

"剜，刻削也。"（北宋·陈彭年、丘雍《广韵》）

（七）夹

夹即夹子，小青竹、精铁或者熟铜所制，长40cm，一头有节，用于夹茶叶。

夹，以小青竹为之，或用精铁熟铜之类；长一尺二寸，令一寸有节。

"笀夹。"（西周·周公旦《周礼·司弓矢》）

"则以笀夹取之。"（西周·周公旦《周礼·射鸟氏》）

"见叶梵书一夹。"（元·脱脱《宋史·国传·天竺》）

1.

炙

炙即烤。

"炙，炮肉也。"（东汉·许慎《说文解字》）

"以烹以炙。"（西汉·戴圣《礼记·礼运》）

2.

篠

篠同"筱"，即细小的竹枝。

津润即滋润；浸润；湿润。

"紫黎津润，榛栗罅发。"（南北朝·萧统《文选·左思〈蜀都赋〉》）

"浩乎若江海，高乎若丘山，赫乎若日火，包乎若天地，掇章称咏，津润怄丽，六经之词也。"（唐·李翱《答朱载言书》）

"我辈欲君殚一月工，堆字若干，分赠亲友，冀得小津润。"（清·纪昀《阅微草堂笔记·槐西杂志二》）

假即借助，利用。

"假，借也。"（东汉·张揖《广雅》）

"假尔大龟有常。"（西汉·戴圣《礼记·曲礼》）

"而假手于我寡人。"（东周·左丘明《左传·隐公十一年》）

"假，从人从叚，叚，借也。然则假与叚义略同。"（东汉·许慎《说文解字》）

恐即恐怕。

"常恐秋节至。"（北宋·郭茂倩《乐府诗集·长歌行》）

"而恐太后玉体之有所郄也。"（西汉·刘向《战国策·赵策》）

"恐托付不效。"（三国·诸葛亮《出师表》）

（八）纸囊

纸囊即纸袋，剡藤纸所制，用于储藏茶叶。

纸囊以剡藤纸白厚者夹缝之。以贮所炙茶，使不泄其香也。

"笤焙久空青箬里，纸囊盍寄白云中。"（宋·赵蕃《寄居邠》）

剡藤纸即用藤为原料制的纸，产于剡县（今浙江嵊州）而得名。

"剡溪古藤甚多，可造纸，故即名纸为剡藤。"（西晋·张华《博物志》）

"乃瘠囊见剡藤之死，职正由此，此过固不在纸工。"（唐·舒元舆《吊剡溪古藤文》）

（九）碾

碾即碾槽、碾磙和拂末；碾，橘木、梨木、桑木、桐木、柘木制；碾槽内圆外方；碾磙，木制，形如车轮，轴方，柄圆；拂末，鸟毛制；用于碾碎茶叶和扫茶末用。

碾，以橘木为之，次以梨、桑、桐、柘为之。内圆而外方；木堕，形如车轮，轴中方而执圆；其拂末，以鸟羽制之。

"娥旋拂碾新茶。"（唐·空图《暮春对柳》）

"碾，所以轹物器也。"（北宋·丁度《集韵》）

柘

柘即桑科。

"胹鳖炮羔，有柘浆些。"（东周·屈原《楚辞·招魂》）

"百末旨酒布兰生，泰尊柘浆析朝醒。"（东汉·班固《汉书·礼乐志》）

堕

堕即碾砣，碾的轮子。

辐即在轮毂上支撑轮圈的直木。

辐

"辐，轮轑也。"（东汉，许慎《说文解字》）

"辐也者，以为直指也。"（西周·周公旦《周礼·考工记·轮人》）

"三十辐共一毂。"（东周·李耳（《老子》）

"众辐凑于前。"（东汉·班固《汉书·刘向传》）

轴即贯穿于毂中持轮旋转的圆形卡杆。

轴

"轴，持轮也。"（东汉·许慎《说文解字》）

"天寒日短银灯续，欲往从之车脱轴。"（北宋·苏轼《次韵王巩独眠》）

5. 执

执即握，拿。

"执君之乘车则坐。"（西汉·戴圣《礼记·少仪》）

"执竞武王，无竞维烈。"（先秦·佚名《诗·周颂·执竞》）

6. 拂末

拂末即刷子，羽毛所制，用于清掸茶末。

"一妓有殊色，执红拂，立于前。"（唐末·杜光庭《虬髯客传》）

（十）罗合

"罗"指罗筛，大竹所制，圆形，罗底安有纱或绢，用于筛出茶末；"盒"即盒子，竹节或杉树片所制，用于装茶末的盒子。

罗末以合盖贮之，以则置合中。用巨竹剖而屈之，以纱绢衣之，其合以竹节为之，或屈杉以漆之。

"将着个瓦瓶木钵白磁罐，抄化了些罗头磨底薄麸面。"（元·佚名《蓝采和》）

"凡麦经磨之后，几番入罗，勤者不厌重复。"（明·宋应星《天工开物·粹精》）

1. 屈

屈即使弯曲。

"安能屈豪杰之流，扼腕墓道，发其志士之悲哉！"（明·张溥《五人墓碑记》）

2. 衣

衣即纱绢，衣服。

"裂裳衣疮。"（唐·柳宗元《段太尉逸事状》）

"衣帛而祭先蚕。"（明·陈继儒《大司马节寰袁公家庙记》）

3. 漆

漆即油漆。

"鱼盐漆丝。"（西汉·司马迁《史记·货殖列传》）

"器用瓷漆。"（北宋·司马光《训俭示康》）

（十一）则

则即茶则，盛茶叶、茶末的匙，贝壳或铜、铁、竹片所制，用于量取茶末；原意作度量的标准。

则，以海贝、蛎蛤之属，或以铜、铁、竹匕、策之类。则者，量也，准也，度也。

策 策即小箕，原意指竹简、竹片。

"策箖有丛。"（西晋·左思《左思·吴都赋》）

"尔其众汇非一，则有策箖筋蔓。"（唐·吴筠《吴筠·竹赋》）

方寸匕 一方寸匕为古代一寸正方，用于衡量药的多少。

"上五味为散，更于白中杵之，白饮和方寸匕服之。"（东汉·张仲景《伤寒论·太阳病上》）

嗜 嗜即喜欢，爱好。

"嗜，嗜欲，喜之也。"（东汉·许慎《说文解字》）

"屈到嗜芰。"（东周·韩非子《韩非子·难四》）

"余幼时即嗜学。"（明·宋濂《送东阳马生序》）

（十二）水方

水方即盛水器皿，椆木、槐、楸、梓所制，容量十升。

水方，以椆木、槐、楸、梓等合之，受一斗。

椆木 椆木即一种常绿乔木，质地坚硬，遇冷不凋，百年不朽。

"关门棒用椆木、榔木。"（明·宋应星《天工开物·漕舫》）

梓即一种落叶乔木，木材的质地柔软，耐腐蚀，用于制作家具、乐器。

"树之榛栗，椅、桐、梓、漆。"（先秦·佚名《诗·墉风·定之方中》）

"梓，楸也。"（东汉·许慎《说文解字》）

楸即楸树，落叶乔木。

"楸，梓也。"（东汉·许慎《说文解字》）

"望长楸而太息兮。"（东周·屈原《楚辞·哀郢》）

（十三）漉水囊

漉水囊即滤水用具，骨架由生铜、竹或木所制；滤水的袋子，青篾丝编织成袋形；用于过滤。

漉水囊，其格以生铜铸之，或用之竹木；其囊织青竹以卷之，裁碧缣以缝之，纽翠钿以缀之，又作绿油囊以贮之。

"禅客能裁漉水囊，不用衣工秉刀尺。"（唐·皎然《春夜赋得漉水囊歌送郑明府》）

"比丘受具足已，要当畜漉水囊，应法澡盥。比丘行时应持漉水囊。"（东晋·法显《摩诃僧祇律》）

苔秽即熟铜氧化后的绿色污垢，原意指苔藓。

"秋冬则苔秽，故为雷公磨石。"（明·杨荣《北征记》）

腥涩即鱼的气味，腥气和涩味。

"腥臊并御。"（东周·屈原《楚辞·屈原·涉江》）

"王之厨馔，腥蝼不可飨。"（东周·列御寇《列子·周穆王》）

"水居者腥。"（东周·吕不韦《吕氏春秋·本味》）

缣即如今的丝绢，双经双纬的粗厚织物之古称。

3. 缣

"缣，并丝缯也。"（东汉·许慎《说文解字》）

"缣，兼也，其丝细致，数兼于绢，染兼五色，细致不漏水也。"（东汉·刘熙《释名·释采帛》）

"缊为翁须作缣单衣。"（东汉·班固《汉书·外戚传上》）

4. 纽翠

纽翠即翡翠鸟羽毛制的纽。

"树下即门前，门中露翠钿。"（南北朝·梁武帝《西洲曲》）

5. 绿油囊

绿油囊即绿色的绢涂上油做的袋子，用于防水。

"诗题白羽扇，酒挈绿油囊。"（唐·皎然《因游支硎寺寄邢端公》）

（十四）瓢

瓢即舀水瓢，对半剖开的葫芦或木头所制，口阔、瓢身薄、手柄短，用于取水。

瓢，一曰牺杓，剖瓠为之，或刊木为之。口阔，胫薄，柄短。

"瓢，蠡也。从瓠省，票声。"（东汉·许慎《说文解字》）

"一瓢饮。"（东周·孔子弟子及再传弟子《论语》）

瓠即葫芦。

1. 瓠

"及沛公略地过阳武，苍以客从攻南阳。苍坐法当斩，解衣伏质，身长大，肥白如瓠，时王陵见而怪其美士，乃言沛公，赦勿斩。"（西汉·司马迁《史记·张丞相列传》）

2. 刊木

刊木即砍伐树木。

"敷绩壶冀始，刊木至江湄。"（南北朝·谢灵运《会吟行》）

"宗祀仰神理，刊木望川途。"（唐·宋之问《扈从登封告成颂应制》）

3. 荈赋

荈赋即杜毓西晋时期所作的描写茶的赋，涉及茶树生长至茶叶饮用的全部过程。

4. 永嘉

永嘉即晋怀帝的年号。

"展转四明、天台，以至永嘉。"（南宋·文天祥《指南录后序》）

5. 余姚

余姚即现在的浙江余姚。

"余姚二山下，东南最名邑。"（北宋·范仲淹《送谢廷评知余姚》）

6. 祈

祈即请求、希望。

"不祈土地，立义以为土地。"（西汉·戴圣《礼记·儒行》）

"发彼有的以祈尔爵。"（先秦·佚名《诗·小雅·宾之初筵》）

7. 瓯牺

瓯牺即杯子、勺，梨木所制，用于喝茶，"牺"木勺子。

"乌石瓶能好，瓯牺底用忧。"（南宋·韩淲《次韵昌甫分遗乌石茶》）

8. 遗

遗即赠送、给予。

"是以先帝简拔以遗陛下。"（三国·诸葛亮《出师表》）

（十五）竹筴

竹筴即筷子，桃木、柳木、蒲葵木或柿心木所制，用银包裹两头。

竹筴或以桃、柳、蒲、葵木为之，或以柿心木为之。长一尺，银裹两头。

"筴，箸也"。（北宋·丁度《集韵》）

"虽无膏污鼎，尚有羹濡筴。"（北宋·王安石《游土山示蔡天启秘校》）

裹即包裹、缠绕。

"绿叶紫裹。"（先秦·宋玉《高唐赋》）

"濯颖散裹。"（东晋·郭璞《江赋》）

"伤者手为裹创，死者厚棺殓，酹酸而哭之。"（清·邵长蘅《青门剩稿》）

（十六）鹾簋（揭）

鹾簋指盛盐的器皿，瓷所制，形如盒子、瓶形或小口坛形，用于装盐；"鹾"，盐；"簋"，器皿。

鹾簋以瓷为之。圆径四寸，若合形，或瓶或罍，贮盐花也。

"盐曰咸鹾。"（西汉·戴圣《礼记·曲礼》）

"簋，黍稷方器也。"（东汉·许慎《说文解字》）

"皆云圆曰簋，谓内圆也。"（西周·周公旦《周礼·舍人》）

"臣闻昔者尧有天下，饭于土簋，饮于土簠。"（东周·韩非子《韩非子·十过》）

"管仲镂簋朱纮，山节藻棁，孔子鄙其小器。"（北宋·司马光《训俭示康》）

罍即刻着云纹的大型酒樽。

"我姑酌彼金罍。"（先秦·佚名《诗·周南·卷耳》）

"皆有罍。"（西周·周公旦《周礼·春官·司尊彝》）

"山罍，夏后氏之尊也。"（西汉·戴圣《礼记 明堂位》）

揭即小竹片，用于取盐用。

策即片状的器具，原意指古代写字用的竹片或木片。

"单执一札谓之为简，连编诸简乃名为策。"（东周·左丘明《左传·序》）

"凡命诸侯及孤卿大夫，则策命之。"（西周·周公旦《周礼·春官》）

"书策稠浊，百姓不足。"（西汉·刘向《战国策·秦策一》）

（十七）熟盂

熟盂即盛放沸水的器具，瓷器或陶器所制，容量为两升，"熟"，开水；"盂"，水盂。

熟盂以贮熟水，或瓷或沙，受二升。

"熟治万物。"（西汉·戴圣《礼记·礼运》）

"盂，饮器也。"（东汉·许慎《说文解字》）

"置守宫盂下。"（东汉·班固、张传玺《汉书·东方朔传》）

（十八）碗

碗即盛饮食的碗，陶瓷所制。

碗，晋·杜毓《荈赋》所谓"器择陶拣，出自东瓯。"

"芙蓉玉碗，莲子金杯。"（南北朝·庾信《春赋》）

"滑出出，水冷冷，两碗来素匾食。"（明·朱有《豹子和尚自还俗》）

越州即现今浙江余姚、浦阳江一带。

"北风吹雪天尽头，苏州未了来越州。"（南宋·刘过《大雪登越州城楼》）

鼎州即现今的湖南常德、汉寿等地区。

"大悲阁前是鼎州，黄鹤楼前鹦鹉洲。"（宋·释慧晖《偈颂四十一首》）

婺州即现今浙江金华江一带。

岳州即现今湖南洞庭湖一带。

5. 寿州

寿州即今安徽淮南。

6. 洪州

洪州即今江西丰城。

7. 邢州

邢州即现今河北内丘、临城两县境内的太行山东麓丘陵和平原地带。

8. 丹

丹即红色，赤色。

"染羽以朱湛丹秫。"（西周·周公旦《周礼·考工记》）

"颜如渥丹。"（先秦·佚名《诗·秦风·终南》）

"日上，正赤如丹。"（清·姚鼐《登泰山记》）

9. 悉

悉即都，全部。

"悉如外人。"（东晋·陶渊明《桃花源记》）

"悉以咨之。"（三国·诸葛亮《出师表》）

"悉吾村之众。"（清·徐珂《清稗类钞·战事类》）

"悉使羸兵负草填之。"（北宋·司马光《资治通鉴·赤壁之战》）

（十九）畚

畚即草笼，由蒲草、竹筥、纸帊和剡纸所制，用于放碗和盛器具。

畚，以白蒲卷而编之，可贮碗十枚。或用筥，其纸帊，以剡纸夹缝令方，亦十之也。

"叩石垦壤，箕畚运于渤海之尾。"（东周·列子《列子·汤问》）

"挈畚以令粮。"（西周·周公旦《周礼·夏官·挈壶氏》）

第四章　茶之器研习

白蒲即白色的蒲苇。

"蒲，水草也。可以作席。"（东汉·许慎《说文解字》）

"共其苇蒲之事。"（西周·周公旦《周礼·泽虞》）

"男执蒲璧。"（西周·周公旦《周礼·大宗伯》）

剡即剡楮，剡纸。

"蜀牋蠹脆不禁久，剡楮薄慢还可哈。"（宋·梅尧臣《永叔寄澄心堂纸二幅》）

（二十）札

札即刷子，由茱萸木、竹子、棕榈皮、棕榈纤维所制，形如大毛笔，作刷子用。

札，缉栟榈皮，以茱萸木夹而缚之，或截竹束而管之，若巨笔形。

"上许，令尚书给笔札。"（西汉·司马迁《史记·司马相如列传》）

缉即搓，将植物的皮搓成绳子。

"众妇夜缉灯烘。"（北宋·苏轼《次子由诗相庆》）

栟榈即棕榈。

"楈枒栟榈，柍柘檍檀。"（东汉·张衡《南都赋》）

"衡门夹栟榈，卑池注微泻。"（明·徐渭《海樵山人新构》）

茱萸即一种常绿、带香气的植物。

"遥知兄弟登高处，遍插茱萸少一人。"（唐·王维《九月九日忆山东兄弟》）

束即捆住，把东西捆扎在一起或聚集成一条。

"束，缚也。"（东汉·许慎《说文解字》）

"入束矢于朝。"（西周·周公旦《周礼·大司寇》）

（二十一）涤方

涤方即装水的器具，楸木所制，方形，用于装洗涤水。

涤方以贮涤洗之余，用楸木合之，制如水方，受八升。

"涤，洒也。"（东汉·许慎《说文解字》）

"水曰清涤。"（西汉·戴圣《礼记·曲礼》）

"及执事，视涤濯。"（西周·周公旦《周礼·太宰》）

"形若土狗，梅花翅，方首，长胫。"（清·蒲松龄《聊斋志异·促织》）

楸木

楸木即一种紫葳科小乔木。

"西风吹楸林，木叶朝来堕。"（宋·庞谦孺《古诗》）

"松楸还有托，草木亦知名。"（宋·胡斗南《送张治中朝京》）

（二十二）滓方

滓方即收集茶叶渣的器具，"滓"即滓脚（渣子，渣末）。

滓方以集诸滓，制如涤方，处五升。

"滓，淀也。"（东汉·许慎《说文解字》）

"脉不粘肤，食不留滓。"（南北朝·刘峻《送橘启》）

（二十三）巾

巾即茶巾，由粗绸缎制作，用于清洁茶具。

巾，以绝布为之，玄用之以洁诸器。

"巾，佩巾也。"（东汉·许慎《说文解字》）

"盥卒授巾。"（西汉·戴圣《礼记·内则》）

绝

绝即棉布。

"褐裘复绝被，坐卧有余温。"（唐·李白《村居苦寒》）

（二十四）具列

具列即架子和柜子，木或竹制作，形如床或架子，成小柜，有门，用于贮放茶具，"具"，器物、器具；"列"，排成一行、罗列。

具列，或作床，或作架，或纯木、纯竹而制之，或木或竹，黄黑可扄而漆者。其列者，悉敛诸器物，悉以陈列也。

"实战之具。"（西汉·贾谊《新书·过秦论上》）

"奉生送死之具。"（西汉·司马迁《史记·货殖列传》）

"张筵列鼎。"（清·周容《芋老人传》）

"江岸列营。"（清·邵长蘅《青门剩稿》）

扄即门窗或者箱子上的锁具。

"扄，上闩，关门。"（东周·吕不韦《吕氏春秋·君守》）

"应门闭兮禁闼扄。"（东汉·班固《汉书·外戚传》）

"固扄鐍。"（清·黄宗羲《原君》）

敛即收起，将茶具收集放在一起。

"敛，收也。"（东汉·许慎《说文解字》）

"既射则敛之。"（西周·周公旦《周礼·夏官·缮人》）

"狗彘食人之食不知敛。"（东汉·班固《汉书·食货志》）

（二十五）都篮

都篮即木竹篮子，竹篾编成，内面成三角形或方形的眼，外面成方眼，用于盛茶具或酒具。

都篮，以竹篾，内作三角方眼。

"都篮携具向都堂，碾破云团北焙香。"（北宋·梅尧臣《尝茶和公仪》）

"都篮茶具列，月波酒槽压。"（清·朱彝尊《沉上舍季友南还诗以送之》）

1. 篾

篾即劈成条的竹片，指竹子的外皮，质地柔韧。

"敷重篾席。"（先秦·佚名《诗·顾命》）

"扳罾拖网取赛多，篾篓挑将水边货。"（唐·唐彦谦《蟹》）

2. 经

经即纺织物上的纵向线。

"经，织也。"（东汉·许慎《说文解字》）

"经，经纬以成缯帛也。"（南北朝·顾野王《玉篇》）

"毋失经纪。"（西汉·戴圣《礼记·月令》）

三、知识解读

（一）引入

1. 回顾三之造

自采至于封，七经目：采之、蒸之、捣之、拍之、焙之、穿之、封之，茶之干矣。

自胡靴至于霜荷，八等：胡靴、犎牛臆、浮云出生、轻飙拂水、澄泥、雨沟、竹箨、霜荷。

2. 引入四之器

"水为茶之母"（晋·郭璞《水经》）、"器为茶之父"，好茶需要妙器和好水。

（二）四之器

1. 烤茶器具

（1）生火器具

①风炉：火炉，用于煮茶。铜或铁铸造，像古鼎；炉下有三脚，灰承托住炉子；炉身壁上有三顶窗；炉上有三格；炉芯用铁或泥巴打造。

②灰承：三脚架，用于支撑火炉。三只脚的铁盘，用来托住炉子。

③筥：篮子，用于装木炭。竹或藤所制，圆形有盖，高40cm，直径23cm。

④ 炭檛：铁棒或铁锤，用于敲碎木炭。铁铸造；形如锤或斧；握柄头套有小环。

⑤ 火筴：火筷、火钳，用于取炭。铁或铜铸造，圆直形似筷子，顶端平齐。

（2）烤茶器具　夹，即茶夹，用于夹烤茶叶。小青竹、精铁或者熟铜所制，长40cm，一头有节。

2．碾茶器具

（1）碾　碾槽、碾磙，用于磨碎茶叶。碾，橘木、梨木、桑木、桐木、柘木所制；碾槽内圆外方；碾磙，木制，形如车轮，轴方，柄圆。

（2）拂抹　刷子，用于清扫茶末，鸟毛所制。

（3）罗　筛子，用于筛出茶末。大竹所制，圆形，罗底安有纱或绢。

（4）纸囊　纸袋，用于储藏茶叶，剡藤纸所制。

（5）合　盒子，用于保存茶末，竹节或杉树片所制。

3．煮水器具

（1）取水器具　瓢，即舀水瓢，用于取水，对半剖开的葫芦或木头所制，口阔、瓢身薄、手柄短。

（2）过滤器具　漉水囊，即滤水用具，用于过滤煮茶之水，骨架生铜、竹或木所制；滤水的袋子，青篾丝编织成袋形。

（3）储水器具　水方，即贮生水的器具，椆木、槐、楸、梓所制，容量十升。

（4）煮水器具　熟盂，即盛放沸水的水盂，瓷器或陶器所制，容量为两升。

（5）盛盐、取盐器具

① 鹾簋：盐罐子，用于装盐，瓷所制，形如盒子、瓶形或小口坛形。

② 揭：竹勺，用于取盐，小竹片所制。

4．煮茶器具

（1）取茶器具　则，即盛茶叶、茶末的匙，用于量取茶叶，贝壳或铜、铁、竹片所制。

（2）煮茶器具

① 鍑：锅，用于煮水烹茶，生铁铸造；锅面光滑；锅耳做成方的，脐部突出；

锅底粗糙。

②交床：木架，用于安置镀，十字交叉作木架，上搁板中间挖空。

③竹筴：筷子，用于煎茶时搅拌，桃木、柳木、蒲葵木或柿心木所制，用银包裹两头。

5．饮茶器具

碗，即品茗器具，陶瓷所制。

6．其他器具

（1）清洁器具

①札：刷子，用于清洗茶具，茱萸木夹、竹子、棕榈皮、棕榈纤维札所制，形如大毛笔。

②涤方：盆，用于清洗和装废水，楸木所制，方形。

③滓方：收集茶叶渣的器具，用于汇聚废弃物，与涤方所制一样。

④巾：茶巾，用以擦拭器具，粗绸缎制作。

（2）收纳器具

①畚：草笼，用于收纳茶碗，蒲草、竹笪、纸帊和剡纸所制。

②具列：架子和柜子，用于陈列茶器，木或竹制作，形如床或架子，成小柜，有门可关。

③都篮：竹篮子，用于收贮所有茶具，竹篾编成，内面成三角形或方形的眼，外面成方眼。

（三）器具演变

随着朝代更替，饮茶方式发生极大变化，饮茶器具也发生变化（表4-1）。汉前（食具）→东汉（单个茶具）→唐代（配套齐全）→宋代（形制精）→元代（过渡）→明、清代（简化）→现代（多样）。

表4-1　器具演变

时期	特点	代表	备注
唐代以前	雏形。与食具、酒具共用（缶，陶→瓷器）	最早谈及饮茶器具："烹茶尽具，已而盖藏。"（西汉·王褒《僮约》）	至迟始于汉代，单个茶具。
唐代	成型。配套齐全，形制完备，推越州青瓷	1987年陕西法门寺出土，制作于唐咸通九年，整套有11种12件。包括鎏金伎乐纹调达子（放茶末，调茶器具）、金银丝结条笼（炙茶）、鎏金壶门座茶碾（茶碾）、鎏金仙人驾鹤纹壶门座银茶罗（罗合）、摩羯纹蕾纽三足架盐台（储存盐）、鎏金飞鸿纹银则（茶则）、鎏金飞鸿纹银匙（茶匙）、鎏金银龟盒（储存碾好茶粉）、系链银火筋（火钳）、鎏金人物画银坛（储存烤好茶饼）、鎏金银波罗子（点心盒子）	
宋代	精致。讲究法度，形制更精致，尚金银茶具，以陶瓷质地为主	南宋·审安老人《茶具图赞》"十二先生"：茶焙笼（韦鸿胪）、茶槌（木待制）、茶碾（金法曹）、茶磨（石转运）、瓢杓（胡员外）、罗合（罗枢密）、茶帚（宗从事）、茶托（漆雕秘阁）、茶盏（陶宝文）、汤瓶（汤提点）、茶筅（竺副帅）、茶巾（司职方）	与唐代茶具不同：品茶器具（唐尚青瓷茶碗，宋尚建窑黑釉盏）；煮水器具（唐为敞口鍑，宋用茶瓶）；碾茶用具（唐为木或石质的，宋用金属）
元代	过渡。部分点茶的茶具消失即茶壶流嘴（肩部→壶腹部），出现了冲泡散茶的茶具及诗词	"荧荧石火新，湛湛山泉洌。汲水煮春芽，清烟半如灭。"（元·李谦亨《土锉茶烟》）"仙人应爱武夷茶，旋汲新泉煮嫩芽。啜罢骖鸾归洞府，空余石灶锁烟霞。"（元·蔡廷秀《茶灶石》）	
明代	简化。种类趋简单，主要为贮茶罐、壶、碗、盏、杯，出现洗茶器具，小茶壶等，尚白瓷和紫砂	"茶具十六事"即受污、商象、归洁、分盈、递火、降红、执权、团风、漉尘、静沸、注春、运锋、甘钝、啜香、撩云、纳敬（明·钱椿年《茶谱》）	茶具的创新和发展：贮茶器具（茶焙、茶笼、纸囊，或贮存性能好的锡瓶）；洗茶器具（茶洗，洗茶始于明代）；饮茶用具（一是小茶壶出现，二是茶盏加盖托，弃黑尚白）；烧水器具（主要有炉和汤瓶，铜炉和竹炉最时尚）。当时著名茶具有江西景德镇的白瓷和青花瓷，江苏宜兴的紫砂壶

时期	特点	代表	备注
清代	再简。清代盖碗（碗＋盖＋托）盛行	"景瓷宜陶" 清末仍少量诗词、书法、绘画、篆刻记载紫砂壶、陶瓷或铜锡茶瓶，以陈曼生《十八壶式》、陆廷灿《续茶经》为代表。 "洋铜茶吊，来自海外，红铜荡锡，薄而轻，精而雅，烹茶最宜。" "颜如玉，玉碗共争光。飞盖莫催忙。歌檀临阅处，缓何妨。远山横翠为谁长。人归去，馀梦绕高唐。"（北宋·王安中《小重山》）	彩绘瓷茶具有了长足的进步（创制新法琅彩、粉彩等品种）；新型茶具出现，如福州的脱胎漆茶具、四川的竹编茶具、海南植物（椰子等）茶具开始出现
现代	多样。种类和品种繁多，质地和形状多样，讲究茶具的相互配置和组合，将艺术美和沏茶相结合	《中国现代茶具图鉴》	茶具种类：按用途分（贮茶具、烧水茶具、沏茶具、辅助茶具）；按质地分（金属、瓷器、紫砂、陶质、玻璃、竹木、漆器、纸质、生物茶具）

（四）现代器具

1. 杯泡法器具

杯泡法分为上投法、中投法、下投法，涉及器具有玻璃杯等主泡器、随手泡等备水器、茶盘等辅助器；三者流程相差无几，只是上投法不需要润茶（表4-2）。

2. 盖泡法器具

盖泡法分为碗杯、碗盅单杯、碗盅双杯，涉及器具有盖碗等主泡器、随手泡等备水器、奉茶盘等辅助器；三者流程相差无几，只是碗盅双杯有闻香杯、茶海，流程扣茶、翻杯（表4-2）。

3. 壶泡法器具

壶泡法分为壶杯、壶盅单杯、壶盅双杯，涉及器具有紫砂壶等主泡器、随手泡等备水器、奉茶盘等辅助器；三者流程相差无几，只是壶盅双杯主泡器有公道杯、闻香杯，流程有扣茶，辅助器有壶承，壶盅单杯主泡器有公道杯，辅助器有壶承（表4-2）。

表4-2 现代器具

冲泡方法	明目	流程	器具			备注
			主泡器	备水器	辅助器	
杯泡法	上投法	备器、布席、择水、取火、候汤、翻杯、赏茶、温杯洁具、注水、投茶、奉茶、品饮、收具	玻璃杯3只	随手泡	茶盘、奉茶盘、茶样罐、茶荷、茶匙、茶巾、水盂等	
	中投法	备器、布席、择水、取火、候汤、温杯洁具、赏茶、注水、投茶、温润泡、注水、奉茶、品饮、收具	玻璃杯3只	随手泡	茶盘、奉茶盘、茶样罐、茶荷、茶匙、茶巾、水盂等	需温润泡
	下头法	备器、布席、择水、取火、候汤、赏茶、温杯洁具、投茶、温润泡、正泡、奉茶、品饮、收具	玻璃杯3只	随手泡	茶盘、奉茶盘、茶样罐、茶荷、茶匙、茶巾、水盂等	需温润泡
盖泡法	碗杯	备具、布席、备水、取火、候汤、赏茶、温碗、置茶、温润泡、冲泡、分茶、奉茶、品饮、收具	白瓷盖碗一个，品茗杯3只	随手泡、汤壶	双层茶盘、奉茶盘各一，茶样罐、茶荷、茶匙、茶巾、水盂、杯托3只等	
	碗盅单杯	备具、布席、备水、取火、候汤、赏茶、温碗、置茶、温润泡、冲泡、斟茶、奉茶、品饮、收具	盖碗、茶海、品茗杯3只	随手泡、汤壶	奉茶盘、茶样罐、茶荷、茶匙、茶巾、水盂、杯托4只等	有茶海
	碗盅双杯	备具、布席、备水、取火、候汤、赏茶、温碗、杯、置茶、温润泡、冲泡、出汤、分茶、扣茶、翻杯、奉茶、品饮、收具	紫砂盖碗一个、茶海、品茗杯5只、闻香杯5只	随手泡、汤壶	奉茶盘、茶样罐、茶荷、茶匙、茶巾、水盂、杯托5只等	器具有闻香杯、茶海，流程扣茶、翻杯

冲泡方法	明目	流程	器具			备注
			主泡器	备水器	辅助器	
壶泡法	壶杯	备具、布席、择水、取火、候汤、赏茶、温壶汤杯、投茶、温润、冲泡、刮沫、淋壶、出汤、奉茶、品茶、收具	紫砂壶一个，品茗杯4只	随手泡、汤壶	双层茶盘、奉茶盘各一，茶样罐、茶荷、茶匙、茶巾、水盂、杯托4只等	
	壶盅单杯	备器、布席、择水、取火、候汤、赏茶、烫壶温盅、烫杯、投茶、温润、冲泡、刮沫、淋壶、出汤、分茶、奉茶、品茶、收具	紫砂壶一个、公道杯、品茗杯3只	随手泡、汤壶	壶沉、奉茶盘各一，茶样罐、茶荷、茶匙、茶巾、水盂、杯托3只等	主泡器有公道杯，辅助器有壶承
	壶盅双杯	备器、布席、择水、取火、候汤、赏茶、汤壶温盅、汤杯、投茶、温润、冲泡、刮沫、淋壶、出汤、分茶、扣茶、奉茶、品茗、收具	紫砂壶一个、公道杯、品茗杯5只、闻香杯5只	随手泡、汤壶	壶沉、奉茶盘各一，茶样罐、茶荷、茶匙、茶巾、水盂、杯托5只	主泡器有公道杯、闻香杯，流程有扣茶，辅助器有壶承

四、研习方案

（一）引入四之器

"引入四之器"研习方案见表4-3。

表4-3　"引入四之器"研习方案

研习内容	引入四之器
学情分析	经过《茶经·三之造》专题的学习，已基本掌握唐代饼茶制作及其等级的相关知识
研习目标	回顾《茶经·三之造》，温故而知新；引入《茶经·四之器》内容，学习新知识点
评价目标	（1）熟知唐代饼茶等级； （2）熟知唐代饼茶制作

重难点	熟知唐代饼茶等级，温故而知新，掌握唐代饼茶制作。		
研习方法	（1）讲授法； （2）实物演示法； （3）讨论法		

研习环境	教师活动	学生活动	设计意图
导入 三之造	唐代蒸青团茶如何制成	思考，回答： 蒸？捣？	思考问题 引出专题
回顾 三之造	唐代饼茶制作的步骤及其等级	思考，回答： 蒸？煮？三级？	以已学知识为引 逐步导出
讲解	自采至于封，七经目：采之、蒸之、捣之、拍之、焙之、穿之、封之，茶之干矣。 自胡靴至于霜荷，八等：胡靴、犎牛臆、浮云出生、轻飙拂水、澄泥、雨沟、竹箨、霜荷	认真听讲	联系实际 随堂互动
交流讨论	唐代饼茶现今是否还在制作	讨论，回答： 是？否？	
总结知识	步骤分七步，等级分八级	做笔记	引出四之器
导入 四之器	喝茶需要哪些器具	思考，回答： 杯子？盖碗？	思考问题 引出专题
引入 四之器	红茶多用盖碗、名优绿茶等多用玻璃杯、乌龙茶多用壶，这说明什么	讨论，回答：茶性 不同？器具重要性？	以已学知识为引 逐步导出
讲解	"水为茶之母"（晋·郭璞《水经》）"器为茶之父"——泡好茶，需要妙器和好水	认真听讲	联系实际 随堂互动
交流讨论	那么唐代蒸青团茶煮茶需要哪些器具	讨论，回答： 碗？瓢？熟盂	
总结知识	"器为茶之父"——好茶，需要妙器和好水	做笔记	引出四之器

（二）四之器

"四之器"研习方案见表4-4。

表4-4 "四之器"研习方案

研习内容	四之器
学情分析	经过《茶经·三之造》专题回顾,已基本掌握唐代饼茶制作及其等级的相关知识
研习目标	在《茶经·三之造》基础上,学习《茶经·四之器》相关知识
评价目标	(1)熟知煮茶器具; (2)掌握煮茶器具的使用方法
重难点	熟知煮茶器具,掌握相关器具的使用方法
研习方法	(1)讲授法; (2)实物演示法; (3)讨论法

研习环境	教师活动	学生活动	设计意图
导入 烤茶器具	咖啡豆需要烘烤去除水分,提香增味,便于研磨。同样,唐代的蒸青团茶品饮之前是否需要烤茶	思考,回答: 受潮?去水分?	思考问题 引出专题
烤茶器具	烤茶需要哪些器具呢	思考,回答: 火炉?锅?瓢	以已学知识为引 逐步导出
讲解	唐代: (1)生火器具 风炉:即火炉,用于煮茶。铜或铁铸造,像古鼎;炉下有三脚,灰承托住炉子;炉身壁上有三顶窗;炉上有三格;炉芯用铁或泥巴打造。 灰承:即三脚架,用于支撑火炉。三只脚的铁盘,用来托住炉子。 筥:即篮子,用于装木炭。竹或藤所制,圆形有盖,高40cm,直径23cm。 炭檛:即铁棒或铁锤,用于敲碎木炭。铁铸造;形如锤或斧;握柄头套有小环。 火筴:即火筷、火钳,用于取炭。铁或铜铸造,圆直形似筷子,顶端平齐。 (2)烤茶器具 夹,即茶夹,用于夹烤茶叶;小青竹、精铁或者熟铜所制,长40cm,一头有节	认真听讲	联系实际 随堂互动
交流讨论	哪些烤茶器具被沿用至今	讨论,回答: 风炉?炭檛?	

总结知识	生火器具：风炉，灰承，筥，炭挝，火䇲；烤茶器具：夹	做笔记	引出碾茶器具
导入碾茶	中药怎么形成粉末的	思考，回答：碾？捣？	思考问题 引出专题
碾茶器具	碾茶时需要些什么器具	讨论，回答：碾？磨？茶罐？	以已学知识为引，逐步导出
讲解	唐代：碾，即碾槽、碾磙，用于磨碎茶叶。碾，橘木、梨木、桑木、桐木、柘木制；碾槽内圆外方；碾磙，木制，形如车轮，轴方，柄圆。 拂抹，即刷子，用于清扫茶末：鸟毛制。 罗，即筛子；用于筛出茶末：大竹所制，圆形，罗底安有纱或绢。 纸囊，即纸袋，用于储藏茶叶：剡藤纸所制。 合，即盒子，用于保存茶末：竹节或杉树片所制	做笔记	
交流讨论	碾茶器具是否沿用至今	讨论，回答：是？否？	
总结知识	碾：用来把茶叶磨碎成粉的工具；拂末：用来扫茶粉的刷子；罗：用于筛出茶末；纸囊，用于储藏茶叶；合：用于保存茶末	做笔记	引出煮水器具
导入煮水器具	"精茗蕴香，借水而发，无水不可论茶也。"这句话表达了什么	思考，回答：水很重要？煮水？	思考问题 引出专题
煮水器具	煮水时需要用到哪些器具	讨论，回答：锅？水桶？瓢？	以已学知识为引逐步导出
讲解	唐代： （1）取水器具　瓢，即舀水瓢，用于取水；对半剖开的葫芦或木头所制，口阔、瓢身薄、手柄短。 （2）过滤器具　漉水囊，即滤水用具，用于过滤煮茶之水：骨架生铜、竹或木所制；滤水的袋子，青篾丝编织成袋形。 （3）储水器具　水方，即贮生水的器具；椆木、槐、楸、梓所制，容量十升。 （4）煮水器具　熟盂，即盛放沸水的水盂；瓷器或陶器所制，容量为两升。 （5）盛盐、取盐器具鹾簋：即盐罐子，用于装盐；瓷所制，形如盒子、瓶形或小口坛形。 揭：即竹勺，用于取盐：小竹片所制	认真听讲	联系实际 随堂互动

127

交流讨论	（1）煮茶时用什么样的水更好呢； （2）为什么煮茶过程中要加盐	讨论，回答： （1）水源：山水＞江水＞井水？ （2）用以去苦增甜？	
总结知识	瓢，用于取水；漉水囊，用于滤水；水方，用于贮生水的器具；熟盂，用于盛放沸水的水盂；鹾簋，用于装盐；揭，用于取盐	做笔记	引出煮茶器具
导入煮茶器具	煮饭时需要什么器具	思考，回答： 锅？	思考问题 引出专题
煮茶器具	煮茶时需要用到哪些器具	思考，回答： 锅？烧水壶？瓢？	以已学知识为引 逐步导出
讲解	唐代： （1）取茶器具 则，即盛茶叶、茶末的匙，用于量取茶叶；贝壳或铜、铁、竹片所制。 （2）煮茶器具 鍑：即锅，用于煮水烹茶。生铁铸造；锅面光滑，锅耳做成方的，脐部突出，锅底粗糙。 交床：即木架，用于安置鍑。十字交叉作木架，上搁板中间挖空。 竹筴：即筷子，用于煎茶时搅拌。桃木、柳木、蒲葵木或柿心木所制，用银包裹两头	认真听讲	联系实际 随堂互动
交流讨论	煮茶的过程应该注意什么	讨论，回答： 第一沸：加入适量盐调味；第二沸：投茶；第三沸：去茶沫上？	
总结知识	鍑，用以煮水烹茶；交床，用于安置鍑；竹筴，用于煎茶时搅拌；则，用于量取茶叶	做笔记	引出饮茶器具
导入饮茶器具	 这些人在做什么	观察，回答： 饮茶？聊天？	看图说话 引出专题

饮茶器具	饮茶时需要哪些器具	思考，回答： 瓢？碗？	以已学知识为引 逐步导出
讲解	唐代：碗，即品茗器具，陶瓷所制	认真听讲	联系实际 随堂互动
交流讨论	现代饮茶器具有哪些	讨论，回答： 玻璃杯？盖碗？	
总结知识	碗，即品茗器具，陶瓷所制	做笔记	引出其他器具
导入其他 器具	在家吃完饭要做什么	思考，回答： 收碗筷？洗碗筷？	思考问题 引出专题
其他器具	其他器具有哪些呢	思考，回答： 抹布？洗碗盆？ 刷子？	以已学知识为引 逐步导出
讲解	唐代： (1) 清洁器具 札：即刷子，用于清洗茶具。茱萸木夹、竹子、棕榈皮、棕榈纤维札所制，形如大毛笔。 涤方：即盆，用于清洗和装废水。楸木所制，方形。 滓方：即收集茶叶渣的器具，用于汇聚废弃物。与涤方所制一样。 巾：即茶巾，用以擦拭器具。粗绸缎制作。 (2) 收纳器具 畚：即草笼，用于收纳茶碗。蒲草、竹筥、纸帊和剡纸所制。 具列：即架子和柜子，用于陈列茶器。木或竹制作，如床或架子，成小柜，有门可关。 都篮：即竹篮子，用于收贮所有茶具。竹篾编成，内面成三角形或方形的眼，外面成方眼	认真听讲	联系实际 随堂互动
交流讨论	巾是否沿用至今	讨论，回答： 是？否？	
总结知识	札：用清洗茶具；涤方：用于盛装废水；滓方：用于倾倒废弃物，汇聚各种沉渣；巾：用以擦拭器具；畚：用于收纳茶碗；具列：用以陈列茶器；都篮：用来收贮所有茶具	做笔记	引出器具的演变发展

（三）器具演变

"器具的演变发展"研习方案见表4-5。

表4-5 "器具的演变发展"研习方案

研习内容	器具的演变发展		
学情分析	经过四之器专题的学习，已能够基本掌握煮茶器具及相关器具的使用方法		
研习目标	学习器具的演变发展		
评价目标	（1）熟知历史文化； （2）熟知各朝代茶器具的特点		
重难点	熟知茶器具发展史及各阶段的特点		
研习方法	（1）讲授法； （2）实物演示法； （3）讨论法		
研习环境	教师活动	学生活动	设计意图
导入唐前 （雏形）	喝酒用什么器具	思考，回答： 鼎？碗？樽？	思考问题 引出专题
唐前 （雏形）	器具初始阶段具有什么特点	思考，回答： 土陶制？铜制？	以已学知识为引 逐步导出
讲解	唐前茶具最早与食具、酒具共用（缶，陶→瓷器）。以西汉·王褒《僮约》"烹茶尽具，已而盖藏。"其中最早谈及饮茶器具为代表。至迟始于汉代，单个茶具。器具演变见表4-1	认真听讲	联系实际 随堂互动
交流讨论	当今器具由什么制成	讨论，回答： 玻璃？不锈钢？	
总结知识	唐前茶具最早与食具、酒具共用（缶，陶→瓷器）	做笔记	引出唐代（成型）
导入唐代 （成型）	 这些人在做什么	观察，回答： 煮茶？碾茶？	看图说话 引出专题

唐代（成型）	茶具成型阶段有什么特点	思考，回答：茶具成套？样式精美？	以已学知识为引逐步导出
讲解	唐代茶具配套齐全，形制完备，推越州青瓷。1987年陕西法门寺出土，制作于唐咸通九年，整套有11种12件。包括：鎏金伎乐纹调达子（放茶末，调茶器具）、金银丝结条笼（炙茶）、鎏金壶门座茶碾（茶碾）、鎏金仙人驾鹤纹壶门座银茶罗（罗合）、摩羯纹蕾纽三足架盐台（储存盐）、鎏金飞鸿纹银则（茶则）、鎏金飞鸿纹银匙（茶匙）、鎏金银龟盒（储存碾好茶粉）、系链银火筋（火钳）、鎏金人物画银坛（储存烤好茶饼）、鎏金银波罗子（点心盒子）。器具演变见表4-1	认真听讲	联系实际随堂互动
交流讨论	根据唐代茶具的特点，当时流行什么泡茶方式	讨论，回答：煮茶法？泡茶法？	
总结知识	唐代茶具配套齐全，形制完备，推越州青瓷。1987年陕西法门寺出土唐咸通九年的整套茶具有11种12件	做笔记	引出宋代（精致）
导入宋代（精致）	这是什么	观察，回答：茶碗？	看图说话引出专题
宋代（精致）	宋代茶具形制的特点	思考，回答：齐全？精致？	以已学知识为引逐步导出
讲解	宋代茶具精致，讲究法度，形制更精致，尚金银茶具，以陶瓷质地为主。以南宋·审安老人《茶具图赞》"十二先生"为代表，即：茶焙笼（韦鸿胪）、茶槌（木待制）、茶碾（金法曹）、茶磨（石转运）、瓢杓（胡员外）、罗合（罗枢密）、茶帚（宗从事）、茶托（漆雕秘阁）、茶盏（陶宝文）、汤瓶（汤提点）、茶筅（竺副帅）、茶巾（司职方）。详见表4-1	认真听讲	联系实际随堂互动

交流讨论	与唐代茶具有什么不同	讨论，回答： 品茶器具（唐尚青瓷茶碗，宋尚建窑黑釉盏）；煮水器具（唐为敞口鍑，宋用茶瓶）；碾茶用具（唐木或石质的，宋用金属）。	
总结知识	宋代茶具精致，讲究法度，形制更精致，尚金银茶具，以陶瓷质地为主。以南宋·审安老人《茶具图赞》"十二先生"为代表	作笔记	引出元代（过渡）
导入元代（过渡）	 这是什么	观察，回答： 水壶？酒壶？	看图说话 引出专题
元代（过渡）	元代茶器具发展过渡阶段特点	思考，回答： 材质改变？样式改变？	以已学知识为引逐步导出
讲解	元代部分点茶的茶具消失（茶壶流嘴：肩部→壶腹部），出现了冲泡散茶的茶具及其诗词。 "荧荧石火新，湛湛山泉冽。汲水煮春芽，清烟半如灭。"（元·李谦亨《土锉茶烟》） "仙人应爱武夷茶，旋汲新泉煮嫩芽。啜罢骖鸾归洞府，空余石灶锁烟霞。"（元·蔡廷秀《茶灶石》）器具演变见表4-1	认真听讲	联系实际 随堂互动
交流讨论	元代是否出现新的茶具	讨论，回答： 是？否？	
总结知识	元代部分点茶的茶具消失（茶壶流嘴：肩部→壶腹部），出现了冲泡散茶的茶具及其诗词	做笔记	引出明代（简化）
导入明代（简化）	 图中有什么	观察，回答： 锅？碗？	看图说话 引出专题

明代 （简化）	明代哪些茶具开始简化	思考，回答： 壶？碗？盏？	以已学知识为引 逐步导出
讲解	明代茶具种类趋简单，主要为贮茶罐、壶、碗、盏、杯，出现洗茶器具，小茶壶等，尚白瓷和紫砂"茶具十六事"为代表，即：受污、商象、归洁、分盈、递火、降红、执权、团凤、漉尘、静沸、注春、运锋、甘钝、啜香、撩云、纳敬（明·钱椿年《茶谱》）。器具演变见表4-1	认真听讲	联系实际 随堂互动
交流讨论	明代泡茶方法有哪些？	讨论，回答： 壶泡法？撮泡法？	
总结知识	明代茶具种类趋简单，主要为贮茶罐、壶、碗、盏、杯，出现洗茶器具，小茶壶等，尚白瓷和紫砂"茶具十六事"为代表	做笔记	引出清代（再简）
导入清代 （再简）	"三才子"是什么	观察，回答： 盖碗？	思考问题 引出专题
清代 （再简）	清代出现工夫茶，以什么茶具泡饮	思考，回答： 盖碗泡？	以已学知识为引 逐步导出
讲解	清代盖碗（碗＋盖＋托）盛行，以"景瓷宜陶"为代表；清末仍少量诗词、书法、绘画、篆刻记载紫砂壶、陶瓷或铜锡茶瓶，以陈曼生《十八壶式》、陆廷灿《续茶经》为代表。 "颜如玉，玉碗共争光。飞盖莫催忙。歌檀临阅处，缓何妨。远山横翠为谁长。人归去，馀梦绕高唐。"（北宋·王安中《小重山》）器具演变见表4-1。 "洋铜茶吊，来自海外，红铜荡锡，薄而轻，精而雅，烹茶最宜。"（清·陆廷灿《续茶经》）	认真听讲	联系实际 随堂互动
交流讨论	制作盖碗的材质什么最好	讨论，回答： 瓷？	
总结知识	清代盖碗（碗＋盖＋托）盛行，以"景瓷宜陶"为代表；清末仍有少量诗词、书法、绘画、篆刻记载紫砂壶、陶瓷或铜锡茶瓶	做笔记	引出现代（多样）
导入现代 （多样）	现在泡茶有特定的茶具吗	观察，回答： 没有？多种茶具？	思考问题 引出专题

现代 （多样）	现代茶具有哪些分类及特点	思考，回答： 多样？方便？	以已学知识为引 逐步导出
讲解	现代茶具种类和品种繁多，质地和形状多样，讲究茶具的相互配置和组合，将艺术美和沏茶统一。以读图时代《中国现代茶具图鉴》为代表。茶具种类：按用途分（贮茶具、烧水茶具、沏茶具、辅助茶具）；按质地分（金属、瓷器、紫砂、陶质、玻璃、竹木、漆器、纸质、生物茶具）器具演变见表4-1	认真听讲	联系实际 随堂互动
交流讨论	现今是否仍有古时候的茶具吗	讨论，回答： 是？否？	
总结知识	现代茶具种类和品种繁多，质地和形状多样，讲究茶具的相互配置和组合，将艺术美和沏茶统一。以读图时代《中国现代茶具图鉴》为代表	做笔记	引出现代常见的 泡茶器具

（四）现代器具

"现代常见的泡茶器具"研习方案见表4-6。

表4-6 "现代常见的泡茶器具"研习方案

研习内容	现代常见的泡茶器具		
学情分析	通过对"四之器"中所有茶器具的学习，了解到其中的很多茶器具在现代已经不适用，本章内容主要介绍现在常用的三类茶艺器具		
研习目标	学习现代的清饮法		
评价目标	（1）熟知现代的器具； （2）熟知现代茶艺器具的使用方法		
重难点	熟知现代茶艺器具的使用方法与步骤		
研习方法	（1）讲授法； （2）实物演示法； （3）讨论法		
研习环境	教师活动	学生活动	设计意图
导入 杯泡法器具	绿茶用什么器具能泡出其特点	思考，回答： 玻璃杯？	思考问题 引出专题

杯泡法器具	杯泡法器具分别有些	思考，回答： 玻璃杯？瓷杯？	以已学知识为引 逐步导出
讲解	杯泡法分为上投法、中投法、下投法，涉及器具有玻璃杯等主泡器，随手泡等备水器，茶盘等辅助器；三者流程相差无几，只是上投法不需要润茶。现代器具见表4-2	认真听讲	联系实际 随堂互动
交流讨论	杯泡法中那种方法比较方便	讨论，回答： 上投法？下投法？	
总结知识	杯泡法可分为上投法、中投法、下投法	做笔记	引出盖碗法器具
导入 盖碗法	康熙乾隆年间哪种茶具盛行	思考，回答： 盖碗？	思考问题 引出专题
盖碗法器具	盖碗法器具分别有哪些	思考，回答： 盖碗？杯子？	以已学知识为引 逐步导出
讲解	盖泡法分为碗杯、碗盅单杯、碗盅双杯，涉及器具有盖碗等主泡器，随手泡等备水器，奉茶盘等辅助器；三者流程相差无几，只是碗盅双杯有闻香杯、茶海，流程扣茶、翻杯。现代器具见表4-2	认真听讲	联系实际 随堂互动
交流讨论	盖泡法中那种方法比较方便	讨论，回答： 碗杯？碗盅单杯？	
总结知识	盖碗法有碗杯、碗盅单杯、碗盅双杯三种方法	做笔记	引出壶泡法器具
导入壶泡法 器具	"小石冷泉留早味，紫泥新品泛春华"诗中描写的是什么茶具	思考，回答： 紫砂壶？	思考问题 引出专题
壶泡法器具	壶泡法器具分别有哪些	思考，回答： 紫砂壶？闻香杯？	以已学知识为引 逐步导出
讲解	壶泡法分为壶杯、壶盅单杯、壶盅双杯，涉及器具有紫砂壶等主泡器，随手泡等备水器，奉茶盘等辅助器；三者流程相差无几，只是壶盅双杯主泡器有公道杯、闻香杯，流程有扣茶，辅助器有壶承，壶盅单杯主泡器有公道杯，辅助器有壶承。现代器具见表4-2	认真听讲	联系实际 随堂互动
交流讨论	壶泡法中那种方法比较方便	讨论，回答： 壶杯？壶盅单杯？	
总结知识	壶泡法可分为壶杯、壶盅单杯、壶盅单杯三种方法	做笔记	

五、课后活动

课后活动方案见表4-7。

表4-7 "识茶具用茶具" 课后活动方案

活动名称	追溯原始，识茶具用茶具		
活动时间	根据教学环节灵活安排		
活动地点	根据教学环节灵活安排		
活动目的	（1）扩展学生认知面，开拓视野，了解自然，享受自然，回归自然； （2）增进团队中个人的有效沟通，增强团队的整体互信，结识新朋友； （3）提升开放的思维模式，体验自我生存的价值，分享成功的乐趣		
安全保障	专业拓展培训教师、户外安全指导员、专业技术保障设备、随队医生全程陪同		

活动内容

项目	指导教师	辅助教师	备注
集合出发，并到达地点	A老师	B老师	注意安全
古今茶具接龙游戏	A老师	B老师	规则：当老师问"古今茶具有哪些？"每个学生说出的茶具不能重复。出现重复或者说错了的学生，需要接受惩罚
看图说话	A老师	B老师	规则：当老师给出一张茶具图片，每个学生说出对应茶具的名称。说对的学生，奖励茶具图一张和糖果
午餐、信息	A老师	B老师	注意安全
你画我猜	A老师	B老师	规则：A学生根据题目卡在白纸上画出茶具图案，B学生根据A学生所画图案继续作画传递给C学生，依次传递后由最后一个人给出所画内容名称，回答正确的队伍获胜，并奖励
介绍茶具	A老师	B老师	规则：学生安静听讲。教师讲解茶具的历史即用途
真心话大总结	A老师	B老师	规则：每个学生谈谈今天所认识的茶具，并有什么感受
集合回校	A老师	B老师	注意安全

活动反馈

（1）通过游戏活动中的反应可知现在的学生没有多少了解茶具；

（2）在游戏活动中把茶文化传播给学生们，让他们认识并喜欢茶具；

（3）在游戏活动中促进了团队的整体互信，团结友爱，结识新朋友

第五章

茶之煮研习

《茶经·五之煮》，详细地介绍了唐代的煮茶过程——烤茶、碾茶、煮水、煮茶、分茶、饮茶等。

为了深入研究唐代煮茶、煮茶演变、现代清饮法等，普及茶叶知识，传播中国茶文化；本章以陆羽《茶经·五之煮》为引，从茶经原文、原文分析、知识解读、研习方案、课后活动五个方面，详细地剖析了五之煮、煮茶演变和现代清饮法等知识及研习方案。

一、茶经原文

凡炙茶，慎勿于风烬间炙。熛焰如钻，使炎凉不均。持以逼火，屡其翻正。候炮出培塿，状虾蟆背，然后去火五寸。卷而舒，则本其始又炙。若火干者，以气熟止；日干者，以柔止。

> 烤茶饼，不在通风的余焰上烤。火焰不定，茶饼受热不均。夹着茶饼接近火焰，不停翻动，出现形如蛤蟆背的泡，烤时离火五寸。待卷曲茶饼舒展开，再次烤。若用火烘干的，烤至水汽蒸完为止；若晒干的，烤到柔软为止。

其始，若茶之至嫩者，蒸罢热捣，叶烂而牙笋存焉。假以力者，持千钧杵亦不之烂。如漆科珠，壮士接之，不能驻其指。及就，则似无穰骨也。炙之，则其节若倪倪，如婴儿之臂耳。既而承热用纸囊贮之，精华之气无所散越，候寒末之。

> 开始制茶时，若茶叶是柔嫩的，蒸后趁热捣碎。叶捣碎了，芽尖还很完整，就算用力去捣、用很重的杵也不能捣碎它。它就像是圆滑的漆树树籽，虽然很轻很小，可壮士也不能捏住

它。捣好的茶，保证没有茶梗再烤，茶叶变得像婴儿的手臂一样柔软。烤好后，用纸袋趁热把它包起来，让香气不散失，等到冷却之后，再碾成末。

其火，用炭，次用劲薪。其炭，曾经燔炙，为膻腻所及，及膏木、败器，不用之。古人有劳薪之味，信哉！

煮茶的燃料，用木炭，其次用硬柴。曾经染上腥味的炭，再烤会冒出油烟，腐朽的木器，不用来烤茶。古人认为用膏木有异味，可信。

其水，用山水上，江水中，井水下。其山水，拣乳泉、石池慢流者上；其瀑涌湍漱，勿食之，久食令人有颈疾。又水流于山谷者，澄浸不泄，自火天至霜郊以前，或潜龙蓄毒于其间，饮者可决之，以流其恶，使新泉涓涓然，酌之。其江水，取去人远者。井，取汲多者。

煮茶的水，以山水好，江水次，井水差。山上白水，出于乳泉、石面上慢慢流淌的最好；奔涌湍急的水不要喝，长期喝会让人颈部生病。在流入山谷之中蓄水，澄清不流动，自夏天到霜降以前，可能龙蛇之类在其中积毒，喝的人可把污水放走，让泉水缓缓流动更新后再饮用。江水，在远离人迹的地方取；井水，在经常取水的井中汲取。

其沸，如鱼目，微有声，为一沸；缘边如涌泉连珠，为二沸；腾波鼓浪，为三沸。已上水老，不可食也。初沸，则水合量，调之以盐味，谓弃其啜余，无乃䴺䥷而钟其一味乎？第二沸出水一瓢，以竹筴环激汤心，则量末当中心而下。有顷，势若奔涛溅沫，以所出水止之，而育其华也。

139

煮水，像鱼眼大小的气泡，微微有声响时，是第一沸；待边缘像泉涌般连珠时，是第二沸；波浪翻滚时，是第三沸。再继续煮则水过老而不适饮用。初沸时，按水量加入适量的盐调味，取出尝味，尝过的要倒掉，不要太咸，否则只有盐水这一味道了。第二沸时舀出一瓢水，用"竹筴"在水中转圈搅动，用"则"量茶末从漩涡的中心倒下。等到水波涛翻滚，泡沫飞溅，把刚才舀出来的水加回去止沸，使孕育成的浮沫得以保留。

凡酌，置诸碗，令沫饽均。沫饽，汤之华也。华之薄者曰沫，厚者曰饽，细轻者曰花。如枣花漂漂然于环池之上，又如回潭曲渚青萍之始生，又如晴天爽朗，有浮云鳞然。其沫者，若绿钱浮于水渭，又如菊英堕于罇俎之中。饽者，以滓煮之，及沸，则重华累沫，皤皤然若积雪耳。《荈赋》所谓："焕如积雪，烨若春藜"，有之。

喝茶时，舀到碗里，使沫饽均匀。沫饽是茶汤的精华，薄的叫沫，厚的叫饽，细轻的叫花。像枣花在圆形的池塘上浮动，又像回环的水潭、曲折的陆地浮萍，又像晴朗天空中鱼鳞状浮云。沫好似青苔浮在水边，又像菊花落入杯中。煮茶的渣滓在水沸腾时，饽浮在表面一层厚的白色泡沫，白白的像积雪一样。《荈赋》中说："明亮得像积雪，灿烂得像春天的花"，真是这样。

第一煮水沸，而弃其沫，之上有水膜，如黑云母，饮之则其味不正。其第一者为隽永，或留熟盂以贮之，以备育华救沸之用。诸第一与第二、第三碗次之，第四、第五碗外，非渴甚莫之饮。凡煮水一升，酌分五碗，乘热连饮之，以重浊凝其下，精英浮其上。如冷，则精英随气而竭，饮啜不消，亦然矣。

第一次煮开的水，把沫上一层似黑云母的膜状物去掉，因其味道不好。第一次舀出的水称为"隽永"，可把它放进"熟盂"里，用来培育精华和止沸。之后的第一、二、三碗茶汤略差，第四、五碗之后，不是很渴就不要喝了。通常煮一升水，可舀出五碗。要趁热连饮，因为重浊的物质凝聚在下，沫饽浮在上。茶一冷，沫饽随气消散，啜饮起来自然不受用了。

茶性俭，不宜广，广则其味黯澹。且如一满碗，啜半而味寡，况其广乎！其色缃

也，其馨歅也。其味甘，槚也；不甘而苦，荈也；啜苦咽甘，茶也。

茶性俭约，水不宜多，水多味道会淡薄。像一碗满茶，喝了一半味道淡了，何

况是水加多了呢！茶汤色泽浅黄，香气四溢。滋味甜的是"槚"；有苦味是

"荈"；入口有回甘是"茶"。

二、原文分析

（一）炙茶

炙茶即烤茶，为唐宋时期特有一种喝茶方式。

"炙茶：茶或经年，则色香味皆陈。于净器中，以沸汤渍之，刮去膏油一两重乃止，以

钤箝之，微火炙干，然后碎碾。若当年新茶，则不用此说。"（宋·蔡襄《茶录》）

（二）熛焰

熛焰即火焰。

"熛，火飞也。"（东汉·许慎《说文解字》）

"吐吞熛焰屏幽魅，亿千万纪功无穷。"（清·黄景仁《登衡山看日出用韩韵》）

（三）炎凉

炎凉即变冷。

"地势不殊，而炎凉异致。"（南北朝·郦道元《水经注·滍水》）

"俄惊白日晚，始悟炎凉变。"（唐·武元衡《独不见》）

（四）逼火

逼火即接近火焰。

"遍火急炙，令上劈裂，然后割之。"（南北朝·贾思勰《齐民要术·炙法》）

（五）炮

炮即烘烤，为古代一种烹饪方法，常用于烤肉食等。

"幡幡瓠叶，采之亨之君子有酒，酌言尝之。有兔斯首，炮之燔之。君子有酒，酌言献之。"（西周《诗经·小雅·瓠叶》）

（六）培塿

培即小土丘，同"部娄"，为将土堆在一起形成。

"部娄无松柏。"（东周·左丘明《左传·襄公二十四年》）

"当为崇冈峻阜，何能为培塿乎。"（唐·房玄龄《晋书》）

"眺望三峰，壁立与天接，众山皆成培娄。"（清·刘献廷《广阳杂记》）

（七）去火

去火即离火。

"故以汤止沸，沸乃不止，诚知其本，则去火而已矣。"（汉·刘安《淮南子·精神训》）

"岂所谓经国大情，扬汤去火者哉！"（唐·房玄龄《晋书》）

（八）牙笋

牙笋即新笋。

"丛篁劈开，牙笋怒长。"（唐·乔琳《慈竹赋》）

"入土不踰月而生根叶，期年长牙笋。"（元·刘美之《续竹谱》）

（九）千钧

千钧即三万斤，三十斤为一钧。

"乌获举千钧之重，而不能以多力易人。"（东周·商鞅《商君书》）

（十）漆科珠

漆科珠即圆滑的漆树树籽。漆，即漆树，产于南方，高达二十多米。

"东园漆树三丈长，绿叶花润枝昂藏。"（元·王冕《漆树行》）

（十一）穰骨

穰骨即叶梗。

"场上所有穰、谷秸等，并须收贮一处。"（南北朝·贾思勰《齐民要术·杂说》）

（十二）倪倪

倪倪即幼小而孱弱。

"王速出令，反其旄倪。"（东周·孟子《梁惠王下》）

"但冀米盐给，不烦金币支。非客敢窃议，道傍询旄倪。"（宋·范成大《麻线堆》）

（十三）散越

散越即消逝。

"奉被今年七月已卯诏书，伏读恳切，精魄散越。"（南北朝·魏收·《魏书》）

（十四）燔

燔即烧烤。

"有兔斯首，炮之燔之。"（西周《诗经·小雅·瓠叶》）

（十五）劳薪之味

劳薪之味即膏木异味。

"荀勖尝在晋武帝坐上食笋进饭，谓在坐人曰：'此是劳薪所炊也。'坐者未之信，密遣问之，实用故车脚。"（南北朝·刘义庆《世说新语·术解》）

（十六）澄浸不泄

澄浸不泄即澄清不流动。

澄，即澄清。

"云散月明谁点缀，天容海色本澄清。"（宋·苏轼《六月二十日夜渡海》）

浸，即河泽。

"大浸稽天而不溺，大旱金石流土山焦而不热。"（东周·庄周《庄子·逍遥游》）

（十七）自火天至霜郊

自火天至霜郊，即从夏天到霜降。

火天，即夏天。

"七月流火"。（西周《诗经·豳风·七月》）

霜郊，即霜降。

"霜郊畅玄览，参差落景遒。"（唐·李贞《奉和圣制过温汤》）

（十八）华

华即浮沫，为食茶的精华。

"物华天宝。"（唐·王勃《滕王阁序》）

（十九）曲渚

曲渚即曲折的小陆地。

曲，即环绕、曲折。

"引以为流觞曲水，列坐其次。"（晋·王羲之《兰亭集序》）

渚，即水中的小陆地。

"小洲曰渚。"（东周《尔雅》）

(二十) 绿钱

绿钱即青苔。

"空室无人行则生苔藓，或青或紫，一名绿钱。"（晋·崔豹《古今注》）

(二十一) 水涘

水涘即水边。

(二十二) 菊英

菊英即菊花。

"夕餐秋菊之落英。"（东周·屈原《离骚》）

(二十三) 尊俎

尊俎即杯子。

尊，即喝酒的杯子。

"人生如梦，一尊还酹江月。"（宋·苏轼《念奴娇·赤壁怀古》）

俎，即祭祀放置牺牲的礼器。

"从半肉在俎上。"（东汉·许慎《说文解字》）

(二十四) 皤皤然

皤皤然即白色水沫，为水面泛出白色水沫的样子。

"于时陈项之老，褒衣而博带，皤皤然相造而诹曰：'久矣吾党之惑也！'"（唐·张说《唐陈州龙兴寺碑》）

(二十五) 煜若春敷

煜若春敷即灿烂得像春天的花。

"惟兹初成，沫沉华浮，焕如积雪，煜若春敷。"（晋·杜育《荈赋》）

（二十六）盂

盂即盆类器具，从皿旁从于；同"熟盂"，用于盛液体和饮食。

"盂，饮器也。"（东汉·许慎《说文解字》）

（二十七）黯澹

黯澹即阴沉。

"二仪黯澹交，百川莽回薄。"（明·何景明《冬雨率然有二十韵》）

（二十八）缃

缃即浅黄色。

"缃绮为下裙，紫绮为上襦。"（两汉·乐府诗集《陌上桑》）

（二十九）槚

槚即苦茶。

"槚茶亦苦于常茶。"（明·刘基《诚意伯刘文成公文集》）

（三十）荈

荈即粗茶。

"荈：茶叶老者。"（南北朝·顾野王《玉篇》）

三、知识解读

（一）引入

1. 回顾四之器

茶之为饮，发乎神农氏，闻于鲁周公，兴于唐；唐代多为蒸青团茶，以煮茶为主，涉及十四件相关器具——风炉、炭檛、火筴、筥、交床、竹筴、鍑、筴、碾、罗合、则、纸囊、水方、漉水囊、瓢、熟盂、鹾簋、碗、札、涤方、巾、具列、都篮、畚。

2．引入五之煮

茶之为用，味至寒，为饮最宜。采不时，造不精，杂以卉莽，饮之成疾。同样，煮茶过程也尤为重要。

（二）五之煮

1．烤茶

（1）目的　增香、除湿和去青味。

（2）过程　夹着茶饼接近火焰→离火五寸→烤茶。

（3）要点　不在通风的余焰上烤，不停翻动。

（4）程度　出现形如蛤蟆背的泡；待卷曲茶饼都舒展开。

（5）择薪要求　烤茶的火料，木炭＞硬柴，禁用腥味的炭、腐朽的木器。

（6）择薪原因　干茶易吸附异味，而腥味的炭、腐朽的木器燃烧带烟，使茶叶有膏木异味。

2．碾茶

（1）目的　捣碎，便于煮饮。

（2）过程　捣碎→烤→贮藏→成末。

（3）要点　趁热捣碎，及时再烤，用纸袋包起来，待冷却再碾成末。

（4）程度　好的茶末，形如细米。

3．煮水

（1）目的　加热，快速浸出茶叶中物质。

（2）过程　第一次沸腾→加盐调味→取出尝味，尝过的茶汤要倒掉。

（3）要点　水微微有声，不要太咸，否则只有盐水的味道。

（4）程度　水过老不饮用。

（5）择水　山水＞江水＞井水。山水，以乳泉、石面上慢慢流淌的最好；江水，要到远离人迹的地方取；井水，以常取水的井为好。

4．煮茶

（1）目的　以育沫饽，便于分茶。

（2）过程　二沸取水一瓢→量茶末从漩涡的中心倒下→泡沫飞溅，以二沸水止沸→第一煮茶沸腾→弃除茶沫→孕育成浮沫。

（3）要点　边缘像泉涌连珠；用竹筴在水中转圈搅动；水波涛翻滚、泡沫飞溅；煮茶时，在第一次沸腾时弃除茶沫（隽永）；否则味道不好；其茶末可贮于熟盂；培育精华和止沸。

（4）程度　像表面浮了一层泡沫，白如积雪。

5．饮茶（分茶—饮茶）

（1）目的　均分茶汤，趁热连饮。

（2）过程　使沫饽均匀→舀出分五碗→趁热连饮。

（3）要求　使沫饽均匀，重浊的物质凝聚在下，沫饽浮在上。

（4）感想　入口有苦味而回味甜的是茶。

（三）煮茶方式演变

1．唐前食茶法

茶为药用、食用。

"神农尝百草，日遇七十毒，得茶解之"（传为《神农本草经》记载）

"婴了相景公，食脱粟之饭，炙三弋、五卵、茗菜耳矣。"（东周·晏婴《晏子春秋》）

2．唐代煮茶法

唐盛行煮茶。

"茶出银生城界诸山，散收无采造法。蒙舍蛮以椒、姜、桂和烹而饮之。"（唐·樊绰《蛮书》）

3．宋代点茶法

兴于唐，盛于宋。

"君不见闽中茶品天下高，倾身茶事不知劳。"（宋·苏辙《和子瞻煎茶》）

"水，以清轻甘洁为美；茶，以味为上；茶有真香，非龙麝可拟；点茶之色，以纯白为上。"（宋·赵佶《大观茶论》）

"斗茶味兮轻醍醐，斗茶香兮薄兰芷。"（宋·范仲淹《和章岷从事斗茶歌》）

"茶至唐始盛，近世有下汤运匕，别施妙诀，使汤纹水脉成物象者。禽兽虫鱼花草之属，纤巧如画，但须臾即就散灭。此茶之变也，时人谓之茶百戏。"（宋·陶谷《荈茗录》）

4. 元代饮茶方法

生活必需品。

"凡茗煎者择嫩芽，先以汤泡去熏气，以汤煎饮之。今南方多效此。"（元·王祯《农书·百谷谱十·茶》）

"清茶，先用水滚过，滤净，下茶芽，少时煎成。"（元·忽思慧《饮膳正要》）

"教你当家不当家，及至当家乱如麻。早晨起来七件事，柴米油盐酱醋茶。"（元·贾仲明《玉壶春》）

"夫概名王诸，西山紫笋茶。水皉生绿尘，小角装金花。尽从天使去，供奉内人家。"（元·黄玠《顾诸茶》）

"借钱买盐茶，倩人莳早秧。"（元·马祖常《淮南田歌三首》）

5. 明代泡茶法

盛行瀹饮，常用杯泡法。

"烹茶之法，唯苏吴得之。以佳茗入瓷瓶火煎，酌量火候，以数沸蟹眼为节"。（明·陈师《茶考》）

"投茶有序，毋失其宜。先茶后汤曰下投。汤半下茶，复以汤满，曰中投。先汤后茶曰上投。春秋中投。夏上投。冬下投。"（明·张源《茶录》）

"苍苔绿树野人家，手卷炉薰意自嘉。莫道客来无供设，一杯阳羡雨前茶。"（明·文征明《闲兴》）

"茗碗月团新破，竹炉活火初燃。"（明·陆治《题烹茶图》）

"日长何所事，茗碗自赍持。料得南窗下，清风满鬓丝。"（明·唐寅《事茗图》）

6. 清代清饮法

盛行清饮，常用壶泡法、盖碗泡法。

"画成未拟将人去，茶熟香温且自看。"（清·黄易《跋录李竹懒诗》）

"兄起扫黄叶，弟起烹秋茶。明星犹在树，烂烂天东霞。杯用宣德瓷，壶用宜兴砂。"（清·郑燮《李氏小园三首之三》）

"工夫茶转费工夫，啜茗真疑嗜好殊。犹自沾沾夸器具，若深杯配孟公壶。"

（清·王步蟾《工夫茶》）

（四）现代的清饮法

1. 杯泡法

（1）上投法流程

备器 → 布席 → 择水 → 取火 → 候汤 → 翻杯 → 赏茶 → 温杯洁具 → 注水 →
投茶 → 奉茶 → 品饮 → 收具

（2）中投法流程

备器 → 行礼 → 布席 → 择水 → 取火 → 候汤 → 温杯洁具 → 赏茶 → 注水 →
投茶 → 温润泡 → 注水 → 奉茶 → 品饮 → 收具

（3）下投法流程

备器 → 布席 → 择水 → 取火 → 候汤 → 赏茶 → 温杯洁具 → 投茶 → 温润泡 →
正泡 → 奉茶 → 品饮 → 收具

2. 盖碗法

（1）碗杯流程

备具 → 布席 → 备水 → 取火 → 候汤 → 赏茶 → 温碗 → 置茶 → 温润泡 →
冲泡 → 分茶 → 奉茶 → 品饮 → 收具

（2）碗盅单杯流程

备具 → 布席 → 备水 → 取火 → 候汤 → 赏茶 → 温碗 → 置茶 → 温润泡 →
冲泡 → 斟茶 → 奉茶 → 品饮 → 收具

（3）碗盅双杯流程

备具 → 布席 → 备水 → 取火 → 候汤 → 赏茶 → 温碗 → 杯 → 置茶 → 温润泡 →
冲泡 → 出汤 → 分茶 → 扣茶 → 翻杯 → 奉茶 → 品饮 → 收具

3. 壶泡法

（1）壶杯流程

备具 → 布席 → 择水 → 取火 → 候汤 → 赏茶 → 温壶汤杯 → 投茶 → 温润 →
冲泡 → 刮沫 → 淋壶 → 出汤 → 奉茶 → 品饮 → 收具

（2）壶盅单杯流程

备器→布席→择水→取火→候汤→赏茶→烫壶温盅→烫杯→投茶→温润→冲泡→刮沫→淋壶→出汤→分茶→奉茶→品饮→收具

（3）壶盅双杯流程

备器→布席→择水→取火→候汤→赏茶→汤壶温盅→烫杯→投茶→温润→冲泡→刮沫→淋壶→出汤→分茶→扣茶→奉茶→品饮→收具

四、研习方案

（一）引入五之煮

"引入五之煮"研习方案见表5-1。

表5-1 "引入五之煮"研习方案

研习内容	引入五之煮		
学情分析	经过《茶经·四之器》专题的学习，已基本掌握煮茶器具等相关知识		
研习目标	回顾《茶经·四之器》，温故而知新；引入《茶经·五之煮》内容，学习新知识点		
评价目标	（1）熟知煮茶器具； （2）掌握煮茶器具的使用方法		
重难点	熟知煮茶器具，温故而知新，掌握相关器具的使用方法		
研习方法	（1）讲授法； （2）实物演示法； （3）讨论法		
研习环境	教师活动	学生活动	设计意图
导入 四之器		观察，回答： 瓢？碗？筷子？	看图说话 引出专题

回顾 四之器	大家都知道哪些唐代煮茶器具	思考，回答： 风炉？灰承？筥？	以已学知识为引 逐步导出
讲解	烤茶器具：风炉、灰承、筥、炭挝、火筴、筴 碾茶器具：碾、拂抹、罗合、纸囊 煮水器具：瓢、漉水囊、水方、熟盂、鹾簋、揭 煮茶器具：则、鍑、交床、竹筴 饮茶器具：碗 其他器具：札、涤方、巾、滓方、都篮、畚、具列	认真听讲	联系实际 随堂互动
交流讨论	哪些煮茶器具沿用至今	讨论，回答：碗？瓢？熟盂？	
总结知识	风炉、炭挝、火筴、筥、交床、竹筴、鍑、筴、碾、罗合、则、纸囊、水方、漉水囊、瓢、熟盂、鹾簋、碗、札、涤方、巾、具列、都篮、畚二十四件煮茶器具	做笔记	引出唐代煮茶
导入 五之煮		观察，回答： 喝茶？煮茶？	思考问题 引出专题
引入 五之煮	从茶园到茶杯，煮一杯好茶什么过程最重要	讨论，回答： 种茶？制茶？煮茶？	以已学知识为引 逐步导出
讲解	茶之为用，味至寒，为饮最宜。采不时，造不精，杂以卉莽，饮之成疾。同样，煮茶过程也尤为重要	认真听讲	联系实际 随堂互动
交流讨论	平时怎么饮茶	讨论，回答：直冲？盖碗泡？	
总结知识	采不时，造不精，艺不实，不堪为饮	做笔记	

（二）五之煮

"五之煮"研习方案见表5-2。

152

表5-2 "五之煮"研习方案

研习内容	五之煮		
学情分析	经过《茶经·四之器》专题回顾，已基本掌握煮茶器具等相关知识		
研习目标	在《茶经·四之器》基础上，学习《茶经·五之煮》相关知识		
评价目标	（1）熟知煮茶步骤； （2）掌握煮茶要点		
重难点	熟知煮茶步骤及其要点，看茶煮茶		
研习方法	（1）讲授法； （2）实物演示法； （3）讨论法		
研习环境	教师活动	学生活动	设计意图
导入烤茶	唐代煮茶有哪些步骤	思考，回答： 烤茶？煮茶？	思考问题 引出专题
烤茶	炒菜，三分技术，七分火候； 那么烤茶应该注意哪些	思考，回答： 温度？时间？	以已学知识为引 逐步导出
讲解	目的：增香、除湿和去青味； 过程：夹着茶饼接近火焰→离火五寸→再烤。 要点：不在通风的余焰上烤，不停翻动。 程度：出现形如蛤蟆背的泡；待卷曲茶饼都舒展开	认真听讲	联系实际 随堂互动
交流讨论	烤茶燃料怎么选择	讨论，回答： 燃料：木炭＞硬柴，禁用腥味炭、腐朽木器。 原因：干茶易吸附异味，而腥味的炭、腐朽的木器燃烧带烟，使茶叶有膏木异味。	
总结知识	勿于风烬间炙，持以逼火，屡其翻正，状虾蟆背，去火五寸。卷而舒，又炙之	做笔记	引出碾茶
导入碾茶	唐代煮茶还有哪些步骤	思考，回答： 煮水？碾茶？	看图说话 引出专题
碾茶	唐代流行使用木质碾和瓷质碾作为碾茶工具； 那么碾茶的要点有哪些	讨论，回答： 捣碎？冷却？	以已学知识为引 逐步导出
讲解	目的：捣碎，便于煮饮； 过程：捣碎→烤→贮藏→成末。 要点：趁热捣碎，及时烤；纸袋包裹，待冷却，碾成末。 程度：好的茶末，形如细米	做笔记	联系实际 随堂互动

交流讨论	碾茶,即磨碎茶叶,那么现今有哪些磨碎设备	讨论,回答:机械冲击式粉碎机?气流粉碎机?球磨机粉碎?	
总结知识	蒸罢热捣,及就炙之,用纸囊贮之,候寒末之,其屑如细米	做笔记	引出煮水
导入煮水	唐代煮茶还有哪些步骤	思考,回答:煮水?烤火?	看图说话 引出专题
煮水	煮水过程	讨论,回答:调味?弃汤?	以已学知识为引 逐步导出
讲解	目的:加热,快速浸出茶叶中物质。 过程:第一次沸腾→加盐调味→取出尝味,尝过的茶汤要倒掉。 要点:微微有声,不要太咸,否则只有盐水这一味道了? 程度:水过老不饮用	认真听讲	联系实际 随堂互动
交流讨论	如何选水	讨论,回答: 水源:山水>江水>井水。 建议:山水,以乳泉、石面上慢慢流淌最好;江水,要到远离人迹的地方取;井水,以常取水的井为好。	
总结知识	微有声,为一沸,水老不可食也。则水合量,调之以盐味,谓弃其啜余。无乃馅虀而钟其一味乎	做笔记	引出煮茶
导入煮茶		观察,回答:煮茶?碾茶?	看图说话 引出专题
煮茶	煮茶的过程中有哪些注意事项	思考,回答:水温?时间?	以已学知识为引 逐步导出
讲解	目的:以育沫饽,便于分茶。 过程:二沸取水一瓢→量茶末从漩涡的中心倒下→泡沫飞溅,以二沸水止沸→第一煮茶沸腾→弃除茶沫→孕育成浮沫。 要点:边缘像泉涌连珠;用竹筴在水中转圈搅动;水波涛翻滚、泡沫飞溅;第一次煮茶沸腾弃除茶沫(隽永);否则味道不好;其茶末可贮于熟盂;培育精华和止沸。 程度:像表面浮了一层泡沫,白如积雪	认真听讲	联系实际 随堂互动

交流讨论	沿用至今的煮茶步骤有哪些	讨论，回答：取水？烤茶？	
总结知识	二沸出水一瓢→量末当中心而下→溅沫，所出水止之→一煮水沸，弃其沫→育其华也。涌泉连珠；竹筴环激汤心；势若奔涛溅沫；煮茶一沸弃沫（隽永），否则味不正；其沫可贮于熟，育华救沸。皤皤然若积雪耳	做笔记	引出饮茶
导入饮茶	请问图中的人物在做什么	观察，回答：饮茶？碾茶？	看图说话引出专题
饮茶	饮茶要求	思考，回答：沫饽均匀？趁热饮？	以已学知识为引逐步导出
讲解	目的：均分茶汤，趁热连饮。过程：使沫饽均匀→舀出分五碗→趁热连饮。要求：使沫饽均匀，重浊的物质凝聚在下，沫饽浮在上。感想：入口有苦味而回味甜的是茶	认真听讲	联系实际随堂互动
交流讨论	为什么茶倒七分满	讨论，回答：尊敬？防烫？	
总结知识	酌置诸碗，令沫饽均。酌分五碗，乘热连饮之，以重浊凝其下，精英浮其上。啜苦咽甘，茶也	做笔记	引出饮茶煮茶方式演变

（三）煮茶方式演变

"煮茶方式演变"研习方案见表5-3。

表5-3 "煮茶方式演变"研习方案

研习内容	煮茶方式演变
学情分析	经过五之煮专题的学习，已能够基本掌握煮茶的步骤
研习目标	学习煮茶方式演变
评价目标	（1）熟知历史文化；（2）熟知各朝代饮茶方式

研习环境	教师活动	学生活动	设计意图
重难点	掌握"煮茶"方式演变		
研习方法	（1）讲授法； （2）实物演示法； （3）讨论法		
研习环境	教师活动	学生活动	设计意图
导入唐前食茶法	茶作为食物有什么作用	思考，回答： 解毒？充饥？	思考问题 引出专题
唐前食茶法	唐朝之前如何食茶	思考，回答： 生吃？煮饮？	以已学知识为引 逐步导出
讲解	"神农尝百草，日遇七十毒，得茶解之。"（传为《神农本草经》记载）	认真听讲	联系实际 随堂互动
交流讨论	当今茶食品有哪些	讨论，回答：茶面包？茶面条？	
总结知识	茶为药用、食用	做笔记	引出唐代煮茶法
导入唐代煮茶法	 图中人物在做什么	观察，回答： 煮茶？碾茶？	看图说话 引出专题
唐代煮茶法	唐代是如何煮茶的	思考，回答： 烤茶？碾茶	以已学知识为引 逐步导出
讲解	"……煮之百沸，或扬令滑，或煮去沫……"（唐·陆羽《茶经》） "茶出银生城界诸山，散收无采造法。蒙舍蛮以椒、姜、桂和烹而饮之。"（唐·樊绰《蛮书》）	认真听讲	联系实际 随堂互动
交流讨论	当今煮茶法和唐代有什么区别	讨论，回答：先泡后煮？直接煮？煎煮？	
总结知识	唐盛行煮茶	做笔记	引出宋代点茶法

导入宋代点茶法	 图中人物在做什么	观察，回答： 斗茶？喝茶？	看图说话 引出专题
宋代点茶法	宋代点茶要点	思考，回答： 水质？茶香？	以已学知识为引 逐步导出
讲解	"君不见闽中茶品天下高，倾身茶事不知劳。" （宋·苏辙《和子瞻煎茶》） "水，以清轻甘洁为美；茶，以味为上；茶有真香，非龙麝可拟。点茶之色，以纯白为上。" （宋·赵佶《大观茶论》）	认真听讲	联系实际 随堂互动
交流讨论	宋代点茶技巧	讨论，回答：一汤调膏、二汤注水一条直线、三汤注水均匀、四汤注水要少、五汤看茶汤注水、六汤缓慢搅拌、七汤看沫饽厚薄、凝固程度注水？	
总结知识	兴于唐，盛于宋。宋代点茶、斗茶盛行于世	做笔记	引出元代饮茶方法
导入元代饮茶方法	早晨起来七件事	观察，回答： 柴米油盐酱醋茶？	思考问题 引出专题
元代饮茶方法	元代饮茶方式	思考，回答： 煎茶？煮茶？	以已学知识为引 逐步导出
讲解	"清茶，先用水滚过，滤净，下茶芽，少时煎成。"（元·忽思慧《饮膳正要》）	认真听讲	联系实际 随堂互动
交流讨论	喝酒有酒楼，喝茶场所有哪些	讨论，回答：茶坊？茶楼？茶肆？	
总结知识	茶为生活必需品	做笔记	引出明代泡茶法
导入明代泡茶法	明太祖朱元璋称帝之前是做什么的	观察，回答： 和尚？平民？	思考问题 引出专题
明代泡茶法	朱元璋对茶叶发展有什么贡献	思考，回答： 废团改散？	以已学知识为引 逐步导出

讲解	"投茶有序，毋失其宜。先茶后汤曰下投。汤半下茶，复以汤满，曰中投。先汤后茶曰上投。春秋中投。夏上投。冬下投。"（明·张源《茶录》）"日长何所事，茗碗自赉持。料得南窗下，清风满鬓丝。"（明·唐寅《事茗图》）	认真听讲	联系实际随堂互动
交流讨论	壶泡法过程	讨论，回答：藏茶、洗茶、浴壶、泡茶（投茶、注汤）、涤盏、酾茶、品茶。	
总结知识	盛行瀹饮，常用杯泡法	做笔记	引出清代清饮法
导入清代清饮法	纪晓岚一手提鸟笼一手拿壶，壶是用来干什么的	思考，回答：装酒？装茶？	思考问题引出专题
清代清饮法	工夫茶最早出现在那个朝代	思考，回答：清代？明代？	以已学知识为引逐步导出
讲解	"工夫茶转费工夫，啜茗真疑嗜好殊。犹自沾沾夸器具，若深杯配孟公壶。"（清·王步蟾《工夫茶》）	认真听讲	联系实际随堂互动
交流讨论	现在工夫茶是什么	讨论，回答：茶艺？茶？	
总结知识	盛行清饮，常用壶泡法、盖碗泡法	做笔记	引出现代的清饮法

（四）现代的清饮法

"现代的清饮法"研习方案见表5-4。

表5-4　"现代的清饮法"研习方案

研习内容	现代的清饮法
学情分析	通过"煮茶"方式演变的专题学习，学生已经能够基本了解"煮茶"方式演变历史
研习目标	学习现代的清饮法
评价目标	（1）熟知现代的清饮法； （2）熟知各器具泡茶方式
重难点	掌握现代的清饮法
研习方法	（1）讲授法； （2）实物演示法； （3）讨论法

研习环境	教师活动	学生活动	设计意图
导入杯泡法		观察，回答： 玻璃杯？绿茶？	看图说话 引出专题
杯泡法	绿茶杯泡法可分为几种投法	思考，回答： 上投法？下投法？	以已学知识为引 逐步导出
讲解	上投法：备器→布席→择水→取火→候汤→翻杯→赏茶→温杯洁具→注水→投茶→奉茶→品饮→收具。 中投法：备器→行礼→布席→择水→取火→候汤→温杯洁具→赏茶→注水→投茶→温润泡→注水→奉茶→品饮→收具。 下投法：备器→布席→择水→取火→候汤→赏茶→温杯洁具→投茶→温润泡→正泡→奉茶→品饮→收具	认真听讲	联系实际 随堂互动
交流讨论	上中下投法适宜泡什么茶	讨论，回答： 名优绿茶？大宗绿茶？	
总结知识	上投法适于细嫩的名优绿茶，如碧螺春、信阳毛尖等。 中投法适用于龙井、云雾茶、竹叶青茶等。 下投法适用于原料较老、外形松散的茶，如太平猴魁	做笔记	引出盖碗法
导入盖碗法		观察，回答： 盖碗？碗？	看图说话 引出专题
盖碗法	盖碗泡茶步骤	思考，回答： 投茶？温碗？	以已学知识为引 逐步导出
讲解	碗杯：备具→布席→备水→取火→候汤→赏茶→温碗→置茶→温润泡→冲泡→分茶→奉茶→品饮→收具。 碗盅单杯：备具→布席→备水→取火→候汤→赏茶→温碗→置茶→温润泡→冲泡→斟茶→奉茶→品饮→收具。 碗盅双杯：备具→布席→备水→取火→候汤→赏茶→温碗→杯→置茶→温润泡→冲泡→出汤→分茶→扣茶→翻杯→奉茶→品饮→收具	认真听讲	联系实际 随堂互动

交流讨论	碗杯、碗盅单杯、碗盅双杯的不同泡茶方式	讨论，回答：碗杯是分茶？碗盅单杯是斟茶？碗盅双杯是出汤分茶、扣茶？	
总结知识	盖碗法有碗杯、碗盅单杯、碗盅双杯三种方法	做笔记	引出壶泡法
导入壶泡法		观察，回答：壶？瓷器？	看图说话 引出专题
壶泡法	壶泡法的步骤	思考，回答：赏茶？淋壶？	以已学知识为引 逐步导出
讲解	壶杯：备具→布席→择水→取火→候汤→赏茶→温壶汤杯→投茶→温润→冲泡→刮沫→淋壶→出汤→奉茶→品饮→收具。 壶盅单杯：备器→布席→择水→取火→候汤→赏茶→烫壶温盅→烫杯→投茶→温润→冲泡→刮沫→淋壶→出汤→分茶→奉茶→品饮→收具。 壶盅双杯：备器→布席→择水→取火→候汤→赏茶→汤壶温盅→烫杯→投茶→温润→冲泡→刮沫→淋壶→出汤→分茶→扣茶→奉茶→品饮→收具	认真听讲	联系实际 随堂互动
交流讨论	壶杯、壶盅单杯、壶盅双杯的不同泡茶方式	讨论，回答：壶杯是直接品饮？壶盅单杯是分茶？壶盅双杯是出汤分茶、扣茶？	
总结知识	壶泡法可分为壶杯、壶盅单杯、壶盅双杯三种	做笔记	

五、课后活动

课后活动方案见表5-5。

表5-5 "体验乌撒烤茶"课后活动方案

活动名称	体验乌撒烤茶
活动时间	根据教学环节灵活安排
活动地点	根据教学环节灵活安排
活动目的	（1）扩展认知面，开拓视野，了解自然，享受自然，回归自然； （2）增进团队中个人的有效沟通，增强团队的整体互信，结识新朋友； （3）提升开放的思维模式，体验自我生存的价值，分享成功的乐趣
安全保障	专业拓展培训教师、户外安全指导员、专业技术保障设备、随队医生全程陪同

活动内容

项目	指导教师	辅助教师	备注
集合乘车出发	A老师	B老师	
到达地点	A老师	B老师	
准备烤茶器具	A老师	B老师	
择炭、择水	A老师	B老师	
吃饭、休息	A老师	B老师	
烤茶、碾茶	A老师	B老师	
煮水、煮茶	A老师	B老师	
分茶、饮茶	A老师	B老师	
收拾器具、打扫卫生	A老师	B老师	
乘车返回	A老师	B老师	

活动反馈

通过本次活动，学生更加了解烤茶和煮茶过程以及分茶方法，学会根据实践情况选择煮茶用具，掌握煮茶方法

第六章

茶之饮研习

《茶经·六之饮》，详细地介绍了唐代的茶之为饮——煮茶、分茶和饮茶等。

为了深入研究茶之为饮、饮茶演变、科学饮茶等，普及茶叶知识，传播中国茶文化；本章以陆羽《茶经·六之饮》为引，从茶经原文、原文分析、知识解读、研习方案、课后活动五个方面，详细地剖析了六之饮、饮茶起源和科学饮茶等知识及研习方案。

一、茶经原文

翼而飞，毛而走，呋而言，此三者俱生于天地间，饮啄以活，饮之时义远矣哉！至若救渴，饮之以浆；蠲忧忿，饮之以酒；荡昏寐，饮之以茶。

> 生活在天地之间的飞禽、走兽和人类，都靠饮食维持生命活动，饮水的意义多么深远啊！如要解渴，可以饮水；要消愁，可以饮酒；要消睡提神，可以喝茶。

茶之为饮，发乎神农氏，闻于鲁周公。齐有晏婴，汉有扬雄、司马相如，吴有韦曜，晋有刘琨、张载、远祖纳、谢安、左思之徒，皆饮焉。滂时浸俗，盛于国朝。两都并荆俞间，以为比屋之饮。

> 茶作为饮料，开始于神农氏，由周公旦作文字记载为大家所知道。春秋时齐国的晏婴，汉代的扬雄、司马相如，三国时吴国的韦曜，晋代的刘琨、张载、陆纳、谢安、左思等人都爱饮茶。流传广了，喝茶逐渐成为风俗，盛于唐朝。西安、洛阳两个都城和江陵、重庆等地，竟是家家户户饮茶。

饮有粗茶、散茶、末茶、饼茶者，乃斫、乃熬、乃炀、乃舂，贮于瓶缶之中。以汤沃焉，谓之痷茶；或用葱、姜、枣、橘皮、茱萸、薄荷之属，煮之百沸，或扬令滑，或煮去沫，斯沟渠间弃水耳，而习俗不已。

饮用的茶有粗茶、散茶、末茶和饼茶，经过伐枝采叶、蒸熟、烤炙、碾磨后放入瓶罐里。用沸滚的水冲泡，这是浸泡的茶；或加入葱、姜、枣、橘皮、茱萸、薄荷之类东西煮沸，或扬起茶汤使之变得柔滑，或在煮的时候把沫去掉，这样的茶汤无异于沟渠里的废水，这样的习俗至今不变。

於戏！天育万物，皆有至妙，人之所工，但猎浅易。所庇者屋，屋精极；所著者衣，衣精极；所饱者饮食，食与酒皆精极之。茶有九难：一曰造，二曰别，三曰器，四曰火，五曰水，六曰炙，七曰末，八曰煮，九曰饮。阴采夜焙，非造也；嚼味嗅香，非别也；膻鼎腥瓯，非器也；膏薪庖炭，非火也；飞湍壅潦，非水也；外熟内生，非炙也；碧粉缥尘，非末也；操艰搅遽，非煮也；夏兴冬废，非饮也。

呜呼！天生万物，都有妙用，而人所讲求的，只是一般的生活。房屋是用来避风雨的，房屋就建造得极精致；衣服是用来御寒的，衣服就做得很讲究；食物是用来充饥的，食物和酒也制作得非常精美。茶有九个关键点：一是制造，二是鉴别，三是器具，四是择炭，五是择水，六是烤炙，七是碾末，八是烹煮，九是饮用。阴天采摘和夜间焙制，就制造不出好茶；口嚼辨味、干嗅香气，不是鉴别的好方法；风炉和碗沾有膻腥气味，不用于煮饮茶叶；柴有油烟和炭沾染油腥气味，不用于烤茶、煮茶；急流和死水，不用于调煮茶汤；外熟内生，是烤炙不当；青绿色的粉末和青白色的茶灰，是碾得不好的茶末；操作不熟练和搅动得过快，就煮不出好茶汤；只在夏天饮茶而不在冬天饮茶，不是饮茶的恰当方式。

夫珍鲜馥烈者，其碗数三；次之者，碗数五。若坐客数至五，行三碗；至七，行五碗；若六人已下，不约碗数，但阙一人而已，其隽永补所阙人。

鲜美馨香的茶，只煮三碗为好，较次的是煮五碗。若客人数为五人，煮三碗分饮；坐客有七人时，则以五碗匀分；坐客在六人以下，可不必约计碗数，只要按缺一个人计算，用"隽永"的那碗水来补充少算的一份。

二、原文分析

（一）翼而飞

翼而飞即禽类。

"翼，翅也。"（东汉·许慎《说文解字》）

（二）毛而走

毛而走即兽类。毛，兽毛。走，跑。

"毛，眉发之属及兽毛也。"（东汉·许慎《说文解字》）

"走，趋也。"（东汉·许慎《说文解字》）

"不吹毛而求小疵，不洗垢而察难知。"（东周·韩非《韩非子·大体》）

（三）呿而言

呿而言即人类。呿，张口。

"公孙龙口呿而不合。"（东周·庄子《庄子·秋水》）

（四）饮啄

饮啄即吃饭喝水。

"泽雉十步一啄，百步一饮，不蕲畜乎樊中。"（东周·庄子《庄子》）

"饮啄自在，放旷逍遥，岂欲入樊笼而求服养！譬养生之人，萧然嘉遁，唯适情于林籁，岂企羡于荣华！"（东周·庄子《庄子》）

166

（五）蠲

蠲即免除。

"宜弘大务，蠲略细微。"（宋·范晔《后汉书·卢植传》）

"十家租税九家毕，虚受吾君蠲免恩。"（唐·白居易《杜陵叟》）

（六）斫

斫即用刀劈开的动作。

"斧以金为斫。"（东周·墨子《墨子》）

"因拔刀斫前奏案。"（宋·司马光《资治通鉴》）

（七）炀

炀即在火上炙烤。

"古者民不知衣服，夏多积薪，冬则炀之。"（东周·庄子《庄子》）

（八）舂

舂即用杵臼来捣碎。

"舂，捣粟也。"（东汉·许慎《说文解字》）

"城曰舂。"（南北朝·范晔《后汉书·显宗孝明帝纪》）

（九）汤沃

汤沃即用热水泡茶。

"以汤沃沸。"（汉·刘安《淮南子·原道训》）

（十）淹茶

淹茶即饮茶术语，同"淹、腌"，浸渍或盐渍。

"朕起布衣，目击憔悴之形，身切恫淹之痛。"（唐·房玄龄《晋书·列传》）

（十一）茱萸

茱萸即一种植物，可做中药材。

"茱萸自有芳，不若桂与兰。"（汉·曹植《浮萍篇》）

（十二）膻鼎腥瓯

膻鼎腥瓯即沾有膻腥气味的风炉和碗。

"万里腥膻如许，千古英灵安在，磅礴几时通？"（宋·陈亮《水调歌头·送章德茂大卿使虏》）

（十三）膏薪庖炭

膏薪庖炭即有油烟的柴和沾染了油腥气味的炭。膏，即脂肪。油，即肥肉。薪，即木柴。庖，即厨房。

"内热溲膏。"（东周·庄子《庄子·则阳》）

"茶色贵白，而饼茶多以珍膏油其面。"（宋·蔡襄《茶录》）

"薪，荛也。从艸、新声。"（东汉·许慎《说文解字》）

"庖，厨也。"（东汉·许慎《说文解字》）

（十四）壅潦

壅潦即死水。

"壅，障也。"（汉·张揖《广雅》）

"于是决去壅土，疏导江涛。"（唐·柳宗元《兴州江运记》）

"潦水尽而寒潭清。"（唐·王勃《滕王阁序》）

"是日风静，舟行颇迟，又秋深潦缩，故得尽见。"（宋·陆游《过小孤山大孤山》）

（十五）遽

遽即迅速。

"本乎疾者其势遽，故难得以晓也。"（唐·刘禹锡《天论》）

（十六）馥烈

馥烈即香气浓烈。

"法鼓雷硠，震泉扃而动钥；天香馥烈，拥日气以盘空。"（唐·司空图《十会斋文》）

（十七）阙

阙即缺点，同"缺"。

"次之又不能拾遗补阙。"（汉·司马迁《报任少卿书》）

（十八）隽永

隽永即表示食物味长。

"橄榄，闽蜀俱有之。闽中丁香一品，极小，隽永，其味胜于蜀产。"（宋·张世南《游宦纪闻》）

三、知识解读

（一）引入

1. 回顾五之煮

凡炙茶，慎勿于风烬间炙。

其始，蒸罢热捣。

其火，用炭，次用劲薪。

其水，用山水上，江水中，井水下。

其沸如鱼目，微有声。

凡煮水一升，酌分五碗，乘热连饮之。

169

2. 引入六之饮

茶之为用，味至寒，为饮最宜精行俭德之人。

（二）六之饮

1. 茶之为饮

（1）重要性　靠食物维持生命。

（2）作用　饮水解渴，饮酒消愁，喝茶消睡提神。

（3）起源　茶之为饮，发乎神农氏，闻于鲁周公。

2. 煮茶

（1）分类　茶有粗茶、散茶、末茶和饼茶。

（2）过程　斫开 → 煎熬 → 烤炙 → 捣碎 → 贮藏 → 冲泡 → 煮得沸透 → 把沫去掉

（3）程度　煮茶方法不当无异使茶汤变得如同沟渠里的废水。

3. 分茶

（1）品质　鲜美馨香的茶，只煮三碗为好，较次的是煮五碗。

（2）要求　客数五人，煮三碗分饮，使每人都尝到茶汤的鲜爽；客数七人，以五碗均分，使茶汤保持鲜爽甘醇；客数六人以下，不计碗数，将留出的茶汤补给缺的人。

（三）饮茶九难

饮茶九难即饮茶的制造、鉴别、器具、用火、择水、烤炙、碾末、烹煮、饮用几个必要过程。

1. 一曰造

阴采夜焙，非造也。

（1）原因　阴天，鲜叶香气低、含水量高，制茶香气不高、水闷味重；干茶，水分含量较低，焙火过程稍有不慎，即刻出现高火、老火及焦味。

（2）方法　晴，采之，蒸之，捣之，拍之，焙之，穿之，封之，茶之干矣；五不采，看茶做茶，依据茶叶含水量控制其生化成分的转化。

（3）要点　出膏者光，含膏者皱，宿制者则黑，日成者则黄，蒸压则平正，纵之则坳垤；鲜叶含水量75%~78%，摊凉叶（绿茶+黄茶+黑茶）失水率10%，萎凋叶（红茶+青茶）失水率25%~35%，做青叶（青茶）失水率15%，杀青叶（绿茶+青茶+黑茶+黄茶）失水率8.2%，闷黄叶（黄茶）含水量25%，揉捻叶（绿茶+黄茶+红茶+青茶+黑茶）失水率0.5%~1%，发酵叶（红茶+青茶+黑茶）含水量30%，渥堆叶（黑茶）含水量35%，干燥叶含水量6%~7%。

2．二曰别

嚼味嗅香，非别也。

（1）等级　胡靴、牛臆、浮云出山、轻飚拂水、澄泥、雨沟、竹箨、霜荷。

（2）原因　即口嚼辨味，干嗅香气，不是最好的辨别方法；主要从茶叶的外形、汤色、香气、滋味及叶底五项进行审评，达到鉴定其品质的目的。

（3）五项八因子　五项，外形、香气、滋味、汤色、叶底；八因子，形状、整碎、净度、色泽、汤色、香气、滋味和叶底。

3．三曰器

膻鼎腥瓯，非器也。

（1）原因　水为茶之母，器为茶之父。茶滋于水，水藉于器。沾有膻腥气味的风炉和碗，不能用作煮饮茶叶的器具。

（2）选择　不同茶具特点与适用性见表6-1。

表6-1　不同茶具特点及其适用性

茶具类型	特点	适用性
陶土	保温性、透气性中等，光洁易清洗，蓄香极佳	青茶、黑茶、红茶
瓷器	保温性、透气性中等、光洁易清洗	绿茶、红茶、花茶、黄茶、白茶
漆器	造型巧妙	摆件、装饰
金属	散热性强	烧水
竹木	保温、不导热、散热慢、不烫手、纹理天然、质地朴素	杯垫、茶叶罐、杯
玻璃	透明直观，导热性好，光洁易清洗	烧水、煮茶、泡绿茶
石器	纹理天然、色泽光润、保温性好	盏、托、杯、壶

4．四曰火

膏薪庖炭，非火也。

（1）原因　干茶易吸附异味，而腥味的炭、腐朽的木器燃烧带烟，使茶叶有膏木异味。

（2）要求　烤茶的火料，木炭优于硬柴，禁用腥味的炭、腐朽的木器。

5．五曰水

飞湍壅潦，非水也。

（1）水源　山水＞江水＞井水。

（2）原因　急流和死水，不宜用于调煮茶汤。

（3）建议　山水，以乳泉、石面上慢慢流淌的最好；江水，要到远离人迹的地方取；井水，以常取水的井为好。

6．六曰炙

外熟内生，非炙也。

（1）原因　将茶离火五寸的地方烤，此过程需不停的翻舞抖动，茶叶会变干、变脆，能最大程度的激发出芳香物质，烤的过程中翻抖不匀，离火的距离没有掌握好，会造成外熟内生，没有烤炙好，不便于捣碎。

（2）建议　夹着茶饼接近火焰→离火五寸→再烤。

（3）要点　不在通风的余焰上烤，不停翻动。

（4）程度　出现形如蛤蟆背似的泡；待卷曲茶饼都舒展开。

7．七曰末

碧粉缥尘，非末也。

（1）原因　碾茶是为了让茶肉与茶梗分离，不能用蛮力，而要用巧劲，碾得好的茶末要求形状好，颜色好，有光泽；青绿色的粉末和青白色的茶灰，是碾得不好的茶末。

（2）过程　捣碎→烤→贮藏→成末

（3）要点　趁热捣碎，及时再烤，用纸袋包起来，等冷却后再碾成末。

（4）程度　好的茶末，形如细米。

8．八曰煮

操艰搅遽，非煮也。

（1）原因　煮茶考验喝茶人的耐心，要慢慢地等，煮得不到火候，茶汤没有口感，只有茶叶与器具选得对，火候掌握得当，操作得当，才能喝到好茶汤。如果操作不熟练和搅动过快，就煮不出好茶汤。

（2）过程　第一次水沸腾 → 加盐调味 → 取出尝味，尝过的茶汤要倒掉 → 二沸取水一瓢 → 量茶末从漩涡的中心倒下 → 泡沫飞溅，以二沸水止沸 → 第一煮茶沸腾 → 弃除茶沫 → 孕育成浮沫

（3）要点　水微微有声，不要太咸，否则只有盐水味道。边缘像泉涌连珠；用竹筴在水中转圈搅动；水波涛翻滚、泡沫飞溅；第一次煮茶沸腾弃除茶沫（隽永）；否则味道不好；其茶末可贮于熟盂；培育精华和止沸。

9．九曰饮

夏兴冬废，非饮也。

（1）原因　茶之为用，味至寒，为饮，最宜精行俭德之人。若热渴、凝闷、脑疼、目涩、四支烦、百节不舒，聊四五啜，与醍醐、甘露抗衡也。茶茗久服，令人有力悦志。长时间饮茶，可使人有力气，心志舒畅。夏天才喝，而冬天不喝，则饮用不当。

（2）选择　饮茶修身养性，可根据体质、个人喜好、职业环境、季节、时间等选择中意的茶叶长期饮用。

（3）要求　趁热连饮，饮茶时要赏茶之色、闻茶之味、饮茶之香。

（四）饮茶起源

1．茶之为饮

茶之为饮，发乎神农氏，闻于鲁周公，兴于唐，盛于宋。

（1）药用

"神农尝百草，日遇七十毒，得荼解之。"（传为《神农本草经》记载）

"苦荼久食，益意思。"（汉·华佗《食经》）

173

（2）食用 药食同源，茶之为用，逐渐变为食用。

"婴相齐景公时，食脱粟之饭，炙三弋、五卵、茗菜而已。"（东周·《晏子春秋》）

"荆巴间采茶作饼，叶老者，饼成，以米膏出之。欲煮茗饮，先炙令赤色，捣末，置瓷器中，以汤浇覆之，用葱、姜、橘子芼之。其饮醒酒，令人不眠。"（汉·张揖《广雅》）

"茶，丛生，直煮饮为茗茶，茱萸、橄子之属。膏煎之，或以茱萸煮脯胃汁，谓之曰茶。有赤色者，亦米和膏煎，曰无酒茶。"（宋·李昉《太平御览》）

"道旁草屋两三家，见客擂麻旋点茶。"（宋·路德章《盱眙旅客》）

（3）饮用 茶之为用，为饮最宜，或修身，或养性……

"武王既克殷，以其宗姬于巴，爵之以子……丹、漆、茶……皆纳贡之。"（周·常璩《华阳国志·巴志》）

"《汉志》：'葭萌，蜀郡名。'萌，音芒。《方言》：'蜀人谓茶曰葭萌，盖以茶氏郡也。'"（明·杨慎《郡国外夷考》）

"孙皓每飨宴，坐席无不率，以七升为限，虽不尽入口，皆浇灌取尽。曜饮酒不过二升，皓初礼异，密赐茶荈以代酒。"（晋·陈寿《三国志·吴志韦曜传》）

"成帝崩后，后一夕寝中惊啼甚久。侍者呼问，方觉，乃言曰：吾梦中见帝，帝赐吾坐，命进茶。左右奏帝云，向者侍帝不谨，不含啜此茶。"（汉·班固《汉书·赵飞燕别传》）

2. 饮茶演变

茶之为饮，发乎神农氏，闻于鲁周公，兴于唐，盛于宋，衰落于晚清，复兴于近代，繁荣于当代。

（1）唐代煮茶 唐代盛行蒸青团茶，流行煮茶法。

"汤添勺水煎鱼眼，末下刀圭搅麴尘。不寄他人先寄我，应缘我是别茶人。"（唐·白居易《谢李六郎中寄新蜀茶》）

"香泉一合乳，煎作连珠沸。时看蟹目溅，乍见鱼鳞起。声疑松带雨，饽恐烟生翠。尚把沥中山，必无千日醉。"（唐·皮日休《茶中杂咏·煮茶》）

"闲来松间坐，看煮松上雪。时于浪花里，并下蓝英末、倾余精爽健，忽似氛埃灭。不合别观书，但宜窥玉札。"（唐·陆龟蒙《奉和袭美茶具十咏·

煮茶》）

"征西府里日西斜，独试新炉自煮茶。"（唐·徐铉《和萧郎中小雪日作》）

"煮茶烧栗兴，早晚复围炉。"（唐·李中《冬日书怀寄惟真大师》）

（2）宋代点茶　宋代崇尚茶墨之争，盛行点茶、斗茶、茶百戏，设茶宴。

"司马光曰：'茶与墨相反，茶欲白，墨欲黑；茶欲重，墨欲轻；茶欲新，墨欲陈。君何以同爱两物？'苏轼曰：'奇茶妙墨俱香，公以为然否？'"（陈宗懋《中国茶经》）

"轻动黄金碾，飞起绿尘埃。老龙团，真凤髓，点将来。兔毫盏里，霎时滋味舌头回。"（宋·苏东坡《水调歌头·尝问大冶乞桃花茶》）

"青蒻云腴开斗茗，翠甖玉液取寒泉。"（宋·陆游《晨雨》）

"茶之精绝者曰斗，曰亚斗，其次拣芽。"（宋·黄儒《品茶要录》）

"凡芽如雀舌谷粒者为斗品。一枪一旗为拣芽，一枪二旗为次之，余斯为下。"（宋·宋徽宗《大观茶论》）

"茶至唐始盛。……此茶之变也，时人谓之茶百戏。"（宋·陶谷《荈茗录》）

"上命近侍取茶具，亲手注汤击拂，少顷白乳浮盏面，如疏星淡月，顾诸臣曰：此自布茶。饮毕，皆顿首谢。"（宋·李邦彦《延福宫曲宴记》）

（3）明清泡茶　朱元璋体察民情，贡茶改制；朱权"崇新改易"，倡导瀹饮法。

"杭俗烹茶，用细茗置茶瓯，以沸汤点之，名为撮泡。"（明·陈师《茶考》）

"先握茶手中，俟汤既入壶，随手投茶汤。以盖覆定。三呼吸时，次满倾盂内，重投壶内，用以动荡香韵，兼色不沉滞。"（明·许次纾《茶疏》）

"简便异常，天趣悉备，可谓尽茶之真味矣。"（明·文震亨《长物志》）

"然天地生物，各遂其性。莫若叶茶，烹而啜之，以遂其自然之性也。予故取烹茶之法，末茶之具，崇新改易，自成一家"。（明·朱权撰《茶谱》）

（4）当代饮茶　当代经济繁荣，社会发展，科技进步，茶业复苏；民族大团结，饮茶方式融合，盛行清饮、调饮、袋泡饮、灌装饮、冷泡饮。

①清饮：清饮法崇尚茶叶原味，品味茶之真、善、美。

清饮法，与瀹饮法类似，即用沸水直接冲泡茶叶，主要步骤包括洗茶、候汤、择器。

"会当一凭吊，酌取井水中，用以烹茶涤尘思，清逸凉无比。"（郭沫若《题文君井》）

②调饮：调饮法，即在茶汤中添加盐、糖、奶、葱、橘皮、薄荷、桂园、红枣等物质调制，再饮用的方法；其改善了茶叶滋味和香气，增加了营养成分；常见于少数民族饮茶中，如维吾尔族奶茶、藏族酥油茶。

③袋泡饮：袋泡饮，即将茶叶加工成碎末装于纸袋，便于冲泡饮用的方法；具有便捷、时尚等特点，常见红茶、绿茶、花茶、乌龙茶及药用保健茶等。

④灌装饮：灌装饮，即茶叶经过萃取、过滤、灭菌、装罐，可即时饮用的方法；其饮用方便，适合作为旅游饮品，常见有红茶、绿茶、乌龙茶、花茶等纯茶饮料，薄荷茶、柠檬茶、荔枝茶、奶茶等添加香料或果汁的混配茶饮料。

⑤冷泡饮：冷泡饮，即用冷水冲泡茶叶的方法；饮用时减少苦涩味，增加茶的口感；其方便快捷，适于快节奏的生活，深受当代年轻人喜爱。

（五）科学饮茶

采不时，造不精，杂以卉莽，饮之成疾；由此可见科学饮茶的重要性。

1. 以人选茶

体质是指人体生命过程中，在先天禀赋和后天获得的基础上所形成的形态结构、生理功能和心理状态方面的综合的、相对稳定的固有特质。

饮茶修身，体质是根本，饮茶饮健康；饮茶养性，若为正常或平和体质（表6-2），可根据个人喜好（表6-3）、职业环境（表6-4）、季节（表6-5）、时间（表6-6）等选择中意的茶叶。

若品饮某茶叶后，出现以下不适症状：

（1）肠胃不舒服，出现腹（胃）痛、腹泻等；

（2）头晕或失眠，手脚乏力等。

则说明不适应此茶叶，须少喝或不喝，更换其他类型茶叶。

表6-2　不同体质及其适合茶类

体质类型	体质特征和常见表现	喝茶建议
平和质	面色红润、精力充沛，正常体质	各类茶均可
气虚质	易感气不够用，声音低，易累，易感冒。爬楼，气喘吁吁的	普洱熟茶、六堡茶、乌龙茶、富含氨基酸如安吉白茶、低咖啡因茶
阳虚质	阳气不足，畏冷，手脚发凉，易大便稀溏	红茶、黑茶、重发酵乌龙茶（岩茶）、六堡茶；少饮绿茶、黄茶，不饮苦丁茶
阴虚质	内热，不耐暑热，易口燥咽干，手脚心发热，眼睛干涩，大便干结	多饮绿茶、黄茶、白茶、苦丁茶，轻发酵乌龙茶，配枸杞子、菊花、决明子，慎喝红茶、黑茶、重发酵乌龙茶
血瘀质	面色偏暗，牙龈出血，易现瘀斑，眼睛红丝	多喝各类茶、可浓些；山楂茶、玫瑰花茶、红糖茶等，推荐茶多酚片
痰湿质	体形肥胖，腹部肥满松软，易出汗，面油，嗓子有痰，舌苔较厚	多喝各类茶，推荐茶多酚片，橘皮茶
湿热质	湿热内蕴，面部和鼻尖总是油光发亮，脸上易生粉刺，皮肤易瘙痒。常感到口苦、口臭	多饮绿茶、黄茶、白茶、苦丁茶，轻发酵乌龙茶，配枸杞子、菊花、决明子，慎喝红茶、黑茶、重发酵乌龙茶
气郁质	体形偏瘦，多愁善感，感情脆弱，常感到乳房及两胁部胀痛	高氨基酸茶、低咖啡因茶，山楂茶、玫瑰花茶、菊花茶、佛手茶、金银花茶、山楂茶、葛根茶
特禀质	特异性体质，过敏体质常鼻塞、打喷嚏，易患哮喘，易对药物、食物、花粉、气味、季节过敏	低咖啡因茶、不喝浓茶

表6-3　不同饮茶人群喜好及喝茶建议

不同饮茶人群喜好	喝茶建议
初始饮茶者，或平日不常饮茶的人	高档名优绿茶和较注重香气的茶类，如西湖龙井、安吉白茶、黄山毛峰、清香铁观音、冻顶乌龙等
有饮茶习惯、嗜好清淡口味者	高档绿茶、白茶或地方名茶，如太平猴魁、湄潭玉芽、庐山云雾等
喜欢茶味浓醇者	炒青绿茶，乌龙茶中的福建铁观音，广东的凤凰单丛系列，云南的普洱茶等
有调饮习惯的人	红茶、普洱茶加糖或加牛奶

表6-4　不同职业环境人群及喝茶建议

适应人群	喝茶建议	推荐理由
长时间在电脑前工作者	各种茶类，多酚片	抗辐射
脑力劳动者、飞行员、驾驶员、运动员、广播员、演员、歌唱家	各种茶类，茶多酚片	提高大脑灵敏程度，保持头脑清醒，精力充沛
运动量小、易于肥胖的职业	绿茶、普洱生茶、乌龙茶，茶多酚片	去油腻、解肉毒、降血脂
经常接触有毒物质的人	绿茶、普洱茶，茶多酚片	保健效果较佳
采矿工人、做X射线透视的医生、长时间看电视者和打印复印工作者	各类茶，以绿茶效果最好，茶多酚片	抗辐射
吸烟者和被动吸烟者	各类茶，茶多酚片	解烟毒

表6-5　四季饮茶需分明

季节	喝茶建议	推荐理由
春季	花茶，或陈年铁观音、普洱熟茶	散发冬天积在人体内的寒邪，浓郁的茶香能促进人体阳气生发
夏季	绿茶、白茶、黄茶、苦丁茶、轻发酵乌龙茶、生普洱	清暑解热，止渴强心
秋季	乌龙或红、绿茶混用，或绿茶、花茶混用	解燥热，恢复津液
冬季	红茶、熟普洱、重发酵乌龙茶	暖脾胃，滋补身体

表6-6　一日饮茶有差异

时间	喝茶建议	推荐理由
清晨空腹	淡茶	稀释血液，降低血压，清头润肺
早餐之后	绿茶	提神醒脑，抗辐射，上班一族最适用
午餐饱腹	乌龙茶	消食去腻、清新口气、提神醒脑，以便继续全身心投入工作
午后	红茶	调理脾胃，若此时感觉有些空腹，可吃一些零食进行补充
晚餐之后	黑茶	消食去腻的同时还能舒缓神经，令身体放松，为进入睡眠做准备

2. 以茶选茶

"茶，味苦，甘，微寒，无毒，归经，入心、肝、脾、肺、肾脏。阴中之阳，可升可降。"（明·李时珍《本草纲目》）

如表6-7所示，六大茶类本身有寒凉和温和之分。

表6-7　六大茶类茶性

凉性				中性			温性	
绿茶	黄茶	白茶	普洱生茶（新）	轻发酵乌龙茶	中发酵乌龙茶	重发酵乌龙茶	黑茶	红茶

3. 饮茶贴士

饮茶贴士见表6-8。

表6-8　饮茶贴士

事项	原因	备注
忌空腹饮茶	抑制胃液分泌，妨碍消化，出现"茶醉"现象	口含糖果或喝糖水可缓解
睡前少饮茶	精神兴奋，可能影响睡眠，甚至失眠	
忌饮隔夜茶	茶汤放置时间过久，茶汤中的蛋白质、糖类等物质会发生化学变化，导致茶汤变质	
忌饮过浓茶	咖啡因和茶叶碱等物质浓度大，对神经系统刺激强，易促进心脏机能亢进，引起神经功能失调	
忌饭前后饮茶	茶多酚与铁质、蛋白质等发生络合反应，影响吸收	饭后一个小时饮茶最佳
慎用茶水服药	服用金属类药物、酶制剂药等，其中离子易与茶多酚发生作用而产生沉淀，降低药效，甚至会产生副作用；维生素类的药物，则无影响	

四、研习方案

（一）引入六之饮

"引入六之饮"研习方案见表6-9。

表6-9　"引入六之饮"研习方案

研习内容	引入六之饮
学情分析	经过《茶经·五之煮》专题的学习，已基本掌握煮茶步骤等相关知识
研习目标	回顾《茶经·五之煮》，温故而知新；引入《茶经·六之饮》内容，学习新知识点
评价目标	（1）熟知煮茶步骤； （2）掌握饮茶方法
重难点	熟知煮茶步骤，温故而知新，掌握饮茶的方法

研习方法	（1）讲授法； （2）实物演示法； （3）讨论法		
研习环境	教师活动	学生活动	设计意图
导入 五之煮		观察，回答： 喝茶？煮茶？	看图说话 引出专题
回顾五之煮	唐代煮茶步骤有哪些	思考，回答： 烤茶？煮茶？选水？	以已学知识为引 逐步导出
讲解	凡炙茶，慎勿于风烬间炙。 其始，蒸罢热捣。 其火，用炭，次用劲薪。 其水，用山水上，江水中，井水下。 其沸如鱼目，微有声。 凡煮水一升，酌分五碗，乘热连饮之	认真听讲	联系实际 随堂互动
交流讨论	哪些煮茶步骤沿用至今	讨论，回答：烤茶？煮茶？	
总结知识	茶慎风烬间炙，蒸罢热捣，炭火佳，山水上，沸如鱼目	做笔记	引出六之饮
导入 六之饮		思考，回答： 喝茶？煮茶？	看图说话 引出专题
六之饮	为什么饮茶	讨论，回答： 抗氧化？减肥？	以已学知识为引 逐步导出
讲解	茶之为用，味至寒，为饮最宜精行俭德之人	认真听讲	联系实际 随堂互动
交流讨论	饮茶对人体有哪些益处	讨论，回答：修身养性？	
总结知识	饮啄以活，茶有九难	做笔记	茶之为饮

（二）六之饮

"六之饮"研习方案见表6-10。

表6-10 "六之饮"研习方案

研习内容	六之饮		
学情分析	经过《茶经·五之煮》专题回顾，已基本掌握煮茶等相关知识		
研习目标	在《茶经·五之煮》基础上，学习《茶经·六之饮》相关知识		
评价目标	（1）熟知饮茶起源； （2）掌握饮茶方法		
重难点	熟知饮茶起源，掌握饮茶方法		
研习方法	（1）讲授法； （2）实物演示法； （3）讨论法		
研习环境	教师活动	学生活动	设计意图
导入茶之为饮		观察，回答： 喝茶？聊天？	看图说话 引出专题
茶之为饮	饮茶有哪些作用	思考，回答： 解渴？提神？	以已学知识为引 逐步导出
讲解	重要性：靠食物维持生命。 作用：饮水解渴，饮酒消愁，喝茶消睡提神。 起源：茶之为饮，发乎神农氏，闻于鲁周公	认真听讲	联系实际 随堂互动
交流讨论	除了茶，还有什么饮品可以提神	讨论，回答： 咖啡？功能饮料？	
总结知识	饮啄以活；饮浆救渴，饮酒蠲忧忿，饮茶荡昏寐。 茶之为饮，发乎神农氏，闻于鲁周公	做笔记	引出煮茶

181

导入唐代煮茶		观察，回答：煮茶？碾茶？	看图说话引出专题
唐代煮茶	唐代茶叶类型	思考，回答：粗茶？末茶？	以已学知识为引逐步导出
讲解	分类：粗茶、散茶、末茶和饼茶。 过程：斫开→煎熬→烤炙→捣碎→贮藏→冲泡→煮得沸透→把沫去掉。 程度：无异使茶汤变得如同沟渠里的废水	认真听讲	联系实际随堂互动
交流讨论	沿用至今的煮茶过程有	讨论，回答：煎熬？冲泡？去沫？	
总结知识	饮有觕茶、散茶、末茶、饼茶，乃斫→乃熬→乃炀→乃舂→贮→汤沃→属煮→百沸→去沫，斯沟渠间弃水耳	做笔记	引出分茶
导入分茶		观察，回答：喝茶？分茶？	看图说话引出专题
分茶	分茶的要点是什么	思考，回答：五人分三碗？	以已学知识为引逐步导出
讲解	品质：煮三碗才能使茶汤鲜爽浓强，较次的是煮五碗。 要求：坐客为五人，煮三碗分饮，使每人尝到茶汤的鲜爽；坐客有七人，以五碗均分，使茶汤保持鲜爽甘醇；坐客六人以下，不计碗数，将留最好的茶汤补给缺的人	认真听讲	联系实际随堂互动
交流讨论	分茶又称茶百戏，茶百戏的步骤有哪些	讨论，回答：茶臼碎茶，碾茶，罗茶，候汤，煮水，烫盏，茶勺取茶粉，调膏，击拂，起沫。	
总结知识	三碗珍鲜馥烈，五碗次之。客数至五，行三碗，至七，行五碗；若六人已下，隽永补所阙人	做笔记	引出饮茶起源

（三）饮茶九难

"饮茶九难"研习方案见表6-11。

表6-11 "饮茶九难"研习方案

研习内容	饮茶九难		
学情分析	经过《茶经·六之饮》专题学习，已基本掌握饮茶相关知识		
研习目标	在《茶经·六之饮》基础上，学习饮茶九难相关知识		
评价目标	（1）熟知造茶、别茶、择器、择火、择水、烤炙、碾茶、煮茶、饮茶的要点； （2）掌握造茶、别茶、择器、择火、择水、烤炙、碾茶、煮茶、饮茶的方法		
重难点	掌握造茶、别茶、择器、择火、择水、烤炙、碾茶、煮茶、饮茶的方法		
研习方法	（1）讲授法； （2）实物演示法； （3）讨论法		
研习环境	教师活动	学生活动	设计意图
导入 一日造		观察，回答： 烤茶？煮茶？	看图说话 引出专题
一日造	造茶的注意事项	思考，回答： 天气？看茶做茶？	以已学知识为引 逐步导出
讲解	原因：阴天，鲜叶香气低、含水量高，制茶香气不高、水闷味重；干茶，水分含量较低，焙火过程稍有不慎，即刻出现高火、老火及焦味。 方法：晴，采之，蒸之，捣之，拍之，焙之，穿之，封之，茶之干矣；五不采，看茶做茶，依据茶叶含水量控制其生化成分的转化。 要点：出膏者光，含膏者皱，宿制者则黑，日成者则黄，蒸压则平正，纵之则坳垤；鲜叶（含水量）75%~78%，摊凉叶（绿茶、黄茶、黑茶）失水率10%，萎凋叶（红茶、青茶）失水率25%~35%，做青叶（青茶）减重率15%，杀青叶（绿茶、青茶、黑茶、黄茶）减重率8.2%，闷黄叶（黄茶）含水量25%，揉捻（绿茶、黄茶、红茶、青茶、黑茶）失水率0.5%~1%，发酵叶（红茶、青茶、黑茶）含水量30%，渥堆叶（黑茶）含水量35%，干燥含水量6%~7%	认真听讲	联系实际 随堂互动

183

交流讨论	现今制茶的关键工艺	讨论，回答：萎凋、杀青、揉捻、闷黄、渥堆、做青、发酵、干燥	
总结知识	阴采夜焙，非造也	做笔记	引出二曰别
导入 二曰别		思考，回答： 鉴茶？等级？	看图说话 引出专题
二曰别	茶饼好坏的鉴别方式	讨论，回答： 闻香？尝滋味？	以已学知识为引 逐步导出
讲解	等级：胡靴、牛臆、浮云出山、轻飚拂水、澄泥、雨沟、竹箨、霜荷。 原因：即口嚼辨味，干嗅香气，不是最好的辨别方法；主要从茶叶的外形、汤色、香气、滋味及叶底五项进行审评，达到鉴定其品质的目的。 五项八因子：五项，外形、香气、滋味、汤色、叶底；八因子，条索、整碎、净度、色泽、汤色、香气、滋味和叶底	认真听讲	联系实际 随堂互动
交流讨论	现今鉴别茶叶流程	讨论，回答：取样→把盘→称样→评外形→开汤→评汤色→闻香气→尝滋味→看叶底→打分	
总结知识	嚼味嗅香，非别也	做笔记	引出三曰器
导入 三曰器	"好马配好鞍"，怎么煮好一杯茶	思考，回答： 水？器具？	思考问题 引出专题
三曰器	煮一杯好茶需要哪些器具	讨论，回答： 无异味？耐热？	以已学知识为引 逐步导出
讲解	原因：水为茶之母，器为茶之父。茶滋于水，水藉于器。沾有膻腥气味的风炉和碗，不能用作煮饮茶叶的器具。 选择：陶土茶具有一定的保温性，透气性中等，光洁易清洗，蓄香极佳，但也容易藏污纳垢，多用于泡青茶、黑茶、红茶。 瓷器茶具有一定保温性、透气性中等、光洁易清洗等，常见瓷器茶具有白瓷、青瓷和黑瓷，多用于泡绿茶、红茶、花茶、黄茶	认真听讲	联系实际 随堂互动

讲解	漆器茶具造型巧妙，色彩绚丽，品种繁多，多用于作为摆件。 金属茶具有散热性强的特点，用于烧水等。 竹木茶具有保温、不导热、散热慢、不烫手等特点，纹理天然，质地朴素，观赏性强。多用于杯垫，茶叶罐等。 玻璃茶具有透明直观，导热性好，光洁易清洗等特点。多用于烧水，泡绿茶等。 石器茶具多用于观赏和收藏	认真听讲	联系实际 随堂互动
交流讨论	器具有哪些分类	讨论，回答：按用途分：贮茶具、烧水茶具、沏茶具、辅助茶具； 按质地分：金属、瓷器、紫砂、陶质、玻璃、竹木、漆器、纸质茶具。	
总结知识	膻鼎腥瓯，非器也	做笔记	引出四曰火
导入 四曰火	什么火煮饭最香	观察，回答： 柴火？煤气？	思考问题 引出专题
四曰火	烤茶燃料怎么选择	思考，回答： 无异味？硬柴？	以已学知识为引 逐步导出
讲解	原因：干茶易吸附异味，而腥味的炭、腐朽的木器燃烧带烟，使茶叶有膏木异味。 要求：烤茶的火料，木炭＞硬柴，禁用腥味的炭、腐朽的木器	认真听讲	联系实际 随堂互动
交流讨论	现今用什么工具煮茶	讨论，回答：电陶炉？电磁炉？	
总结知识	膏薪庖炭，非火也	做笔记	引出五曰水
导入 五曰水	买水时怎么选择水	观察，回答： 山水？井水？	思考问题 引出专题
五曰水	煮茶如何选水	思考，回答： 山水？井水？	以已学知识为引 逐步导出
讲解	水源：山水＞江水＞井水。 原因：急流和死水，不宜用于调煮茶汤。 建议：山水，以乳泉、石面上慢慢流淌最好；江水，要到远离人迹的地方取；井水，以常取水的井为好	认真听讲	联系实际 随堂互动
交流讨论	古代煮茶和现代煮茶对水的要求有什么不同	讨论，回答：pH？硬度？	
总结知识	飞湍壅潦，非水也	做笔记	引出六曰炙

导入 六日炙	怎么烤出好吃的面包	观察，回答： 时间？温度？	思考问题 引出专题
六日炙	烤茶的注意事项	思考，回答： 时间？温度？	以已学知识为引 逐步导出
讲解	原因：将茶离火五寸的地方烤，此过程需不停地翻舞抖动，茶叶会变干、变脆，能最大程度地激发出芳香物质，烤的过程中翻抖不匀，离火的距离没有掌握好，会造成外熟内生，没有烤炙好，不便于捣碎。 建议：夹着茶饼接近火焰→离火五寸→再烤。 要点：不在通风的余焰上烤，不停翻动。 程度：出现形如蛤蟆背的泡；待卷曲茶饼都舒展开	认真听讲	联系实际 随堂互动
交流讨论	烤茶是哪些民族的传统茶俗	讨论，回答：白族、彝族、汉族等	
总结知识	外熟内生，非炙也	做笔记	引出七日末
导入 七日末	中药是怎么形成粉末的	观察，回答： 碾？捣？	思考问题 引出专题
七日末	碾茶的要点有哪些	思考，回答： 捣碎？冷却？	以已学知识为引 逐步导出
讲解	原因：碾茶是为了让茶肉与茶梗分离，不能用蛮力，而要用巧劲，碾得好的茶末要求形状好、颜色好、有光泽；青绿色的粉末和青白色的茶灰，是碾得不好的茶末。 过程：捣碎→烤→贮藏→成末。 要点：趁热捣碎，及时再烤，用纸袋包起来，等冷却后再碾成末。 程度：好的茶末，形如细米	认真听讲	联系实际 随堂互动
交流讨论	现今有哪些磨碎设备	讨论，回答：机械冲击式粉碎机？气流粉碎机？球磨机粉碎？	
总结知识	碧粉缥尘，非末也	做笔记	引出八日煮
导入 八日煮		观察，回答： 煮茶？饮茶？	看图说话 引出专题

186

八日煮	煮茶注意事项	思考，回答： 水温？时间？	以已学知识为引 逐步导出
讲解	原因：煮茶考验喝茶人的耐心，要慢慢地等，煮得不到火候，茶汤没有口感，只有茶叶与器具选得对，火候掌握得当，操作得当，才能喝到好茶汤。如果操作不熟练和搅动过快，就煮不出好茶汤。 过程：第一次水沸腾→加盐调味→取出尝味，尝过的茶汤要倒掉→二沸取水一瓢→量茶末从漩涡的中心倒下→泡沫飞溅，以二沸水止沸→第一煮茶沸腾→弃除茶沫→孕育成浮沫。 要点：微微有声，不要太咸，否则只爱盐水这一味道了？边缘像泉涌连珠；用竹夹在水中转圈搅动；水波涛翻滚、泡沫飞溅；第一次煮茶沸腾弃除茶沫（隽永）；否则味道不好；其茶末可贮于熟盂；培育精华和止沸	认真听讲	联系实际 随堂互动
交流讨论	沿用至今的煮茶方式有哪些	讨论，回答：取水？调味？	
总结知识	操艰搅遽，非煮也	做笔记	引出九日饮
导入 九日饮	为什么小孩子要多喝牛奶	观察，回答： 长高？补钙？	思考问题 引出专题
九日饮	饮茶有哪些益处	思考，回答： 心志舒畅？解渴？	以已学知识为引 逐步导出
讲解	原因：茶之为用，味至寒，为饮，最宜精行俭德之人。若热渴、凝闷、脑疼、目涩、四支烦、百节不舒，聊四五啜，与醍醐、甘露抗衡也。茶茗久服，令人有力悦志。长时间饮茶，可使人有力气，心志舒畅。夏天才喝，而冬天不喝，则饮用不当。 选择：饮茶修身养性，可根据体质、个人喜好、职业环境、季节、时间等选择中意的茶叶长期饮用。 要求：趁热连饮，饮茶时要赏茶之色、闻茶之味、饮茶之香	认真听讲	联系实际 随堂互动
交流讨论	现今饮茶方式有哪些	讨论，回答：清饮？品饮？煮茶？调饮？	
总结知识	夏兴冬废，非饮也	做笔记	引出饮茶煮茶方式演变

（四）饮茶起源

"饮茶起源"研习方案见表6-12。

表6-12　"饮茶起源"研习方案

研习内容	饮茶起源		
学情分析	经过饮茶九难专题的学习，已基本掌握饮茶相关知识		
研习目标	学习饮茶起源。		
评价目标	（1）熟知历史文化； （2）熟知饮茶演变		
重难点	掌握饮茶起源及演变方式		
研习方法	（1）讲授法； （2）实物演示法； （3）讨论法		
研习环境	教师活动	学生活动	设计意图
导入 茶之为饮	"神农尝百草，日遇七十毒，得茶解之"指的是什么	观察，回答： 茶叶？解毒？	思考问题 引出专题
茶之为饮	茶叶三用指的是	思考，回答： 药用？食用？饮用？	以已学知识为引 逐步导出
讲解	药用："神农尝百草，日遇七十毒，得茶解之"（传为《神农本草经》记载） 食用："荆巴间采茶作饼，叶老者，饼成，以米膏出之。欲煮茗饮，先炙令赤色，捣末，置瓷器中，以汤浇覆之，用葱、姜、橘子芼之。其饮醒酒，令人不眠。"（汉末·张揖《广雅》） 饮用："孙皓每飨宴，坐席无不率，以七升为限，虽不尽入口，皆浇灌取尽。曜饮酒不过二升，皓初礼异，密赐茶荈以代酒。"（西晋·陈寿《三国志·吴志韦曜传》）	认真听讲	联系实际 随堂互动
交流讨论	茶是否可以做烹饪材料	讨论，回答：可以？不可以？	
总结知识	茶之为饮，发乎神农氏，闻于鲁周公，兴于唐，盛于宋	做笔记	引出饮茶演变
导入 饮茶演变	人类进化过程有哪些	观察，回答： 原始人？猿人？	思考问题 引出专题

饮茶演变	饮茶演变过程	思考，回答： 煮茶？点茶？泡茶？	以已学知识为引 逐步导出
讲解	唐代盛行蒸青团茶，流行煮茶法； 宋代崇尚茶墨之争，盛行点茶、斗茶、茶百戏，设茶宴； 朱元璋体察民情，贡茶改制，朱权"崇新改易"，倡导渝饮法； 当代经济繁荣，社会发展，科技进步，茶业复苏，民族大团结，饮茶方式融合，盛行清饮、调饮、袋泡饮、灌装饮、冷泡饮	认真听讲	联系实际 随堂互动
交流讨论	常见的茶饮品有哪些	讨论，回答：奶茶？袋泡茶？	
总结知识	茶之为饮，发乎神农氏，闻于鲁周公，兴于唐，盛于宋，衰落于晚清，复兴于近代，繁荣于当代	做笔记	引出科学饮茶

（五）科学饮茶

"科学饮茶"研习方案见表6-13。

表6-13 "科学饮茶"研习方案

研习内容	科学饮茶		
学情分析	经过饮茶起源专题的学习，已基本掌握饮茶起源相关知识		
研习目标	学习科学饮茶		
评价目标	（1）熟知科学饮茶； （2）选择适合茶类		
重难点	掌握科学饮茶		
研习方法	（1）讲授法； （2）实物演示法； （3）讨论法		
研习环境	教师活动	学生活动	设计意图
导入 看人喝茶	人的体质有燥热、虚寒之别，茶叶有凉性及温性之分，是根据人的体质选择茶叶吗	观察，回答： 是？不是？	思考问题 引出专题
看人喝茶	不同人群该怎么选择适合的茶叶	思考，回答： 看茶？季节？	以已学知识为引 逐步导出

讲解	饮茶修身，体质是根本，饮茶饮健康；饮茶养性，若为正常或平和体质，可根据个人喜好、职业环境、季节、时间等选择中意的茶叶	认真听讲	联系实际 随堂互动
交流讨论	不同的年龄适喝什么茶		讨论，回答：老人宜喝红茶等？年轻人宜喝绿茶、乌龙茶、花茶等？儿童宜喝淡茶？
总结知识	不管是喝什么茶，在适当的场合、对的时间、对味的人喝恰当的茶，那样才能发挥最好的效果，起到很好的保健功效	做笔记	引出看茶喝茶
导入 看茶喝茶	平时大家是怎么选择水果的	观察，回答： 大小？凉性？	思考问题 引出专题
看茶喝茶	六大茶类茶性不同，对人体的影响也不同，该怎么选择	思考，回答： 看茶？看人？	以已学知识为引 逐步导出
讲解	茶可分为极凉、凉性、中性、温性四类。不同的茶有不同的效果，对于喝茶的人，喝对茶，好喝茶，看茶喝茶，是对身体有益的	认真听讲	联系实际 随堂互动
交流讨论	喝茶是否养生	讨论，回答：是？不是？	
总结知识	健康饮茶，最好不要拘于某一种茶类，要根据年龄、性别、体质、工作性质、生活环境以及季节，多茶类、多品种、跨地域的选择茶	做笔记	引出饮茶贴士
导入 饮茶贴士	吃药时需要看说明书吗	观察，回答： 需要？不需要？	思考问题 引出专题
饮茶贴士	喝茶的禁忌有哪些	思考，回答： 忌空腹饮茶？	以已学知识为引 逐步导出
讲解	饮茶的六大禁忌：忌空腹饮茶、睡前少饮茶、忌饮隔夜茶、忌饮过浓茶、忌饭前后饮茶、慎用茶水服药	认真听讲	联系实际 随堂互动
交流讨论	孕妇适宜喝茶吗	讨论，回答： 适宜？不适宜？	
总结知识	适量饮茶，健康喝茶	做笔记	引出唐代煮茶

五、课后活动

课后活动方案见表6-14。

表6-14 "无我茶会"课后活动方案

活动名称	"无我茶会"		
活动时间	根据教学环节灵活安排		
活动地点	根据教学环节灵活安排		
活动目的	(1) 扩展学生认知面，开拓视野，了解自然，享受自然，回归自然； (2) 增进团队中个人的有效沟通，增强团队的整体互信，结识新朋友； (3) 提升开放的思维模式，体验自我生存的价值，分享成功的乐趣		
安全保障	专业拓展培训教师、户外安全指导员、专业技术保障设备、随队医生全程陪同		
活动内容			
项目	指导教师	辅助教师	备注
报到入席	A老师	B老师	
布置会场	A老师	B老师	
茶具观摩	A老师	B老师	
吃饭、休息	A老师	B老师	
泡茶开始	A老师	B老师	
名乐欣赏	A老师	B老师	
合影留念	A老师	B老师	
茶会结束	A老师	B老师	
活动反馈			
通过本次活动，学生更加了解"无我茶会"、饮茶活动及科学饮茶，学会根据实践情况选择适合自己的茶叶，及饮茶的重要性			

第七章

茶之事研习

《茶经·七之事》，详细地介绍了唐时和唐前的茶人、茶事及其典故、典籍和诗词。

为了深入研究三皇五帝始、夏商周汉、三国两晋以及南北朝等的茶人、茶事，普及茶叶知识，传播中国茶文化；本章以陆羽《茶经·七之事》为引，从茶经原文、原文分析、知识解读、研习方案、课后活动五个方面，详细地剖析了三皇、周代、汉代、三国、两晋、南北朝和唐代等茶字起源，以茶为药、以茶入食、以茶为祭、以茶修身、以茶养性等茶事典故及研习方案。

一、茶经原文

sān huáng   yán dì shén nóng shì
三 皇，炎帝神 农氏。

> "三皇"之一的炎帝，又称神农氏。

zhōu   lǔ zhōu gōng dàn   qí xiàng yàn yīng
周，鲁周 公旦，齐相 晏婴。

> 周朝鲁国的周公旦，东周朝代的国相晏婴。

hàn   xiān rén dān qiū zǐ   huáng shān jūn   sī mǎ wén yuán lìng xiāng rú   yáng zhí jǐ xióng
汉，仙人丹丘子，黄 山君，司马文 园令 相如，扬执戟雄。

> 汉朝的仙人丹丘子、黄山君、文园令（官职）司马相如、执戟（官职）郎扬雄。

wú   guī mìng hóu   wéi tài fù hóng sì
吴，归命侯。韦太傅弘嗣。

> 吴国的归命侯孙皓，太傅（官职）韦弘嗣（韦曜）。

晋，惠帝，刘司空琨，琨兄子兖州刺史演，张黄门孟阳，傅司隶咸，江洗马统，孙参军楚，左记室太冲，陆吴兴纳，纳兄子会稽内史俶，谢冠军安石，郭弘农璞，桓扬州温，杜舍人毓，武康小山寺释法瑶，沛国夏侯恺，余姚虞洪，北地傅巽，丹阳弘君举，乐安任育长，宣城秦精，敦煌单道开，剡县陈务妻，广陵老姥，河内山谦之。

晋国时期，惠帝司马衷，司空（官职）刘琨，刘琨哥哥的儿子兖州刺史（官职）刘演。黄门侍郎（官职）张载，司隶校尉（官职）傅咸，洗马（官职）江统，参军（官职）孙楚，记室（官职）左思，吴兴太守（官职）陆纳，陆纳兄弟的儿子会稽内史（官职）陆俶，冠军（古代将军的称号）谢安石，弘农郡守（官职）郭璞，扬州太守（官职）桓温，舍人（官职）杜毓，武康小山寺（地名）和尚法瑶，沛国（地名）人夏侯恺，余姚（地名）人虞洪，北地（地名）人傅巽，丹阳（地名）人弘君举，乐安（地名）人任瞻，宣城（地名）人秦精，敦煌（地名）人单道开，剡县（地名）陈务之妻，广陵（地名）的老妇人，河内（地名）人山谦之。

后魏，琅琊王肃。

南北朝琊琊（地名）人王肃。

宋，新安王子鸾，鸾兄豫章王子尚，鲍昭妹令晖，八公山沙门昙济。

南北朝时期的新安王（爵位）刘子鸾，豫章王（爵位）刘子尚。鲍照的妹妹鲍令晖。八公山沙门和尚昙济。

齐，世祖武帝。

南北朝时期的武帝萧赜。

195

liáng   liú tíng wèi   táo xiān shēng hóng jǐng
梁，刘廷尉，陶先生弘景。

南北朝时期的廷尉（官职）刘孝绰、先生陶弘景。

huáng cháo   xú yīng gōng jì
皇朝，徐英公勋。

唐朝英国公（封位）徐勣。

shén nóng shí jīng   chá míng jiǔ fú   lìng rén yǒu lì   yuè zhì
《神农食经》：“茶茗久服，令人有力，悦志”。

《神农食经》说：“长期饮茶，使人精力饱满，兴奋。”

zhōu gōng   ěr yǎ   jiǎ   kǔ chá
周公《尔雅》：“槚，苦茶。”

周公《尔雅》说：“槚，即苦茶。”

guǎng yǎ   yún   jīng bā jiān cǎi yè zuò bǐng   yè lǎo zhě bǐng chéng   yǐ mǐ gāo chū zhī   yù zhǔ míng yǐn   xiān zhì lìng chì
《广雅》云：“荆巴间采叶作饼，叶老者饼成，以米膏出之。欲煮茗饮，先灸令赤
sè   dǎo mò zhì cí qì zhōng   yǐ tāng jiāo fù zhī   yòng cōng   jiāng   jú zǐ mào zhī   qí yǐn xǐng jiǔ   lìng rén bù mián
色，捣末置瓷器中，以汤浇覆之，用葱、姜、橘子芼之。其饮醒酒，令人不眠。”

《广雅》记载说：“荆州（湖北荆州）、巴州（四川巴中）一带地区，所采茶叶
皆制作为饼，老的叶片，制成茶饼后需用米汤浸泡。想煮茶喝时，先把茶饼烤
成红色，捣成碎末放置瓷器中，冲入开水，加入葱、姜、橘子合着煎煮。有醒
酒，令人兴奋不想睡的功效。”

yàn zǐ chūn qiū   yīng xiàng qí jǐng gōng shí   shí tuō sù zhī fàn   zhì sān yì wǔ luǎn   míng cài ér yǐ
《晏子春秋》：“婴相齐景公时，食脱粟之饭，灸三弋五卵，茗菜而已。”

《晏子春秋》记载说：“晏婴给齐景公做国相时，吃的是粗粮（菜）和烤的禽鸟
和蛋类，除此之外，只饮茶罢了。”

司马相如《凡将篇》："乌喙、桔梗、芫华、款冬、贝母、木蘗、蒌、芩草、芍药、桂、漏芦、蜚廉、雚菌、荈诧、白敛、白芷、菖蒲、芒消、莞椒、茱萸。"

汉司马相如《凡将篇》在药物类中记载有："乌头、桔梗、芫花、款冬花、贝母、木香、瓜蒌、黄芩、芍药、肉桂、漏芦、蟑螂、雚芦、荈茶、白蔹、白芷、菖蒲、芒硝、花椒、茱萸。"

《方言》："蜀西南人谓茶曰蔎。"

汉扬雄《方言》说："蜀西南人把茶叶叫做蔎。"

《吴志·韦曜传》："孙皓每飨宴，坐席无不率以七升为限，虽不尽入口，皆浇灌取尽。曜饮酒不过二升，皓初礼异，密赐茶荈以代酒。"

三国《吴志·韦曜传》记载说："孙皓每次设宴，在场宾客都要饮酒七升，即使不能完全喝进嘴里，也要斟上举杯喝完。韦曜饮酒不超过二升。孙皓当初非常尊重他，暗中赐茶以代替酒。"

《晋中兴书》："陆纳为吴兴太守时，卫将军谢安常欲诣纳。纳兄子俶怪纳无所备，不敢问之，乃私蓄十数人馔。安既至，所设唯茶果而已。俶遂陈盛馔，珍羞毕具。及安去，纳杖俶四十，云：'汝既不能光益叔父，奈何秽吾素业？'"

《晋中兴书》记载说：陆纳做吴兴太守时，卫将军谢安常去拜访他。陆纳的侄子陆俶奇怪叔父没有准备，但又不敢问他，便私自准备了十多人的饭菜。谢安来后，陆纳只摆出茶和果品招待。陆俶于是摆出了丰盛的筵席，山珍海味，样样俱全。谢安走后，陆纳打了陆俶四十棍，说："你即便不能让你叔父增光，为什么玷污我所保持的朴素作风呢？"

197

《晋书》："桓温为扬州牧，性俭，每宴饮，唯下七奠拌茶果而已。"

《晋书》说："桓温做扬州太守，性好节俭，每次宴会，只设七个盘子的茶果罢了。"

《搜神记》："夏侯恺因疾死，宗人字苟奴，察见鬼神，见恺来收马，并病其妻。著平上帻、单衣，入坐生时西壁大床，就人觅茶饮。"

《搜神记》："夏侯恺因病去世，同族人有个叫苟奴的，可以看见鬼魂。看见恺来取马匹，把他的妻子也弄生病了。苟奴看见他戴着头巾，穿的单衣，进屋来坐到活着时常坐的靠西壁的床位上，向人要茶喝。"

刘琨《与兄子南兖州刺史演书》云："前得安州干姜一斤、桂一斤、黄芩一斤，皆所须也。吾体中溃闷，常仰真茶，汝可置之。"

刘琨在给侄子《与兄子南兖州刺史演书》信中说道："前些天收到你寄来安州的干姜一斤、桂一斤、黄芩一斤，都是我需要的。当我感到身体混乱气闷时，常靠喝真正的好茶来提神解闷，你可多购买一些。"

傅咸《司隶教》曰："闻南市有蜀妪作茶粥卖，为廉事破其器具，后又卖饼于市，而禁茶粥以困蜀姥，何哉！"

傅咸《司隶教》说："听说南边的集市有一四川老妇，煮茶粥卖，官吏竟把她的器皿打破了，禁止她在市上卖茶粥。之后，她又在市上卖饼，为什么要禁卖茶粥，让蜀地婆婆为难呢？"

《神异记》："余姚人虞洪，入山采茗，遇一道士，牵三青牛，引洪至瀑布山，曰：

<ruby>予<rt>yú</rt></ruby>，<ruby>丹<rt>dān</rt></ruby><ruby>丘<rt>qiū</rt></ruby><ruby>子<rt>zǐ</rt></ruby><ruby>也<rt>yě</rt></ruby>。<ruby>闻<rt>wén</rt></ruby><ruby>子<rt>zǐ</rt></ruby><ruby>善<rt>shàn</rt></ruby><ruby>具<rt>jù</rt></ruby><ruby>饮<rt>yǐn</rt></ruby>，<ruby>常<rt>cháng</rt></ruby><ruby>思<rt>sī</rt></ruby><ruby>见<rt>jiàn</rt></ruby><ruby>惠<rt>huì</rt></ruby>。<ruby>山<rt>shān</rt></ruby><ruby>中<rt>zhōng</rt></ruby><ruby>有<rt>yǒu</rt></ruby><ruby>大<rt>dà</rt></ruby><ruby>茗<rt>míng</rt></ruby>，<ruby>可<rt>kě</rt></ruby><ruby>以<rt>yǐ</rt></ruby><ruby>相<rt>xiāng</rt></ruby><ruby>给<rt>jǐ</rt></ruby>。<ruby>祈<rt>qí</rt></ruby><ruby>子<rt>zǐ</rt></ruby><ruby>他<rt>tā</rt></ruby><ruby>日<rt>rì</rt></ruby><ruby>有<rt>yǒu</rt></ruby><ruby>瓯<rt>ōu</rt></ruby>
<ruby>牺<rt>suō</rt></ruby><ruby>之<rt>zhī</rt></ruby><ruby>余<rt>yú</rt></ruby>，<ruby>乞<rt>qǐ</rt></ruby><ruby>相<rt>xiāng</rt></ruby><ruby>遗<rt>wèi</rt></ruby><ruby>也<rt>yě</rt></ruby>。'<ruby>因<rt>yīn</rt></ruby><ruby>立<rt>lì</rt></ruby><ruby>奠<rt>diàn</rt></ruby><ruby>祀<rt>sì</rt></ruby>，<ruby>后<rt>hòu</rt></ruby><ruby>常<rt>cháng</rt></ruby><ruby>令<rt>lìng</rt></ruby><ruby>家<rt>jiā</rt></ruby><ruby>人<rt>rén</rt></ruby><ruby>入<rt>rù</rt></ruby><ruby>山<rt>shān</rt></ruby>，<ruby>获<rt>huò</rt></ruby><ruby>大<rt>dà</rt></ruby><ruby>茗<rt>míng</rt></ruby><ruby>焉<rt>yān</rt></ruby>。"

《神异记》中记载说："余姚人虞洪上山采茶，遇一道士，牵着三头青牛，道士带领虞洪到瀑布山，说：'我是丹丘子，听说你很会煮茶，常想请你送我品尝。这里有仙茶，可以供你采摘。希望你日后有多余的茶，给我一些。'虞洪回家设茶祭祀。后来，他常叫家人进山，果然采到仙茶。"

<ruby>左<rt>zuǒ</rt></ruby><ruby>思<rt>sī</rt></ruby>《<ruby>娇<rt>jiāo</rt></ruby><ruby>女<rt>nǔ</rt></ruby><ruby>诗<rt>shī</rt></ruby>》：<ruby>"吾<rt>wú</rt></ruby><ruby>家<rt>jiā</rt></ruby><ruby>有<rt>yǒu</rt></ruby><ruby>娇<rt>jiāo</rt></ruby><ruby>女<rt>nǔ</rt></ruby>，<ruby>皎<rt>jiǎo</rt></ruby><ruby>皎<rt>jiǎo</rt></ruby><ruby>颇<rt>pō</rt></ruby><ruby>白<rt>bái</rt></ruby><ruby>皙<rt>xī</rt></ruby>；<ruby>小<rt>xiǎo</rt></ruby><ruby>字<rt>zì</rt></ruby><ruby>为<rt>wéi</rt></ruby><ruby>纨<rt>wán</rt></ruby><ruby>素<rt>sù</rt></ruby>，<ruby>口<rt>kǒu</rt></ruby><ruby>齿<rt>chǐ</rt></ruby><ruby>自<rt>zì</rt></ruby><ruby>清<rt>qīng</rt></ruby><ruby>历<rt>lì</rt></ruby>。<ruby>有<rt>yǒu</rt></ruby><ruby>姊<rt>zǐ</rt></ruby><ruby>字<rt>zì</rt></ruby><ruby>惠<rt>huì</rt></ruby>
<ruby>芳<rt>fāng</rt></ruby>，<ruby>眉<rt>méi</rt></ruby><ruby>目<rt>mù</rt></ruby><ruby>粲<rt>càn</rt></ruby><ruby>如<rt>rú</rt></ruby><ruby>画<rt>huà</rt></ruby>。<ruby>驰<rt>chí</rt></ruby><ruby>骛<rt>wù</rt></ruby><ruby>翔<rt>xiáng</rt></ruby><ruby>园<rt>yuán</rt></ruby><ruby>林<rt>lín</rt></ruby>，<ruby>果<rt>guǒ</rt></ruby><ruby>下<rt>xià</rt></ruby><ruby>皆<rt>jiē</rt></ruby><ruby>生<rt>shēng</rt></ruby><ruby>摘<rt>zhāi</rt></ruby>。<ruby>贪<rt>tān</rt></ruby><ruby>华<rt>huá</rt></ruby><ruby>风<rt>fēng</rt></ruby><ruby>雨<rt>yǔ</rt></ruby><ruby>中<rt>zhōng</rt></ruby>，<ruby>倏<rt>shū</rt></ruby><ruby>忽<rt>hū</rt></ruby><ruby>数<rt>shù</rt></ruby><ruby>百<rt>bǎi</rt></ruby><ruby>适<rt>shì</rt></ruby>；<ruby>心<rt>xīn</rt></ruby><ruby>为<rt>wéi</rt></ruby><ruby>茶<rt>chá</rt></ruby>
<ruby>荈<rt>chuǎn</rt></ruby><ruby>剧<rt>jù</rt></ruby>，<ruby>吹<rt>chuī</rt></ruby><ruby>嘘<rt>xū</rt></ruby><ruby>对<rt>duì</rt></ruby><ruby>鼎<rt>dǐng</rt></ruby><ruby>𬬻<rt>lì</rt></ruby>。"

西晋左思《娇女诗》云："我家有娇女，长得很白皙。小名叫纨素，口齿很伶俐。姐姐叫蕙芳，眉目美如画。她们俩经常在园子里跑来跑去，果子未熟就摘下。吃多了果子，看多了花，身体就觉得不舒服。两个人匆忙地想煮一杯茶来解渴消食，可是锅里的水却迟迟不沸腾，她们就对着茶炉吹气。"

<ruby>张<rt>zhāng</rt></ruby><ruby>孟<rt>mèng</rt></ruby><ruby>阳<rt>yáng</rt></ruby>《<ruby>登<rt>dēng</rt></ruby><ruby>成<rt>chéng</rt></ruby><ruby>都<rt>dū</rt></ruby><ruby>楼<rt>lóu</rt></ruby>》<ruby>诗<rt>shī</rt></ruby><ruby>云<rt>yún</rt></ruby>：<ruby>借<rt>jiè</rt></ruby><ruby>问<rt>wèn</rt></ruby><ruby>杨<rt>yáng</rt></ruby><ruby>子<rt>zǐ</rt></ruby><ruby>舍<rt>shè</rt></ruby>，<ruby>想<rt>xiǎng</rt></ruby><ruby>见<rt>jiàn</rt></ruby><ruby>长<rt>cháng</rt></ruby><ruby>卿<rt>qīng</rt></ruby><ruby>庐<rt>lú</rt></ruby>；<ruby>程<rt>chéng</rt></ruby><ruby>卓<rt>zhuó</rt></ruby><ruby>累<rt>lèi</rt></ruby><ruby>千<rt>qiān</rt></ruby><ruby>金<rt>jīn</rt></ruby>，<ruby>骄<rt>jiāo</rt></ruby><ruby>侈<rt>chǐ</rt></ruby><ruby>拟<rt>nǐ</rt></ruby><ruby>五<rt>wǔ</rt></ruby>
<ruby>侯<rt>hóu</rt></ruby>。<ruby>门<rt>mén</rt></ruby><ruby>有<rt>yǒu</rt></ruby><ruby>连<rt>lián</rt></ruby><ruby>骑<rt>qí</rt></ruby><ruby>客<rt>kè</rt></ruby>，<ruby>翠<rt>cuì</rt></ruby><ruby>带<rt>dài</rt></ruby><ruby>腰<rt>yāo</rt></ruby><ruby>吴<rt>wú</rt></ruby><ruby>钩<rt>gōu</rt></ruby>；<ruby>鼎<rt>dǐng</rt></ruby><ruby>食<rt>shí</rt></ruby><ruby>随<rt>suí</rt></ruby><ruby>时<rt>shí</rt></ruby><ruby>进<rt>jìn</rt></ruby>，<ruby>百<rt>bǎi</rt></ruby><ruby>和<rt>hé</rt></ruby><ruby>妙<rt>miào</rt></ruby><ruby>且<rt>qiě</rt></ruby><ruby>殊<rt>shū</rt></ruby>。<ruby>披<rt>pī</rt></ruby><ruby>林<rt>lín</rt></ruby><ruby>采<rt>cǎi</rt></ruby><ruby>秋<rt>qiū</rt></ruby><ruby>橘<rt>jú</rt></ruby>，<ruby>临<rt>lín</rt></ruby><ruby>江<rt>jiāng</rt></ruby><ruby>钓<rt>diào</rt></ruby><ruby>春<rt>chūn</rt></ruby><ruby>鱼<rt>yú</rt></ruby>；
<ruby>黑<rt>hēi</rt></ruby><ruby>子<rt>zǐ</rt></ruby><ruby>过<rt>guò</rt></ruby><ruby>龙<rt>lóng</rt></ruby><ruby>醢<rt>hǎi</rt></ruby>，<ruby>果<rt>guǒ</rt></ruby><ruby>馔<rt>zhuàn</rt></ruby><ruby>逾<rt>yú</rt></ruby><ruby>蟹<rt>xiè</rt></ruby><ruby>蝑<rt>xù</rt></ruby>。<ruby>芳<rt>fāng</rt></ruby><ruby>茶<rt>chá</rt></ruby><ruby>冠<rt>guàn</rt></ruby><ruby>六<rt>liù</rt></ruby><ruby>情<rt>qíng</rt></ruby>，<ruby>溢<rt>yì</rt></ruby><ruby>味<rt>wèi</rt></ruby><ruby>播<rt>bō</rt></ruby><ruby>九<rt>jiǔ</rt></ruby><ruby>区<rt>qū</rt></ruby>。<ruby>人<rt>rén</rt></ruby><ruby>生<rt>shēng</rt></ruby><ruby>苟<rt>gǒu</rt></ruby><ruby>安<rt>ān</rt></ruby><ruby>乐<rt>lè</rt></ruby>，<ruby>兹<rt>zī</rt></ruby><ruby>土<rt>tǔ</rt></ruby><ruby>聊<rt>liáo</rt></ruby><ruby>可<rt>kě</rt></ruby><ruby>娱<rt>yú</rt></ruby>。"

张孟阳《登成都楼》诗大意说："请问当年扬雄的住地在哪里？司马相如的故居又是哪般模样？昔日程郑、卓王孙两大豪门，骄奢淫逸，可比王侯之家。他们的门前经常是车水马龙，宾客不断，腰间飘曳着绿色的缎带，佩挂名贵的宝刀。家中山珍海味，百味调和，精妙无双。秋天里，人们在橘林中采摘着丰收的柑橘；春天里，人们在江边把竿垂钓。果品胜过佳肴，鱼肉分外细嫩。四川的香茶在各种饮料中可称第一，它的美味在天下享有盛名。如果可以喝着茶享受人生，那成都这个地方还是可以留住我的。"

傅巽《七诲》："蒲桃、宛柰、齐柿、燕栗、岠阳 黄梨、巫山 朱橘、南中茶子、西极石蜜。"

傅巽《七诲》中记载八种珍贵物品："浦地的桃子，古大宛国的苹果，上东的柿子，燕地的板栗，恒阳县的黄梨，四川巫山县的红橘，南中的茶籽（茶的种子），天竺的冰糖。"

弘君举《食檄》："寒温既毕，应下霜华之茗。三爵而终，应下诸蔗、木瓜、元李、杨梅、五味、橄榄，悬豹、葵羹各一杯。"

弘君举在《食檄》中记载说："与客寒暄之后，应用浮有白沫的好茶敬客。喝过三杯之后，就敬上甘蔗、木瓜、元李、杨梅、五味子、橄榄，悬豹、葵所做的羹各一杯。"

孙楚《歌》："茱萸出芳树颠，鲤鱼出洛水泉。白盐出河东，美豉出鲁渊。姜、桂、茶荈出巴蜀，椒、橘、木兰出高山。蓼、苏出沟渠，精稗出中田。"

孙楚《歌》中写道："美味的茱萸生长在树颠上，鲜美的鲤鱼出产于洛水源头，雪白的食盐出产于山西，美味的豆豉出产于山东；姜、桂、茶出产于巴蜀。椒、橘、木兰出自高山；蓼辣和紫苏长在沟渠边，精米产自良田。"

华佗《食论》："苦茶久食，益意思。"

华佗《食论》中记载说："长期喝茶，可以增强思维能力。"

壶居士《食忌》："苦茶久食，羽化。与韭同食，令人体重。"

壶居士《食忌》中记载说:"长期喝苦茶,使人飘飘欲仙;和韭菜同食,使人肢体沉重。"

郭璞《尔雅注》云:"树小似栀子,冬生叶,可煮羹饮。今呼早取为茶,晚取为茗,或一曰荈,蜀人名之苦茶。"

郭璞《尔雅注》说:"茶树外形矮小像栀子,冬季叶不凋零,叶子可煮羹汤饮用。现在把早上采的称为'茶',晚上采的称为'茗',又有的称为'荈',四川人把它称为'苦茶'。"

《世说》:"任瞻,字育长,少时有令名,自过江失志。既下饮,问人云:'此为茶,为茗?'觉人有怪色,乃自申明云:'向问饮为热为冷耳。'"

《世说新语》云:"任瞻,字育长,年少时很有名望。自他到江南后,神思恍惚。饮茶时,他问人说:'这是茶,还是茗?',当看见对方奇怪的表情时,便自己解释说:'我刚才问这茶是热的,还是冷的?'"

《续搜神记》:"晋武帝时,宣城人秦精常入武昌山采茗,遇一毛人,长丈余,引精至山下,示以丛茗而去。俄而复还,乃探怀中橘以遗精。精怖,负茗而归。"

《续搜神记》说:"晋武帝时期,宣城人秦精常到武昌山采茶。遇见身高一丈多的毛人,引秦精到山下,把一丛丛茶树指给他看了才离开,过了一会儿又回来,从怀中掏出橘子送给秦精。秦精害怕,忙背了茶叶回家。"

《晋四王起事》,"惠帝蒙尘,还洛阳,黄门以瓦盂盛茶上至尊。"

《晋四王起事》叛乱时，惠帝逃难到外面，回到洛阳时，宦官知道他酷爱喝茶，就用瓦罐碗盛茶献给他喝。

《异苑》："剡县陈务妻，少与二子寡居，好饮茶茗。以宅中有古冢，每饮辄先祀之。二子患之曰：'古冢何知？徒以劳意。'欲掘去之，母苦禁而止。其夜梦一人云：'吾止此冢三百余年，卿二子恒欲见毁，赖相保护，又享吾佳茗，虽潜壤朽骨，岂忘翳桑之报！'及晓，于庭中获钱十万，似久埋者，但贯新耳。母告二子，惭之，从是祷馈愈甚。"

《异苑》说："剡县人陈务的妻子，年轻守寡，和两个儿子住在一起，喜欢饮茶。住处有一古墓，每次饮茶先用茶祭祀。两个儿子很讨厌这样做，说：'一个古墓知道什么？只是白花力气！'就想把古墓挖去。母亲坚决不准。当夜，她梦见一人说：'我住在这墓里三百多年了，你的两个儿子想要毁掉它，依赖你的保护，又喝了你的好茶，我虽是地下枯骨，怎么能忘恩不报呢？'天亮了，在院子里发现十万串钱，像是埋了很久的，只有穿钱的绳子是新的。母亲把这件事告诉两个儿子，他们都很惭愧。从此祭祷更加虔诚了。"

《广陵耆老传》："晋元帝时，有老姥每旦独提一器茗，往市鬻之，市人竞买。自旦至夕，其器不减，所得钱散路傍孤贫乞人，人或异之。州法曹絷之狱中，至夜，老姥执所鬻茗器，从狱牖中飞出。"

《广陵耆老传》说："晋元帝时，有一老妇，每天早晨独自提一个盛茶的器皿，到集市上卖茶。集市上的人争着买。从早到晚，器皿中的茶不见减少。她把赚得的钱施舍给路旁孤苦贫穷的乞丐。有人感到很奇怪，向官府报告，官吏把她抓起来关进监狱。到了夜晚，老妇手提卖茶的器皿，从监狱窗口飞出去了。"

《艺术传》："敦煌人单道开，不畏寒暑，常服小石子。所服药有松、桂、蜜之气，所饮茶苏而已。"

《艺术传》说："敦煌人单道开，不怕冷不怕热，经常服食小石子。所服的药有松、桂、蜜的香气，此外只饮紫苏茶罢了。"

释道说《续名僧传》："宋释法瑶，姓杨氏，河东人。永嘉中过江，遇沈台真，请真君武康小山寺，年垂悬车，饭所饮茶。大明中，敕吴兴，礼致上京，年七十九。"

释道该《续名僧传》记载说："南北朝的和尚法瑶，姓杨，河东人。晋代永嘉年间到江南，遇见了沈台真，请他去武康小山寺，法瑶年纪大了，饮茶当饭。南朝宋大明年间，皇上下令吴兴官吏隆重地把他送进京城，那时法瑶已七十九岁了。"

宋《江氏家传》："江统，字应元，迁愍怀太子洗马，尝上疏谏云：'今西园卖醯、面，蓝子、菜、茶之属，亏败国体。'"

宋《江氏家传》说："江统，字应元。升任愍怀太子洗马时。曾上疏谏道：'现在西园卖醋、面、篮子、菜、茶之类，有损国家体面。'"

《宋录》："新安王子鸾、豫章王子尚，诣昙济道人于八公山，道人设茶茗，子尚味之曰：'此甘露也，何言茶茗？'"

《宋录》说："新安王刘子鸾和他的哥哥豫章王刘子尚到八公山拜访昙济和尚，昙济设茶招待他们。刘子尚尝了尝茶说：'这是甘露啊，怎么说是茶呢？'"

王微《杂诗》："寂寂掩高阁，寥寥空广厦。待君竟不归，收颜今就槚。"

王微《杂诗》云："静悄悄的，关上高阁的门；冷清清的，大厦空荡荡。等您啊，您竟迟迟不回来；失望啊，且去饮茶解愁怀。"

bào zhāomèi lìng huī zhù　　xiāng míng fù
鲍 昭妹令晖著《香 茗赋》。

鲍照的妹妹令晖写了一篇《香茗赋》。

nán qí shì zǔ wǔ huáng dì yí zhào　　wǒ líng zuò shàng　　shèn wù yǐ shēng wéi jì　　dàn shè bǐng guǒ　　chá yǐn　　gān fàn　　jiǔ fǔ ér
南齐世祖武 皇帝遗诏："我灵座 上，慎勿以牲为祭，但设饼果、茶饮，干饭、酒脯而
yǐ
已。"

南齐世祖武皇帝的遗诏称："我死后，灵座上不要用牲畜作祭品，只摆饼果、茶饮、干饭、酒肉就可以了。"

liáng liú xiàochuò　　xiè jìn ān wáng xiǎng mǐ děng qǐ　　chuán zhào lǐ mèng sūn xuān jiào zhǐ　　chuí cì mǐ　　jiǔ　　guā　　sǔn
梁刘孝绰《谢晋安王 饷米等启》；"传 诏李孟孙宣 教旨，垂赐米、酒、瓜、笋、
zū　　fǔ　　cù　　míng bā zhǒng　　qì bì xīn chéng　　wèi fāng yún sōng　　jiāng tán chōu jié　　mài chāng xìng zhī zhēn　　jiāng chǎng zhuó
菹、脯、酢、茗八 种。气苾新城，味芳云松。江潭抽节，迈昌荇之珍。疆 场 擢
qiào　　yuè yě jīng zhī měi　　xiū fēi chún shù yě jūn　　yì sì xuě zhī lǘ　　zhǎ yì táo píng hé lǐ　　cāo rú qióng zhī càn　　míng tóng
翘，越葺精之美。羞非纯束野麈，裹似雪之驴。鲊异陶瓶河鲤，操如琼之粲。茗 同
shí càn　　cù lèi wàng gān　　miǎn yǐ sù chōng　　shěng sān yuè liáng jù　　xiǎo rén huái huì　　dà yì nán wàng
食粲，酢类望柑。免千里宿春，省三月粮聚。小人怀惠，大懿难忘。"

南北朝刘孝绰呈《谢晋安王饷米等启》中写到："传诏官李孟孙传达了王的旨意，赏赐我米、酒、瓜、笋、菹（酸菜）、脯（肉干）、酢（腌鱼）、茗等八种食物。酒气馨香，味道醇厚，可比新城、云松的佳酿。水边初生的竹笋，胜过菖荇之类的珍馐；田头肥硕的瓜菜，超越好上加好的美味。白茅束捆的野鹿虽好，哪及您惠赐的肉脯？陶罐装的河鲤虽好，哪及您馈赠的鲊鱼？大米如玉粒晶莹，茶叶也和大米一样好，醋一看就令人开胃。（食品如此丰盛）即使我远行千里，也用不着再筹措干粮。我记着您给我的恩惠，您的大德我永记不忘。"

陶弘景《杂录》："苦茶，轻身换骨，昔丹丘子、青山君服之。"

陶弘景《杂录》说："苦茶能使人轻身换骨，从前丹邱子、黄山君饮用它。"

《后魏录》："琅琊王肃，仕南朝，好茗饮、莼羹。及还北地，又好羊肉、酪浆。人或问之：'茗何如酪？'肃曰：'茗不堪与酪为奴。'"

《后魏录》："琅琊郡人王肃在南朝做官时，喜欢喝茶、吃菜羹。后投降到北魏，又喜欢吃羊肉、喝羊奶。有人问他：'茶和奶比，怎么样？'王肃说：'茶不能和酪相比。'"

《桐君录》："西阳、武昌、庐江、晋陵好茗，皆东人作清茗。茗有饽，饮之宜人。凡可饮之物，皆多取其叶。天门冬、菝葜取根，皆益人。又巴东别有真茗茶，煎饮令人不眠。俗中多煮檀叶并大皂李作茶，并冷。又南方有瓜芦木，亦似茗，至苦涩，取为屑茶饮，亦可通夜不眠。煮盐人但资此饮，而交广最重，客来先设，乃加以香芼辈。"

《桐君录》："湖北黄冈、武昌，安徽庐江，江苏武进等地人喜欢饮茶，宴客都备清茶（不加其他配料）以示尊重。茶汤有扬花浮沫，喝了对人有好处。凡可做饮料的植物，大都是用它的叶来煮，而天门冬、菝葜采用其根，饮用对人身体有好处。湖北巴东有真正的好茶，饮用后使人兴奋而不瞌睡。当地人把檀木叶和大皂李叶煮了做茶饮，两者都是寒凉之物。另外，南方有一种瓜芦木，很像茶，很苦很涩，采来制成末，像喝茶一样地喝，也可以整夜不眠，煮盐的人专门用它做成饮料，振作精神。交州和广州很重视饮茶，客人来了，先用茶来招待，还加一些芳香的配料调和，让它的味道更好。"

《坤元录》："辰州溆浦县西北三百五十里无射山，云蛮俗当吉庆之时，亲族集会歌舞

205

于山 上。山多茶树。"

《坤元录》："在辰州溆浦县西北三百五十里有座无射山，据称，当地土人有很多风俗，每逢吉庆节日的时候，亲族会聚集在山上跳舞。山上有很多茶树。"

《括地图》："临遂县 东一百四十里有茶溪。"

《括地图》："在临遂县向东一百四十里处有一茶溪。"

山谦之《吴兴记》："乌程 县西二十里有温山，出御荈。"

山谦之《吴兴记》："在乌程县向西二十里处的温山，出产贡茶。"

《夷陵图经》："黄牛、荆门、女观、望州等山，茶茗出焉。"

《夷陵图经》："黄牛山、荆门山、女观山、望州山等地，都出产茶叶。"

《永嘉图经》："永嘉县 东三百里有白茶 山。"

《永嘉图经》："永嘉县向东三百里处有白茶山。"

《淮阴图经》："山阳县南二十里有茶坡。"

《淮阳图经》："山阳县向南二十里处有茶坡。"

《茶陵图经》："茶陵者，所谓陵谷生茶茗焉。"

《茶陵图经》说："茶陵的意思，就是丘陵和山谷中生长着茶。"

《本草·木部》："茗，苦茶。味甘苦，微寒，无毒。主瘘疮，利小便，去痰渴热，令人少睡。秋采之苦，主下气消食。注云：'春采之'。"

《本草·木部》："茗，又叫苦茶。味甘苦，性微寒，没有毒。主治瘘疮，利尿，除痰，解渴，散热，使人少睡。秋天采摘有苦味，能下气，助消化。原注说：'要春天采它'。"

《本草·菜部》："苦菜，一名荼，一名选，一名游冬，生益州川谷山陵道傍，凌冬不死。三月三日采，干。注云：疑此即是今茶，一名荼。令人不眠。本草注。按《诗》云'谁谓荼苦'，又云"堇荼如饴"，皆苦菜也。陶谓之苦茶，木类，非菜流。茗，春采谓之苦㯕。"

《本草·菜部》："苦菜，又叫荼，又叫选，又叫游冬，生长在四川西部的河谷、山陵和路旁，即使在结冰的寒冬也冻不死。每年三月三日采下，制干。"（陶弘景）注：怀疑这就是现在称的茶，又叫荼，喝了使人不能入睡。（苏恭）《本草注》按：《诗经》说'谁说荼苦'，又说"乌头、苦荼像糖一样甜，指的都是苦菜。陶弘景称的苦茶，是木本植物茶，不是菜类。茗，春季采，叫苦㯕。"

《枕中方》："疗积年瘘，苦茶、蜈蚣并炙，令香熟，等分捣筛，煮甘草汤洗，以末傅之。"

《枕中方》："治疗多年的瘘疾，用茶和蜈蚣放在火上炙烤，当散发出香气并熟透后，捣碎筛末，分成相等的两份，一份加甘草煮水洗患处；一份外敷。"

《孺子方》："疗小儿无故惊蹶，以苦茶、葱须煮服之。"

《孺子方》："治疗小孩不明原因的惊厥，用苦茶和葱一起煎水服下。"

二、原文分析

（一）三皇

三皇即三皇时代，又意为人物合称——天皇燧人、人皇伏羲、地皇神农。（东汉·班固《白虎通义》）

"三皇之世正熙熙，鸟鹊之巢俯可窥。"（宋·邵雍《三皇吟》）

（二）炎帝神农氏

炎帝神农氏即神农。

相传炎帝改进农具，教人农耕，尝遍百草，发明医药，为中华原始农业和医药学的创始人，号称神农氏。

"少典之胤，火德承木。造为耒耜，导民播谷。正为雅琴，以畅风俗。"（三国·曹植《神农赞》）

"圣人作耒耜，苍苍民乃粒。国俗俭且淳，人足间家给。九载襄陵祸，比户犹安辑，神农与后稷，有灵应为泣。"（宋·范仲淹《咏农》）

"火德开统，连山感神。谨修地利，粒我烝民。鞭茇尝草，形神尽瘁……日省月考，献功明堂。天不爱道，其鬼不神。盛德不孤，万世同仁。"（南北朝·罗泌《炎帝赞》）

（三）鲁周公旦

鲁周公旦即周代鲁国人周公旦。

鲁，即周代鲁国，周公旦的封地。

周公旦，即周公，姓姬，名旦，先秦政治家、思想家，被尊为"元圣"和儒学先驱。

"一年救乱，二年克殷，三年践奄，四年建侯卫，五年营成周，六年制礼乐，七年致政成王。"（周·《尚书·大传》）

"千圣相承惟道一，忧勤惕厉意尤深。至诚之理元无息，有息良非天地心。"（宋·陈普《孟子·禹汤文武周公》）

"周人尚记有周公，禾黍离离下有宫。"（宋·苏辙《次韵子瞻题岐山周公庙》）

（四）齐相晏婴

齐相晏婴即齐国宰相晏婴。

齐相，即齐国宰相。

晏婴，即晏子，字仲，谥平，夷维（今山东高密）人。

"晏婴，齐之习辞者也。"（汉·刘向《晏子使楚》）

（五）仙人丹丘子

仙人丹丘子即传说中的神仙丹丘子。

"孰知茶道全尔真，唯有丹丘得如此。"（唐·皎然《饮茶歌诮崔石使君》）

"峰峦秀中天，登眺不可尽。丹丘遥相呼，顾我忽而哂。"（唐·李白《寻高凤石门山中元丹丘》）

（六）黄山君

黄山君即传说中的黄山君，疑为仙家道人，无出处。

"商末有黄山君，修彭祖之术，数百岁犹有少容。治地仙，不取飞升。"（晋·葛洪《神仙传》）

（七）司马文园令相如

司马文园令相如即文园令司马相如。

司马相如，字长卿，蜀（四川成都）人；西汉景帝时（公元前156—前141年），任武骑常侍；西汉武帝时（公元前140—前87年），任文园令；著有《凡将篇》，记载了"茶为药用"及茶的别名"荈"。

文园，借指文人。

"文园终病渴，休咏《白头吟》。"（唐·杜牧《为人题》）

"至马迁，又徵三间之故事，放文园之近作，模楷二家，勒成一卷。"（唐·刘知几《史通·序传》）

"空叹高歌如郢客，愧无佳赋似文园。"（宋·司马光《和李八丈小雪同会有怀邻几》）

"真个是文园风致，应指日天池联翅。"（明·陈汝元《金莲记·郊遇》）

（八）扬执戟雄

扬执戟雄即执戟扬雄。

执戟，即秦、汉时的宫廷侍卫官。

"官不过侍郎，位不过执戟。"（西汉·司马迁《史记·滑稽列传》）

扬雄，字子云，西汉蜀（四川成都）人，著有《方言》，首先记载了茶的别名"蔎"。

（九）归命侯

归命侯即孙皓，为三国东吴国君，于公元280年投降，被封为归命侯。

"入朝不失作归命侯，无劳恐惧。"（宋·司马光《资治通鉴》）

"昔与汝为邻，今与汝为臣。上汝一杯酒，令汝寿万春。"（三国·孙皓《尔汝歌》）

（十）韦太傅弘嗣

韦太傅弘嗣即太傅韦弘嗣。

太傅，即官职，为朝廷辅佐大臣与帝王的老师；始于西周，废于秦汉，复于西汉。

"太子太傅一人，中三千石。"（南北朝·范晔《后汉书·百官志四》）

韦弘嗣，字弘嗣，原名韦曜，吴国吴郡云阳县（今江苏丹阳）人，重臣、史学家；孙皓即位后，被封高陵亭侯。

"曜饮酒不过二升，皓出礼异，密赐茶荈以代酒。"（西晋·陈寿《三国志·吴志·韦曜传》）

（十一）惠帝

惠帝即司马衷，为武帝的次子，因贾皇后独揽大权毒死了太子司马遹（死后谥愍怀，即愍怀太子），于公元290—307年在位。

"惠帝之愚，古今无匹，国因以亡。"（明·王夫之《读通鉴论——卷十二惠帝》）

"不才之子，则天称大，权非帝出，政迩宵人……惠皇居尊，临朝听言。"（唐·房玄龄《晋书》）

（十二）刘司空琨

刘司空琨即司空刘琨。

司空，即官职，掌水利、营建之事；始于西周，与司马、司寇、司士、司徒并称五官。

"伯禹为司空，可成美尧之功。"（西汉·司马迁《史记·夏本纪》）

刘琨，字越石，西晋中山魏昌（今河北无极）人，封广武侯；闻鸡起舞，吹笳退敌，创作《胡笳五弄》——《登陇》《望秦》《竹吟风》《哀松露》《悲汉月》。（唐·魏征《隋书·经籍志》）

"刘琨与祖逖，起舞鸡鸣晨。"（唐·李白《避地司空原言怀》）

（十三）兖州刺史演

兖州刺史演即兖州刺史刘演。

兖州，即鲁国西南平原，今山东济宁。

"东郡趋庭日，南楼纵目初。"（唐·杜甫《登兖州城楼》）

刺史，即监察之职，始于汉武。

"秦时无刺史，以御史监郡。"（东汉·苏林《集解》）

演，即刘演，字始任，为刘琨的侄子，封汉信侯，谥号齐武王。（南北朝·范晔《后汉书》）

"不纳良谋刘演言，胡为衔璧向崇宣。"（唐·周昙《前汉门刘圣公》）

（十四）张黄门孟阳

张黄门孟阳即黄门张孟阳。

黄门，即官名，为黄门侍郎、给事黄门侍郎的简称。

"凡禁门黄闼，故号黄门。"（唐·杜佑《通典·职官三》）

张孟阳，即张载，字孟阳，安平灌津（今河北保定附近）人，著《张孟阳集》。

"孟阳、景阳，才绮而相埒。"（南北朝·刘勰《文心雕龙》）

（十五）傅司隶咸

傅司隶咸即司隶傅咸。

司隶，即司隶校尉，为监督京师和京城周边地方的秘密监察官（南北朝·范晔《后汉书·百官志》）。

"贞元虎榜虽联捷，司隶龙门幸缀名。"（南北朝·文天祥《次鹿鸣宴诗》）

"司隶章初睹，南阳气已新。"（唐·杜甫《喜达行在所三首》）

"赤丸夜语飞电光，徼巡司隶眠如羊。"（唐·柳宗元《相和歌辞·东门行》）

傅咸，字长虞，北地泥阳（今陕西铜川耀州区）人，西晋文学家，著有《司隶教》；他力主俭朴，言"奢侈之费，甚于天灾"，主张"裁并官府，唯农是务"；封清泉侯，谥号"贞"。

"长虞风格凝峻，弗坠家声。"（唐·房玄龄《晋书·傅玄传论》）

（十六）江洗马统

江洗马统即洗马江统。

洗马，即官职，为太子洗马。

江统，字应元，陈留圉县（今河南杞县）人；初为山阴令，后任愍怀太子司马遹洗马；有《徙戎论》《酒诰》著称于世，提出发酵酿酒法。

"帝不能用。未及十年，而夷狄乱华，时服其深识。"（唐·房玄龄《晋书·卷五十六·列传第二十六》）

（十七）孙参军楚

孙参军楚即参军孙楚。

参军，即参军事，本参谋军务之称。

"宋中郎外兵曹参军。"（南北朝·裴骃《史记集解》）

孙楚，字子荆，太原中都（今山西平遥）人，曾任扶风王的参军。著《杕杜赋》《论求才》《登楼赋》等。

"孙楚体英绚之姿，超然出类。"（唐·房玄龄《晋书》）

（十八）左记室太冲

左记室太冲即记室左太冲。

记室，即官名，东汉始置；属于宰相，辅助国君处理政务的最高官职。（南北朝·范晔《后汉书·百官志一》）

"寒风萧瑟楚江南，记室戎装挂锦帆。"（宋·徐铉《送无帅书记高郎中出为婺源建威军使》）

左太冲，即左思，字太冲，西晋齐国临淄人（今山东临淄），曾作《三都赋》很受称颂，因此有"洛阳纸贵"的传说。（唐·房玄龄《晋书·文苑列传》）

"左思其才，业深覃思。"（南北朝·刘勰《文心雕龙》）

（十九）陆吴兴纳

陆吴兴纳即吴兴人陆纳。

吴兴，即今浙江湖州地区；吴主孙皓取"吴国兴盛"之意，改乌程为吴兴，并设吴兴郡。

"吴兴连月雨，釜甑生鱼蛙。"（宋·苏轼《和孙同年卞山龙洞祷晴》）

"师逢吴兴守，相伴住禅扃。"（唐·刘禹锡《赠别约师》）

陆纳，字祖言，吴郡吴县（今江苏苏州）人，曾任吴兴太守、吏部尚书。（唐·

房玄龄《晋书·卷七十七·列传第四十七》）

"刘琨求愈疾，陆纳用延宾。"（宋·丁谓《茶》）

（二十）谢冠军安石

谢冠军安石即冠军谢安石。

冠军，即将军的一种官衔，南北朝皆设冠军将军，唐代设冠军大将军。（东汉·班固《汉书·黥布传》）

"初为冠军孙无终司马。"（南北朝·沈约《宋书·武帝纪上》）

"下有磐石，可坐数十人，冠军将军刘敬宣每登陟焉。"（南北朝·郦道元《水经注·庐江水》）

"可冠军大将军，行右监门卫将军，知内侍省事，封赐如故。"（唐·元稹《姚文寿右监门卫将军知内侍省事制》）

谢安石，陈郡阳夏（今河南太康）人，谥号"文靖"；"安石不出，如苍生何"（宋·司马光《资治通鉴》）；留心时政，胸怀韬略，喻为诸葛孔明。

"三川北虏乱如麻，四海南奔似永嘉。但用东山谢安石，为君谈笑静胡沙。"（唐·李白《永王东巡歌十一首》）

（二十一）郭弘农璞

郭弘农璞即弘农人郭璞。

弘农，汉朝至北宋设置的县级行政区，即今河南灵宝东北黄河沿岸。

"潼关地接古弘农，万里高飞雁与鸿。"（唐·李商隐《奉和太原公送前杨秀才戴兼招杨正字戎》）

郭璞，字景纯，河东郡闻喜县（今山西闻喜）人，善词赋，精于天文、五行等；与王隐共撰《晋史》。

"词赋为中兴之冠。"（唐·房玄龄《晋书·郭璞传》）

（二十二）桓扬州温

桓扬州温即扬州桓温。

扬州，指北起淮水，东南至海滨，今江苏、安徽两省的淮水以南地区。

"故人西辞黄鹤楼，烟花三月下扬州。"（唐·李白《送孟浩然之广陵》）

"商胡离别下扬州，忆上西陵故驿楼。"（唐·杜甫《解闷》）

"严陵不从万乘游，归卧空山钓碧流。"（唐·李白《酬崔侍御》）

桓温，字符子，龙亢（今安徽怀远县西）人，东晋时期政治家、军事家、书法家。

"昔桓温伐我，至灞上，燕不我救。"（宋·司马光《资治通鉴·晋纪·晋纪二十四》）

"桓公在荆州，全欲以德被江汉，耻以威刑肃物。"（南北朝·刘义庆《世说》）

（二十三）杜舍人毓

杜舍人毓即舍人杜毓。

舍人，即古代记载皇帝言行的官职，始于先秦。

"舍人掌平官中之政，分其财守。"（周·周公旦《周礼·地官·舍人》）

杜毓，即杜育，代表作《荈赋》（最早的茶诗赋作品）。

"赋咏谁最先，厥传惟杜育。"（宋·苏轼《寄周安孺茶》）

（二十四）武康小山释法瑶

武康小山释法瑶即四川简阳翠峰寺刘宋僧。

武康，即今四川简阳西北，西魏恭帝二年置，隋丌黄九年废。

"竹窗听雨自安眠，不道惊湍近屋前。"（宋·俞灏《武康道中》）

"忽焉生法瑶，研虑还淳精。"（宋·释智圆《经武康小山法瑶师旧居》）

小山释，即翠峰寺，始建于晋太康三年（282年），废于元代。

"借问翠峰路，谁参雪窦禅。"（宋·范成大《翠峰寺》）

法瑶，即刘宋僧，俗姓杨，贯通群经。（慈怡《佛光大辞典》）

（二十五）夏侯恺

夏侯恺，字万仁，曾任大司马；因病死，苟奴见恺数归，入坐生时西壁大床，就

人觅茶饮。（东晋·干宝《搜神记》）

（二十六）余姚

余姚即今浙江余姚。

"余姚之境东包明州，西辖上虞。"（宋·乐史《太平寰宇记》）

（二十七）北地傅巽

北地傅巽即北地郡人傅公悌。

北地，即北地郡，为今陕西、甘肃、宁夏一带。

"北地霜浓九月寒，驼裘破晓上征鞍。"（南北朝·李壁《邢台》）

傅巽，字公悌，北地郡泥阳县（今甘肃宁县米桥镇）人；博学多闻，著《槐树赋》《蚊赋》《笔铭》等。

"傅巽时任东曹掾，与蒯越、王粲等游说刘琮归降曹操。"（明·罗贯中《三国演义》）

（二十八）丹阳

丹阳即丹阳郡，汉武帝建元二年改秦鄣郡为丹阳郡（今安徽宣城宣州区）。

"晋室丹阳尹，公孙白帝城。"（唐·杜甫《送元二适江左》）

（二十九）任育长

任育长，名瞻，字育长，曾任都尉、太守。

"任育长年少时，甚有令名。"（南北朝·刘义庆《世说新语·纰漏》）

（三十）宣城秦精

宣城，即今安徽省东南部，古称宛陵、宣州。（唐·李白《秋登宣城谢朓北楼》）

"宣城之人采为笔，千万毛中拣一毫。"（唐·白居易《紫毫笔》）

秦精，人名，东周秦国夷族胊朋人。

"……于是夷胊朋廖仲药、何射虎、秦精等乃作白竹弩于高楼上，射虎，中头三

节。"（东晋·常璩《华阳国志》）

（三十一）敦煌单道开

敦煌单道开即敦煌郡单道开僧人。

敦煌，即敦煌郡，汉武帝时设置，为河西四郡之一。

"万里敦煌道，三春雪未晴。"（明·王偁《赋得边城雪送行人胡敬使灵武》）

"敦煌壮士抱戈泣，四面胡笳声转急。"（明·曾棨《敦煌曲》）

单道开，即东晋僧人，敦煌人，俗姓孟，少怀隐遁之志，诵经四十余万言。（南北朝·慧皎《高僧传》）

"细石伴琼饴，饥来自堪煮。"（明·黎民表《单道开石室》）

（三十二）剡县

剡县即地名，今浙江新昌，汉景帝四年始置，属会稽郡。

"月在沃洲山上，人归剡县溪边。"（唐·朱放《剡山夜月》）

"流水阊门外，孤舟日复西。"（唐·李治《送阎二十六赴剡县》）

（三十三）广陵

广陵即地名，今江苏扬州。

"营道数峰新石友，广陵一曲古桐孙。"（宋·陆游《秋夜斋中》）

"北山摇落水峥嵘，想见扬帆出广陵。"（宋·王安石《平甫如通州寄之》）

"半月悠悠在广陵，何楼何塔不同登。"（唐·白居易《与梦得同登栖灵塔》）

（三十四）河内山谦之

河内山谦之即河内文学家山谦之。

河内，即春秋战国时期黄河以北为河内，黄河以南为河外。

"古者河北之地，皆谓之河内。"（杨守敬《水经注疏》）

山谦之，南北朝著名文学家，著有《吴兴记》《南徐州记》《寻阳记》，尤其是《吴兴记》首次记载了"茶宴"二字以及贡茶产地"乌程县"。

（三十五）琅琊王肃

琅琊王肃即琅琊恭懿。

琅琊即山东东南部古地名；此地诞生了琅琊三大家族（琅琊诸葛氏、琅琊王氏、琅琊颜氏）。

"望蔚然深秀，琅琊山也。"（宋·黄庭坚《瑞鹤仙》）

"琅琊冷落存遗迹，篱舍稀疏带旧村。"（唐·李建勋《游栖霞寺》）

"送行莫桂酒，拜舞清心魂。"（唐·李白《鲁郡尧祠送吴五之琅琊》）

王肃，字恭懿，琅琊郡临沂（今山东临沂）人，曾在南朝齐任秘书丞；在北朝时，封昌国县侯。

"本为箔上蚕，今作机上丝。"（宋·谢氏《赠王肃诗》）

（三十六）新安王子鸾，鸾兄豫章王子尚

新安王子鸾，鸾兄豫章王子尚即新安王刘子鸾，及其兄豫章王刘子尚。

刘子鸾，字孝羽，南北朝彭城郡（今江苏徐州铜山区）人，历任刺史、太守、中书令、司徒、抚军将军等职，封新安王。

刘子尚，字孝师，南北朝彭城郡（今江苏徐州铜山区）人，刘子鸾的哥哥，历任太守、车骑将军等职，封豫章郡王。

"客行新安道，喧呼闻点兵。"（唐·杜甫《新安吏》）

"借问新安江，见底何如此。"（唐·李白《宣州清溪》）

（三十七）鲍照妹令晖

鲍照妹令晖即鲍照的妹妹鲍令晖。

鲍照，南北朝著名诗人，与颜延之、谢灵运并称"元嘉三大家"。

令晖，即鲍令晖，东海（今山东郯城）人，南北朝文学家，擅长诗赋，著有《香茗赋集》，已佚。

"往往崭新清巧，拟古尤胜。"（南北朝·钟嵘《诗品》）

（三十八）八公山沙门潭济

八公山沙门潭济即八公山僧人潭济。

八公山，即今安徽寿县北，原称北山，西汉时改称八公山。

"八公山下清淮水，千骑尘中白面人。"（唐·刘禹锡《寄杨八寿州》）

"千载八公山下，尚断崖草木，遥拥峥嵘。"（宋·叶梦得《八声甘州·寿阳楼八公山作》）

沙门，指出家修行之人。

"沙门以和尚为尊贵之称。"（清·王士禛《香祖笔记》）

潭济，即昙济，南北朝僧人，著有《五家七宗论》。

"昙济道人亦复往，八公山顶留荒岑。"（宋·刘攽的《送茶》）

（三十九）世祖武帝

世祖武帝即萧赜，字宣远，谥号为武皇帝，葬于景安陵，年号永明。

"世祖南面嗣业，功参宝命。"（南北朝·萧子显《南齐书》）

（四十）刘廷尉

刘廷尉即刘孝绰，本名刘冉，字孝绰，徐州彭城（今江苏徐州）人，南北朝大臣。

"梁刘孝绰轻薄到洽，洽本灌园者。"（唐·刘禹锡《嘉话录》）

（四十一）陶弘景

陶弘景即山中宰相。字通明，号华阳隐居，谥贞白先生，秣陵人（今江苏南京），南北朝道教茅山派代表人物，著有《神农本草经集注》。

"山中宰相陶隐居，所注本草将何如。"（宋·韩淲《咏陶弘景》）

（四十二）徐勣

徐勣即徐世勣，字懋功，唐代离孤人；唐高祖李渊赐其姓李，封英国公，后避李世民讳改名李勣。

"少时酒伴尽豪雄，岁晚瓶罍一并空。"（宋·刘克庄《徐懋功饷酒用其韵》）

（四十三）《神农食经》

《神农食经》，书名，已佚。该书描述喝茶可以令人精力充沛、心情愉悦。

"茶茗久服，令人有力、悦志。"

力，即精力。

悦志，即心情愉悦。

"承颜悦志期无忝，咨吏安民要在宽。"（清·弘历《巡幸杭州恭依皇祖诗韵》）

（四十四）《尔雅》

《尔雅》，书名，佚名。

"槚，苦荼。"

槚，即一种苦茶。

"且为树枌槚，无令孤愿言。"（南北朝·谢灵运《过始宁墅诗》）

（四十五）《广雅》

《广雅》，书名，三国张揖著，为《尔雅》补作。

该书首次记载了饼茶的制作和冲泡：荆、巴地区制饼茶时需用米汤浸泡，喝茶时需烤茶并加入葱、姜等一起煎煮。

"荆巴间采叶作饼，叶老者，饼成以米膏出之。欲煮茗饮，先炙令赤色，捣末置瓷器中，以汤浇覆之，用葱、姜、橘子芼之。其饮醒酒，令人不眠。"

荆，即荆州（现湖北荆州），也称江陵。

"荆州之民附操者。"（宋·司马光《资治通鉴》）

"茂陵才子江陵住，乞取新诗合掌看。"（唐·刘禹锡《重送鸿举师赴江陵谒马逢侍御》）

巴，即巴州，今四川巴中；东汉建安六年改属巴西郡。

"君问归期未有期，巴山夜雨涨秋池。"（唐·李商隐《夜雨寄北》）

"巴山楚水凄凉地，二十三年弃置身。"（唐·刘禹锡《酬乐天扬州初逢席上见赠》）

汤，即米汤。

"踔出汤中。"（晋·干宝《搜神记》）

芼之，即采摘。（西周·《诗经》）

"参差荇菜，左右芼之。"（西周·《诗经·蒹葭》）

（四十六）《宴子春秋》

《宴子春秋》，书名，又称《晏子》，是记录晏婴事迹的一部典籍，成书于汉初。

该书中描述了"以茶入食"的典故：晏婴力行节俭，每餐粗茶淡饭而已。

"婴相齐景公时，食脱粟之饭，炙三戈五卵，茗菜而已。"

茗，即粗茶。

"早采者为茶，晚取者为茗，一名荈。"（东晋·郭璞《尔雅注》）

"荈，茶叶老者。"（南北朝·顾野王《玉篇·艸部》）

"茶，早采者为茶，晚采者为茗。"（唐·《封氏闻见记·卷六·饮茶》）

茗菜，即茶菜，以茶入食。

"树小如栀子，冬生，叶可煮作羹饮。"（东晋·郭璞《尔雅注》）

（四十七）《凡将篇》

《凡将篇》，书名，司马相如著，已佚。（东汉·班固《汉书·艺文志序》）

该书中记载"茶为药用"及茶的别名"荈"。

"乌喙、桔梗、芫华，款冬、贝母、木蘗、蒌，芩草、芍药、桂、漏芦，蜚廉、雚菌、荈诧，白敛、白芷、菖蒲、芒消、莞椒、茱萸。"

乌喙，即乌头，有毒。供观赏用，可作麻醉药，主治肾气衰弱。

桔梗，桔梗科桔梗属，多年生草本，入药用根，主治呼吸器官病症。

芫华，瑞香科瑞香属，也写作芫花，有毒。可以祛痰。

款冬，菊科款冬属，多年生草本，叶和柄春夏时可供食用。花蕾为款冬花，可作香辛料。

贝母，百合科贝母属，鳞茎可入药。观赏性植物。

木檗，芸香科黄檗属，即黄柏，落叶乔木，茎内皮和果实可为药用。

蒌，胡椒科胡椒属，即蒌叶。生于蜀、滇、粤等热地，味辛而香。

芩草，禾本科菅属，多年生草本。《植物名实图考》称菅，河南统称芩草，根可入药。

芍药，毛茛科芍药属，别名别离草、花中丞相，多年生草本。根和种子可为药，主治腹痛、腰痛等。

桂，樟科樟属，常绿乔木，有芳香，树皮称作桂皮，用于健胃药、矫臭药及矫味药。

漏芦，菊科漏芦属，多年生草本。

蜚廉，菊科飞廉属植物，花，利尿。

藋菌，一名藋芦，生池泽。

白敛是葡萄科蛇葡萄属植物白蔹的块根，根可入药。

菖蒲，又名白菖、石菖、石菖蒲，天南星科菖蒲属。系常绿的多年生草本，有特种香气。根、茎入药，可健胃。

芒消（芒硝），朴硝加水熬煮后，盛出渣，结成白色的结晶体，即成芒硝。

莞椒，芸香科秦椒属，可供药用。在宋代，有以椒入茶煎饮的。

茱萸，山茱萸科山茱萸属，又名"越椒""艾子"，常绿带香的植物，具备杀虫消毒、逐寒祛风的功能。在宋代，都喜欢饮以茱萸入茶同煎的茱萸茶。

（四十八）《方言》

《方言》即《輶轩使者绝代语释别国方言》，西汉执戟扬雄所作，为最早的方言著作，与《尔雅》《释名》《说文解字》构成了我国古代著名的辞书系统。

该书中首次记载了茶的别名"蔎"。

"蜀西南人谓茶曰蔎。"

"怀椒聊之蔎蔎兮，乃逢纷以罹诟也。"（汉·刘向《九叹》）

"蔎，香草也。"（南北朝·顾野王《玉篇·艸部》）

(四十九)《吴志·韦曜传》

《吴志·韦曜传》即韦曜的传记，记录于《吴志》（与《魏志》《蜀志》合为《三国志》）；韦曜为汉末帝孙皓的太傅，被封高陵亭侯。

该书中描述了"以茶代酒"的典故：曜不善酒力，皓密赐茶荈以代酒。

"孙皓每飨宴，皆浇灌取尽。曜饮酒不过二升，皓出礼异，密赐茶荈以代酒。"

飨，即设宴待客。

"飨，乡人饮酒也。"（东汉·许慎《说文解字》）

"钟鼓既设，一朝飨之。"（周《诗·小雅·彤弓》）

(五十)《晋中兴书》

《晋中兴书》，书名，为纪传体史书，记述东晋史事，南北朝湘东太守何法盛著，被后世列为"十八家晋史"之一。

该书中描述"以茶待客，以茶入食，以茶修身，以茶养性"的典故：陆纳备茶果宴请谢安，陆俶私下准备丰盛的菜肴；杖俶道"你即使不能使我增加光彩，为何还破坏我廉洁的名声呢？"

"陆纳欲诣谢安，所设唯茶果而已；其兄子俶怪，私蓄十数人馔，陈盛馔，珍羞必具。纳杖俶云：'汝既不能光益叔父，奈何秽吾素业？'"

馔，即美食。

"钟鼓馔玉不足贵，但愿长醉不复醒。"（唐·李白《乐府杂曲·鼓吹曲辞·将进酒》）

(五十一)《晋书》

《晋书》，"二十四史"之一，房玄龄等合著，以"载记"形式，记述三国时期至东晋十六国政权的状况。

该书中描述了"以茶待客"的典故：桓温是节俭的人，设宴仅七盘茶果。

"桓温为扬州牧，性俭，每宴饮，唯下七奠拌茶果而已。"

(五十二)《搜神记》

《搜神记》，书名，东晋干宝著，为我国志怪小说之始。

该书中记载了夏侯恺视茶如命的故事。

"夏侯恺因疾死；著平上帻、单衣，就人觅茶饮。"

帻，即巾帻，古代男子带的一种巾帽，始于汉代。

"绿帻谁家子，卖珠轻薄儿。"（唐·李白《古风八》）

"须臾我径醉，坐睡落巾帻。"（宋·苏轼《岐亭五首其一》）

(五十三)《与兄子南兖州刺史演书》

《与兄子南兖州刺史演书》，书名。

该书中描述了"以茶提神"的故事：刘琨心烦意乱，常以茶提神、解闷。

"前得安州干姜一斤、桂一斤、黄芩一斤，皆所须也。吾体中溃闷，常仰真茶，汝可致之。"

南兖州，即今江苏镇江，始置于晋代。（宋·欧阳修《新唐书·艺文志》）

安州，即区域名，始置于晋咸康四年，今湖北安陆一带。

"心垢都已灭，永言题禅房。"（唐·李白《安州般若寺水阁纳凉，喜遇薛员外义》

真茶，即好茶。

"真茶远寄自潜夫，略示山中意味殊。"（清·周亮工《六安梅花片》）

溃，即作愦，闷、烦乱之意。

"心烦愦兮意无聊，严载驾兮出戏游。"（东汉·王逸《九思·逢尤》）

"则固僵仆烦愦，愈不可过矣。"（唐·柳宗元《答韦中立论师道书》）

(五十四)《司隶教》

《司隶教》，书名，西晋司隶傅咸著。

该书中描述了"以茶入食"的故事：蜀妪制作茶粥在南市售卖，被官吏禁售，并打破其器具。

"闻南市有蜀妪作茶粥卖，为廉事打破其器具。"

南市，即洛阳的南市。

廉事，即主管司法的警官。

（五十五）《神异记》

《神异记》，书名，为中国神话志怪小说，西晋王浮著，已佚。

该书中描述了"以茶为祭"的典故：虞洪因神仙丹丘子指点获得大茗，以茶祭之。

"余姚人虞洪入山采茗，遇一道士，祈子他日有瓯牺之余，乞相遗也；因立奠祀。"

余姚，即今浙江余姚，始置秦朝；隋唐时属越州。

瓯，即饮茶或饮酒用的酒器。

"超宗既坐，饮酒数瓯。"（南北朝·萧子显《南齐书·谢超宗传》）

（五十六）《娇女诗》

《娇女诗》，书名，晋代左思著，收录于《左太冲集》。

该书中描述了"吾家娇女"心急煮茶解腻，对鼎吹火的场景。

"吾家有娇女；果下皆生摘，倏忽数百适。心为茶荈剧，吹嘘对鼎𬬩。"（晋·左思《娇女诗》）

倏，即疾行。

"鹰犬倏眒。"（西晋·左思《蜀都赋》）

"倏忽往来，莫知其方。"（秦·吕不韦《吕氏春秋·决胜》）

适，即往之意。

"君子至于天下也，无适也，无莫也，义之与比。"（东周·孔子《论语·里仁》）

剧，即加甚之意。

"不以梦剧乱知谓之静。"（东周·荀子《荀子·解蔽》）

（五十七）《登成都楼》

《登成都楼》，书名，西晋张孟阳著。

此诗盛赞茶的美味。

"想见长卿庐，骄侈拟五侯；临江钓春鱼。黑子过龙醢，芳茶冠六情，溢味播九区。"（晋·张孟阳《登成都楼诗》）

长卿，指司马相如。

"胡不学长卿，预作封禅词。"（宋·苏轼《次韵孔文仲推官见赠》）

侯，指公、侯、伯、子、男五等诸侯，泛指权贵之家；这里"五侯"指王谭、王逢时、王根、王立、王商。（汉·班固《汉书》）

"但教帝里笙歌在，池上年年醉五侯。"（唐·白居易《劝酒》）

"日暮汉宫传蜡烛，轻烟散入五侯家。"（唐·韩翃《寒食》）

"可怜半夜婵娟影，正对五侯残酒池。"（唐·齐己《中秋月》）

六清，指古代的六种饮料即水、浆、醴、凉、医、酏。

"凡王之馈，饮用六清。"（周·周公旦《周礼·天官·膳夫》）

九区，即九州。（汉·刘驹騄《郡太守箴》）

"九区克咸。讴歌以咏。"（晋·陆机《皇太子宴玄圃宣猷堂有令赋诗》）

醢，即肉酱。

"醢，酱也。"（三国·张揖《广雅》）

"自酒米至于盐醢百有余品，皆尽时味。"（南北朝·魏收《魏书》）

临江，这里指岷江。

"西穷巫峡岷江路，北抵岐山渭水边。"（宋·陆游《拄杖示子遹》）

"楚客去岷江，西南指天末。"（唐·张祜《送蜀客》）

(五十八)《七诲》

《七诲》，书名，记录名物方面的著作。

该书描述了茶为珍贵物品之一。

"蒲桃、宛柰、燕栗、峘阳黄梨、巫山朱橘、南中茶子、西极石蜜。"

蒲，即古邑名；春秋魏国地（今河南长垣）和春秋晋国地（今山西隰县西北）。

"齐侯、卫侯胥命于蒲。"（东周·孔子《春秋·桓三年》）

柰，苹果的一种，来自古大宛国（今中亚费尔干纳盆地）。（晋·郭义恭

《广志》)

"宿阴繁素柰，过雨乱红蕖。"（唐·杜甫《寄李十四员外布十二韵》）

"小子幽园至，轻笼熟柰香。"（唐·杜甫《竖子至》）

燕，即今北京、河南部分地区。

"卫人以燕师伐郑。"（东周·左丘明《左传·隐公五年》）

恒，即"恒阳"，指北岳恒山以南的地方，那里盛产良种梨；或恒阳县（今河北曲阳县），"镇州常山郡土贡，梨。"（宋·欧阳修《新唐书·地理志》）

"天地有五岳，恒岳居其北。"（唐·贾岛《北岳庙》）

"曾上君家县北楼，楼上分明见恒岳。"（唐·岑参《送郭乂杂言》）

巫山，指今四川巫山，此地是橘的名产地。

"曾经沧海难为水，除却巫山不是云。"（唐·元稹《离思》）

南中，即今四川大渡河以南和云南、贵州两省，是我国茶的生产地。

"封建宁王，以南中十二郡为建宁国。"（南北朝·魏收《魏书·李寿传》）

西极，即过去的天竺（今印度）。

"天马徕从西极，经万里兮归有德。"（汉·刘彻《西极天马歌》）

石蜜，即冰糖。

"石蜜非石类，假石之名也；实乃甘蔗汁煎而曝之。"（三国·万震《凉州异物志》）

（五十九）《食檄》

《食檄》，书名，对食物所发出的檄文，告诫人们饮食的注意事项，已佚。

该书描述了"以茶待客"的场景。

"寒温既毕，应下霜华之茗应，下诸蔗、木瓜，元李、杨梅，五味、橄榄，悬豹、葵羹各一杯。"

蔗，禾本科甘蔗属，多年生草本，系热带和亚热带植物。

"甘蔗销残醉，醍醐醒早眠。"（唐·元稹《酬乐天江楼夜吟稹诗，因成三十韵》）

木瓜，蔷薇科，似梨而小，可供药用。

"投我以木瓜，报之以琼琚。"（西周《诗经》）

元李，即果品中的李子。

"李子园边水满洲，当年桑土欠绸缪。"（宋·曹彦约《登复州城》）

杨梅，杨梅科杨梅属，常绿乔木。

"玉盘杨梅为君设，吴盐如花皎白雪。"（唐·李白《梁园吟》）

五味子，木兰科五味子属，食用的是五味子的果实，可供药用。

"五味子，生齐山山谷及代郡。"（汉·刘向《别录》）

橄榄，橄榄科橄榄属，原产中国南方。

"炎焦陵木气，橄榄得之多。"（宋·欧阳修《橄榄》）

悬豹，恐为悬瓠之误。

瓠，即葫芦科葫芦属植物瓠子。

"瓠。瓢也，口阔，颈薄，柄短。"（唐·陆羽《四之器》）

葵，即锦葵科的冬葵。

"以冬葵的茎、叶煮作羹饮。"（明·李时珍《尔雅翼》）

（六十）《出歌》

《出歌》，书名，记载了好的茶叶出自巴蜀。

"茱萸出芳树颠，茶荈出巴蜀，蓼、苏出沟渠，精稗出中田。"

荈，即采摘时间较晚的茶。

"蜀荈久无味，声名谩驰骋。"（宋·梅尧臣《得雷太简自制蒙顶茶》）

巴蜀，即今四川省中东部和及陕南、鄂西等地。（东晋·常璩《华阳国志》）

"去春尔西征，从事巴蜀间。"（唐·白居易《寄行简》）

"巴蜀来多病，荆蛮去几年。"（唐·杜甫《一室》）

茱萸，即山茱萸科植物，有浓郁的香味，可入药。

"莫问明年衰与健，茱萸何处不相逢。"（宋·杨万里《曲江重阳》）

蓼，即水蓼，蓼科蓼属；以全草或根、叶入药，药性味辛、温，可祛风除湿、杀虫止痒等。（周·《诗·小雅·蓼萧》）

"蓼蓼者莪。"（周·《诗·小雅·蓼萧》）

苏，即紫苏，唇形科紫苏属，一年生草本植物，主治感冒发热，怕冷，无汗，胸闷，咳嗽，解吃蟹中毒引起的腹痛等。

"吟配十年灯火梦，新米粥，紫苏汤。"（宋·逸民《江城子》）

稗，即优良牧草之一，禾本科稗属，一年生草本植物。（东汉·许慎《说文解字》）

"渭水寒渐落，离离蒲稗苗。"（唐·白居易《渭村雨归》）

（六十一）《食论》

《食论》，书名，东汉华佗著。

《食论》首次记载茶叶药理功效，描述了长期喝茶可以提神醒脑。

"苦茶久食，益意思。"

华佗，即著名医师，"外科圣手""外科鼻祖"，编创"五禽戏"（南北朝·范晔《后汉书·华佗传》）；与董奉、张仲景并称"建安三神医"。

（六十二）《食忌》

《食忌》，书名，已佚。

壶居士，即壶公，道家臆造的真人之一；据说他在空屋内悬挂一壶，晚上就跳入壶中，别有天地。

该书记载了茶与韭菜同食可令人肢体沉重。

"苦茶久食，羽化，与韭同食，令人体重。"

韭，百合科属，多年生草本植物，根茎可食。

"韭，菜名，一种而久者，故谓之韭。"（东汉·许慎《说文解字》）

（六十三）《尔雅注》

《尔雅注》，书名，北宋郑樵著，专门注解《尔雅》。

该书描述了茶树外形像栀子，冬季的茶叶可以煮饮；早采的为茶、晚采的为茗或荈；蜀地人称作苦茶。

"树小似栀子，冬生叶，可煮羹饮。今呼早取为茶，晚取为茗，或一日荈，蜀人名之苦茶。"

茗，即晚采的茶；原指某种茶叶，今泛指喝的茶。

"晚采者为茗。"（唐·封演《封氏闻见记》）

栀子，即茜草科植物栀子的果实，是传统中药，有护肝、利胆、降压、镇静、止血、消肿等功效。

"栀子生南阳川谷，九月采实，曝干。"（西汉·刘向《别录》）

（六十四）《世说》

《世说》即《世说新语》，南宋刘义庆著，我国志人小说之始。

该书描述了任瞻"失志"后茶、茗不分。

"任瞻，字育长，少时有令名，自过江失志。既下饮，问人云：'此为茶，为茗？'"

任瞻，字育长，曾任仆射、都尉、天门太守。

（六十五）《续搜神记》

《续搜神记》，书名，陶潜著，实为后人伪托，已佚。

该书描述了秦精得"毛人"指路采茗的故事。

"晋武帝时，宣城人秦精常入武昌山采茗，俄而复还，乃探怀中橘以遗精。精怖，负茗而归。"

宣城，即今安徽宣城。

"蜀国曾闻子规鸟，宣城还见杜鹃花。"（唐·李白《宣城见杜鹃花》）

"藉甚宣城郡，风流数贡毛。"（北宋·黄庭坚《送舅氏野夫之宣城二首》）

武昌山，即今湖北鄂州市南。

"武昌山下蜀江东，重向仙舟见葛洪。"（唐·刘禹锡《赴和州于武昌县再遇毛仙翁十八兄因成一绝》）

俄，即短时间。

"俄，百千人大呼。"（清·张潮《虞初新志·秋声诗自序》）

遗，这里指送。

"欲厚遗之。"（西汉·司马迁《史记·魏公子列传》）

怖即害怕。

"焦心怖肝。"（西汉·刘安《淮南子·脩务》）

(六十六)《晋四王起事》

《晋四王起事》，书名，南朝卢綝著，已佚。

该书描述了惠帝酷爱饮茶。

"惠帝蒙尘，还洛阳，黄门以瓦盂盛茶上至尊。"

蒙尘，帝王逃亡在外为蒙尘，意指蒙受风尘劳动之苦。

"汉室倾颓，奸臣窃命，主上蒙尘。"（魏晋·陈寿《隆中对》）

(六十七)《异苑》

《异苑》，书名，东晋刘敬叔著，志怪小说集。

该书描述了"以茶祭祀"：剡县陈务的妻子，喜欢饮茶，住处有一古墓，每饮茶总先奉祭一碗。

"剡县陈务妻，少与二子寡居，好饮茶茗，以宅中有古冢，每饮辄先祀之。虽潜壤朽骨，岂忘翳桑之报！及晓，于庭中获钱十万。"

翳桑之报，春秋晋国赵盾，曾在翳桑救了将要饿死的灵辄，后晋灵公欲杀赵盾，灵辄救出赵盾，后称此事为"翳桑之报"；翳桑，即地名。（东周鲁国·左丘明《左传·宣公二年》）

贯，即穿钱的绳子。

"厨有臭败肉，库有贯朽钱。"（唐·白居易《伤宅》）

"贯，钱贝之贯也。"（东汉·许慎《说文解字》）

(六十八)《广陵耆老传》

《广陵耆老传》，书名，已佚。

广陵，即今江苏扬州东北，东晋初年属南兖州。

该书描述了老姥提器卖茗，所赚皆用于救济孤儿、穷人和乞丐。

"晋元帝时，有老姥每旦独提一器茗，往市鬻之，所得钱散路傍孤贫乞人。州法曹絷之狱中，至夜，老姥执所鬻茗器，从狱牖中飞出。"

老妪提著，老妪卖的茶称作"花雨茶"，雨花台（江苏南京雨花台区）一带遍布茶园；茶的色、香、味、形俱佳，其外形圆绿、条索紧直、锋苗挺秀，带有白毫，犹如松针，象征革命先烈坚贞不屈、万古长青的英雄形象。

鬻，即卖。

"鲋也鬻狱。"（东周·左丘明《左传·昭公十四年》）

絷，这里指抓捕，抓起来。

"轩冕诚可慕，所忧在絷维。"（唐·韦应物《洛都游寓》）

牖，即窗户。

"扃牖而居。"（明·归有光《项脊轩志》）

"然陈涉瓮牖绳枢之子。"（汉·贾谊《过秦论》）

（六十九）《艺术传》

《艺术传》，书名，唐代房玄龄所著。（《晋书·艺术列传》）

该书描述了"茶为药用"：单道开不畏严寒，是因常饮紫苏茶。

"敦煌人单道开，不畏寒暑，常服小石子。所服药有松、桂、蜜之气，所饮茶苏而已。"

小石子，待考。

茶苏，即屠苏（"茶"字在晋代读作"茶"），因佛教徒禁止饮酒，其所喝的应是加有紫苏的茶。

"爆竹声中一岁除，春风送暖入屠苏。"（宋代·王安石的《元日》）

"岁饮屠苏，先幼后长。"（南北朝·宗懔《荆楚岁时记》）

（七十）武康《续名僧传》

《续名僧传》即《唐高僧传》，唐代释道宣著。

该书描述了长期喝茶可以长寿。

"请真君武康小山寺，年垂悬车，饭所饮茶。礼致上京，年七十九。"

武康，即今浙江吴兴县西南，南北朝时属扬州吴兴郡。

"山色低官舍，湖光映吏人。"（唐·岑参《送李郎尉武康》）

小山寺，待考。

悬车，古代借指七十岁。

"孝宽每以年迫悬车，屡请致仕。"（唐·令狐德棻《周书·韦孝宽传》）

京，指南宋的都城建康。

"京，人所为绝京丘也。"（东汉·许慎《说文解字》）

（七十一）《江氏家传》

《江氏家传》，书名，南北朝江饶著，已佚。

该书描述了在宋朝茶作为商品流通。

"迁愍怀太子洗马，常上疏谏云：'今西园卖醯、面，蓝子菜、茶之属，亏败国体。'"

愍怀太子，晋惠帝之子，元康元年为贾后害死，年仅二十一岁。

洗马，即太子"东宫"掌图籍的官。（明·浮白斋主人《雅谑》）

"寻蒙国恩，除臣洗马。"（西晋·李密《陈情表》）

西园，指西晋洛阳的西苑。

"阳嘉元年起西苑，润色宫殿。"（南北朝·范晔《后汉书》）

醯，即醋。

"醯，酢（醋）也。"（唐·陆德明《经典释文》）

（七十二）《宋录》

《宋录》，书名，记述南宋史实的著作，著录于《隋书·经籍志》。

该书描述了"以茶待客"：刘子鸾、刘子尚拜访昙济，昙济设茶招待。

"新安王子鸾、豫章王子尚，诣昙济道人于八公山，道人设茶茗，子尚味之曰，'此甘露也，何言茶茗？'"

味，即品尝。

"以五味五谷五药养其病。"（西周·周公旦《周礼·疾医》）

"五味六和十二食。"（西汉·戴圣《礼记·礼运》）

（七十三）王微《杂诗》

《杂诗》，书名，南朝诗人王微著，主以"闺怨"为题材。

王微，字景玄，南朝诗人。

该书描写了作者"借茶抒情"：女子关上高阁的门，看着大厦空荡荡的，等的人迟迟不回来，只能饮茶解愁。

"寂寂掩高阁，寥寥空广厦。待君竟不归，收颜今就槚。"

掩，这里指关上。

（七十四）《香茗赋》

《香茗赋》，书名，南北朝鲍令晖著，已佚。

鲍令晖，南北朝唯一留下著作的女文学家。

（七十五）《遗诏》

《遗诏》即南北朝世祖武帝的遗诏，写于齐永十一年（公元493年）。

世祖武帝，名萧赜，字宣远，谥号武皇帝，葬于景安陵。

该书描述了南北朝世祖武帝宣扬"以茶为祭"：'我'死后灵座只须摆点果饼、茶饮，体现他节俭之风。

"我灵座上慎勿以牲为祭，但设饼果、茶饮、干饭、酒脯而已。"

脯，这里指肉。

"吾子淹久于敝邑，唯是脯资饩牵竭矣。"（东周·鲁国·左丘明《左传·僖公三十三年》）

（七十六）《谢晋安王饷米等启》

《谢晋安王饷米等启》即书名，刘孝绰著。

刘孝绰，本名冉，字孝绰，任黄门侍郎、吏部郎、南兖州长史等。

晋安王，即萧纲，昭明太子卒后，继为皇太子；登位称简文帝。

该书描述了茶叶作为皇族赏赐大臣的珍品之一。

"传诏李孟孙宣教旨，垂赐米、酒、瓜、笋、菹、脯、酢、茗八种。气苾新城，味芳云松。江潭抽节，迈昌荇之珍。疆场濯翘，越茸精之美。羞非纯束野麕，裹似雪之驴。鲊异陶瓶河鲤，操如琼之粲。茗同食粲，酢类望柑。免千里宿舂，省三月种聚。小人怀惠，大懿难忘。"

菹，即腌菜。（西汉·戴圣《礼记·祭统》）

"公卿如犬羊，忠谠醢与菹。"（唐·李白《经乱离后天恩流夜郎忆旧游书怀赠江夏韦太守》）

"彼为菹醢机上尽，此为鸾皇天外飞。"（唐·白居易《咏史》）

酢，这里指醋。

"宁饮三升酢，不见崔弘度。"（唐·魏征《隋书·酷吏传》）

新城、云松，这里指地名。

抽节，这里指竹笋。

"苞笋抽节，往往萦结。"（晋·左思《三都赋》）

鲊，即用盐腌制的鱼。

"东越水羞，方揖鲊鱼之最。"（南齐·王融《谢司徒赐紫鲊启》）

昌荇，即菖蒲。

"雁山菖蒲昆山石，陈叟持来慰幽寂。"（宋·陆游《菖蒲》）

"斓斑碎玉养菖蒲，一勺清泉满石盂。"（宋·苏轼《过文觉显公房》）

疆场，指边境，场指田界、边界。

"误敕封大典，并误疆场大事也。"（明·毛承斗《东江疏揭塘报节抄》）

濯翘，即指菜蔬果物生长的滋润、丰硕；濯指植物长的润秀，翘指植物长得特别突出。

"濯翘秋阳，凌波暴鳞。"（晋·郭璞《赠温峤诗·兰薄有茝》）

麕，即獐子。

"麕，鹿属，麕冬至其角。"（东汉·许慎《说文解字》）

裹，即缠裹。

"风含翠篠娟娟净，雨裹红蕖冉冉香。"（唐·杜甫《狂夫》）

大懿，指极大的美德，懿指美德。

"以就懿德。"（南北朝·范晔《后汉书·列女传》）

235

(七十七)《杂录》

《杂录》，书名，陶弘景撰。

陶弘景，字通明，医药家、文学家，南北朝丹阳秣陵（今江苏南京）人，被誉为"山中宰相"。

该书描述了茶的"药用功能"：可使人轻身换骨，从前丹丘子、黄山君就常饮茶。

"苦茶，轻换膏，昔丹丘子、青山君服之。"

昔，即从前，以前。

"昔之人无闻知。"（周·周公《书·无逸》）

"昔自郡城。"（清·周容《芋老人传》）

(七十八)《后魏录》

《后魏录》，书名。

该书描述了王肃好饮茶。

"琅琊王肃，仕南朝，好茗饮、莼羹。及还北地，又好羊肉、酪浆。人或问之：'茗何如酪？'肃曰：'茗不堪与酪为奴。'"

王肃，字恭懿，琅琊（今山东临沂）人，因在魏国立下战功，任宰辅、扬州刺史，赐封昌国县侯，有"镇南将军"之称。

(七十九)《桐君录》

《桐君录》即《桐君采药录》，已佚。

该书描述了"以茶待客、茶的功能"：西阳、武昌等地人好饮茶，常煮茶待客，喝茶后可以使人振作精神。

"西阳、武昌、庐江、昔陵好茗，皆东人作清茗。天门冬、菝葜取根，皆益人。又巴东别有真茗茶，煎饮令人不眠。煮盐人但资此饮，而交广最重，客来先设，乃加以香芼辈。"

西阳，即今湖北黄冈市东，始置西晋元康初，东晋改为郡。

"太行山下黄河水，铜雀台西武帝陵。"（唐·刘沧《秋日望西阳》）

武昌，即郡名，始置公元221年，今湖北鄂州。（唐·栖一《武昌怀古》）

"庾亮楼中初见时，武昌春柳似腰肢。"（唐·元稹《所思二首》）

"伏波古庙占好风，武昌白帝在眼中。"（宋·陆游《荆州歌》）

庐江，即郡名，始置于楚汉，今安徽庐江县西南。（东周·《山海经·海内东经》）

"要新诗准备，庐江山色。"（宋·辛弃疾《满江红·送李正之提刑入蜀》）

晋陵，即晋陵郡，始置京口（今江苏镇江），后置晋陵（今江苏常州）。

"晋陵明月酒家胡，百斛茶绰不论沽。"（明·王叔承《月夜晋陵酒家》）

天冬门，即多年生草本，可供药用。

"天门冬夏鸢尾翔，香芸台阁龙骨蜕。"（宋·朱翌《夜梦与罗子和论药名诗》）

拔葜，落叶藤本植物，根茎可入药。

巴东，即东汉巴东郡，今四川奉节县东。

"巴东逢李潮，逾月求我歌。"（唐·杜甫《李潮八分小篆歌》）

交、广，即交州和广州。（西汉·刘安《淮南子》）

"交州已在南天外，更过交州四五州。"（唐·裴夷直《崇山郡》）

"闻道今春雁，南归自广州。"（唐·杜甫《归雁》）

"到得广州天尽处，方教回首向韶州。"（宋·杨万里《闰三月二日发船广州来归亭下之官宪台》）

（八十）《坤元录》

《坤元录》即《括地志》，为古地学书籍，唐代李泰著，已佚。

该书记载了辰州溆浦县无射山为产茶地之一。

"辰州溆浦县西北三百五十里无射山"

溆浦县，即今湖南怀化下辖县。（宋·曾几《溆浦县邓梦授主簿惜日轩》）

"迎旭凌绝嶝，映泫归溆浦。"（南北朝·谢灵运《登石室饭僧诗》）

（八十一）《括地图》

《括地图》即《地括志》，唐代地理学专著，唐代萧德言等著，已佚。

该书记载了临遂县有茶溪。

"临遂县东一百四十里有茶溪。"

临遂县，即今湖南衡东，晋时名"临蒸县"。

"黄面无苔藓，青螺奈雪霜。"（宋·赵夔《道过遂县泊舟瞻大像有作》）

（八十二）《吴兴记》

《吴兴记》，书名，为地方志，南北朝著名文学家山谦之著，成书于公元454年前。

该书记载了"乌程县"是贡茶产地，首次出现"茶宴"二字。

"乌程县西二十里有温山，出御荈。"

乌程县，始置于秦朝菰城，今浙江湖州南菰城遗址。

"无事乌程县，蹉跎岁月余。"（唐·李冶《寄校书七兄》）

（八十三）《夷陵图经》

《夷陵图经》，书名，记录有关夷陵此地风物的著作，已佚。

该书记载了黄牛山、望州山等地出产名茶。

"黄牛、荆门、女观、望州等山，茶茗出焉。"

夷陵，即今湖北宜昌地区，始置于秦代，唐代改名峡州。

"上党碧松烟，夷陵丹砂末。"（唐·李白《酬张司马赠墨》）

黄牛，即黄牛山，今湖北宜昌市向北八十里处，唐代有名的茶产地。（南北朝·盛弘之《荆州记》）

"江水又东，经黄牛山下，有滩名曰黄牛滩。"（南北朝·郦道元《水经注·江水》）

荆门，即荆门山，今湖北宜昌市东南十五公里处。

"渡远荆门外，来从楚国游。"（唐·李白《渡荆门送别》）

"群山万壑赴荆门，生长明妃尚有村。"（唐·杜甫《咏怀古迹》）

女观，即女观山，汉置，今湖北宜都西北。（清·王谟《汉唐地理书钞》）

望州，即望州山，今湖北宜昌西。

"夷道县有望州山，山下有泉，欲雨，泉中有赤气上腾于天。"（南北朝·盛弘之《荆州记》）

（八十四）《永嘉图经》

《永嘉图经》，书名，记录永嘉县的地理著作，已佚。

该书记载了"永嘉县"产白茶。

"永嘉县东三百里有白茶山。"

永嘉县，即今浙江温州，始置于隋代。（宋·郑缉之《永嘉群记》）

"康乐上官去，永嘉游石门。"（唐·李白《与周刚清溪玉镜潭宴别》）

"崩腾永嘉末，逼迫太元始。"（南北朝·谢灵运《述祖德诗》）

（八十五）《淮阴图经》

《淮阴图经》，书名，记录淮阴此地的地理著作，已佚。

该书记载了"山阳县"有茶坡。

"山阳县南二十里有茶坡。"

山阳县，即今江苏淮安，东晋始置。（南北朝·沈约《宋书·地理志》）

"纵有邻人解吹笛，山阳旧侣更谁过。"（唐·刘禹锡《伤愚溪三首》）

"旧日山阳犹有恨，向生长往今谁赋?"（元·戴山隐《山阳恨》）

（八十六）《茶陵图经》

《茶陵图经》，书名，该书描述了好茶生产于陵谷间。

"茶陵者，所谓陵谷生茶茗焉。"

茶陵，即今湖南茶陵，古称茶陵，始于西汉，为我国现有县名中唯一出现"茶"字的县。（东汉·班固《汉书·地理志》）

"茶陵一道好长街，两畔栽柳不栽槐。"（唐·伊用昌《题茶陵县门》）

（八十七）《本草·木部》《本草·菜部》

《本草·木部》《本草·菜部》均为书名，为《新修本草》的一部分。（《新修

本草》）

该书记载了"茶为药用"：茶可治瘘疮，利尿，除痰，解渴，散热。

"主瘘疮，利小便，去痰渴热，令人少睡。'谁谓荼苦'，又云'堇荼如饴'，皆苦菜也。"

谁谓荼苦，出自"谁谓荼苦，其甘如荠。"周秦时，荼，为茶、野菜。这里指野菜。（西周《诗经·谷风》）

堇荼如饴，出自"周原膴膴，堇荼如饴。"堇，多年生草本植物；荼，指野菜。饴，即糖浆。（西周《诗经·绵》）

（八十八）《枕中方》

《枕中方》，书名，为医书，已佚。

该书记载了"茶为药用"：茶可治疗多年瘘疮。

"疗积年瘘，苦茶。"

瘘，即瘘疮。（明·梅膺祚《字汇》）

"瘰疬疽瘤，痂瘘瘈瘲。"（宋·洪咨夔《米积外科僧照源堂》）

（八十九）《孺子方》

《孺子方》，书名，为医书，已佚。

该书中记载了"茶为药用"的典故：茶可治疗小孩惊厥。

"疗小儿无故惊蹶，以苦茶、葱须煮服之。"

三、知识解读

（一）引入

1. 回顾六之饮

翼而飞，毛而走，呿而言，饮啄以活；荡昏寐，饮之以茶。

茶有九难：一曰造，二曰别，三曰器，四曰火，五曰水，六曰炙，七曰末，八曰煮，九曰饮。

2. 引入七之事

茶之为饮，发乎神农氏，闻于鲁周公，兴于唐，盛于宋。

（二）三皇茶事

相传《神农本草经》记载："神农尝百草，日遇七十毒，得茶解之。"

"茶茗久服，令人有力、悦志。"（《神农食经》）长期喝茶可以使人精力充沛，心情愉悦。

（三）周代茶事

1. 周公旦

周公旦《尔雅》首次记载了茶的别名"槚"："槚，苦茶。"

槚，苦丁茶。

2. 晏婴

《晏子春秋》描述了"以茶为食，以茶养性"的典故："婴相齐景公时，食脱粟之饭，炙三戈、五卯茗菜而已。"

齐国晏婴，力行节俭，每餐粗茶淡饭而已。

（四）汉代茶事

1. 司马相如

司马相如《凡将篇》描述了"茶为药用"的典故："乌喙，桔梗，芜华，款冬，贝母，木檗，蒌，芩草，芍药，桂，漏芦，蜚廉，雚菌，荈诧，白敛，白芷，菖蒲，芒消，莞椒，茱萸"。

"荈，茶叶老者。"（南北朝·顾野王《玉篇》）

"荈诧"同"芩草，芍药等"，均可为药用。

2. 扬雄

扬雄《方言》记载了茶的别名"蔎"："蜀西南人谓茶曰蔎"。

四川西南部人把茶叫作"蔎"。

（五）三国茶事

《吴志·韦曜传》描述了"以茶代酒"的典故："孙皓每飨宴，坐席无不悉以七胜（升）为限，虽不尽入口，皆浇灌取尽。曜饮酒不过二升，皓初礼异，密赐茶荈以代酒。"

弘嗣不善酒力，孙皓赐茶以代酒，"以茶代酒"的由来。

（六）两晋茶事

1. 惠帝

《晋四王起事》记载了惠帝爱茶的故事："惠帝蒙尘，还洛阳，黄门以瓦盂盛茶上至尊。"

惠帝在外"蒙尘"时，宦官用粗陶碗盛茶给他喝。

2. 刘琨

刘琨《与兄子南兖州刺史演书》描述了"茶为药用"的典故："前得安州干姜一斤，桂一斤，黄芩一斤，皆所须也。吾体中溃闷，常仰真茶，汝可置之。"

刘琨写到当心烦意乱时，靠茶来提神、解闷。

3. 孙楚

孙楚《歌》记载了茶的出处："茱萸出芳树颠，鲤鱼出洛水泉。白盐出河东，美豉出鲁渊。姜、桂、茶荈出巴蜀，椒桔木兰出高山。蓼苏出沟渠，精稗出中田。"

好的茶叶出自巴蜀。

4. 张孟阳

张孟阳《登成都楼》描述了"茶为饮用"的典故："借问扬子舍，想见长卿庐。程卓累千金，骄侈拟五侯。门有连骑客，翠带腰吴钩。鼎食随时进，百和妙且殊。披林采秋橘，临江钓春鱼。黑子过龙醢，果馔逾蟹蝑。芳茶冠六清，溢味播九区。人生苟安乐，兹土聊可娱。"

茶作为六大饮品之一，盛名世界；盛赞了茶的美味。

5. 傅咸

傅咸《司隶教》描述了"茶入食为商品"的典故："闻南市有蜀妪作茶粥卖，为廉事打破其器具，后又卖饼于市，而禁茶粥以困蜀姥，何哉？"

蜀妪制作茶粥在南市售卖，被官吏禁售，并打破其器具。

6. 江统

《江氏家传》描述了"茶为商品"的典故："江统，字应，迁愍怀太子洗马，尝上疏谏云：'今西园卖醯、面、蓝子、菜、茶之属，亏败国体'。"

宋朝时茶作为商品流通。

7. 左思

左思《娇女诗》描述了"茶为药用"典故："吾家有娇女，皎皎颇白皙。小字为纨素，口齿自清历。……心为茶荈剧，吹嘘对鼎立。"

"吾家娇女"心急煮茶解腻，对鼎吹火。

8. 陆纳、陆俶、谢安

《晋中兴书》描述了"以茶待客、以茶入食，以茶修身，以茶养性"的典故："陆纳为吴兴太守时，卫将军谢安尝欲诣纳，纳兄子俶怪纳无所备，不敢问之，乃私蓄十数人馔。安既至，所设唯茶果而已。俶遂陈盛馔，珍羞必具。及安去，纳杖俶四十，云：'汝既不能光益叔父，奈何秽吾素业？'"

陆纳备茶果请谢安吃饭，陆俶看其不备，摆上丰盛的菜肴；谢安走后，说："你既不能使我增加光彩，为何还破坏我廉洁的名声呢？"

9. 郭璞

郭璞《尔雅注》描述了茶的别名："树小似栀子，冬生叶，可煮羹饮。今呼早取为茶，晚取为茗，或一曰荈，蜀人名之苦茶。"

茶树外形像栀子，早采的为茶、晚采的为茗或荈；蜀地人称作苦茶。

10. 桓温

《晋书》描述了"以茶待客、以茶养性"的典故："桓温为扬州牧，性俭，每宴饮，唯下七奠柈茶果而已。"

恒温是节俭的人，设宴仅七盘茶果。

11. 任瞻

《世说》描述了任瞻爱饮茶的故事："任瞻，字育长，少时有令名，自过江失志。既下饮，问人云：'此为茶？为茗？'觉人有怪色，乃自申明云：'向问饮为热为冷'。"

任瞻失志后茶、茗不分。

12. 法瑶

《续名僧传》描述了"茶为药用"的典故:"宋释法瑶,姓杨氏,河东人。元嘉中过江,遇沈台真君武康小山寺,年垂悬车,饭所饮茶。大明中,敕吴兴礼致上京。年七十九。"

法瑶常饮茶,七十九岁仍然精神抖擞。

13. 夏侯恺

《搜神记》描述了夏侯恺视茶如命的故事:"夏侯恺因疾死,宗人字苟奴,察见鬼神,见恺来收马,并病其妻。著平上帻、单衣,入坐生时西壁大床,就人觅茶饮。"

夏侯恺去世后鬼魂坐在生前床上,向人要茶喝。

14. 虞洪

晋·王浮《神异记》描述了"以茶为祭"的典故:"余姚人虞洪,入山采茗,遇一道士,牵三青牛,引洪至瀑布山,曰'予,丹丘子也。闻子善具饮,常思见惠。山中有大茗,可以相给,祈子他日有瓯牺之余,乞相遗也'。因立奠祀。后常令家人入山,获大茗焉。"

虞洪因神仙丹丘子指点获得大茗,并以茶祭之。

15. 傅巽

傅巽《七海》描述了"茶为珍品"的典故:"蒲桃、宛奈,齐柿、燕栗,峘阳黄梨,巫山朱桔,南中茶子,西极石蜜。"

茶是珍贵物品之一。

16. 弘君举

弘君举《食檄》描述了"以茶待客"的典故:"寒温既毕,应下霜华之茗。三爵而终,应下诸蔗、木瓜、元李、杨梅,五味、橄榄,悬钩、葵羹各一杯。"

客来时端上浮有白沫的好茶一起品饮。

17. 秦精

《续搜神记》描述了"指路采茗"的故事:"晋武帝时,宣城人秦精,常入武昌山采茗,遇一毛人,长丈余,引精至山下,示以丛茗而去。俄而复还,乃探怀中橘以遗精。精怖，负茗而归。"

秦精得"毛人"指路采得大茗。

18. 单道开

《艺术传》描述了"茶为药用"的典故："敦煌人单道开，不畏寒暑，常服小石子，所服药有松、桂、蜜之气，所饮茶苏而已。"

敦煌人单道开不畏严寒，因为他常饮紫苏茶。

19. 陈务妻

《异苑》描述了"以茶为祭"的典故："剡县陈务妻，少与二子寡居，好饮茶茗。以宅中有古冢，每饮，辄先祀之。二子患之，曰：'古冢何知？徒以劳意！'欲掘去之，母苦禁而止。其夜梦一人云：'吾止此冢三百余年，卿二子恒欲见毁，赖相保护，又享吾佳茗，虽潜壤朽骨，岂忘翳桑之报！'及晓，于庭中获钱十万，似久埋者，但贯新耳。母告二子，惭之，从是祷馈愈甚。"

剡县陈务的妻子，喜欢饮茶，住处有一古墓，每饮茶总先奉祭一碗。

20. 老姥

《广陵耆老传》描述了"茶为商品"的典故："晋元帝时，有老姥每旦独提一器茗，往市鬻之。市人竞买，自旦至夕，其器不减。所得钱散路旁孤贫乞人。人或异之。州法曹絷之狱中。至夜老姥执所鬻茗器从狱牖中飞出。"

老姥提器卖茗，所赚皆用于救济孤儿、穷人和乞丐。

21. 山谦之

山谦之《吴兴记》描述了贡茶的产地："乌程县西二十里有温泉山，出御荈。"

乌程县温山出产贡茶。

（七）南北茶事

1. 新安王子鸾、豫章王子尚、昙济

南朝宋《宋录》描述了"以茶待客"的典故："新安王子鸾、豫章王子尚，诣昙济道人于八公山。道人设茶茗，子尚味之，曰：'此甘露也，何言茶茗？'"

王子鸾和王子尚拜访昙济，昙济设茶招待他们；子尚尝了尝茶说："这是甘露啊，怎么说是茶呢？"

2. 鲍昭妹令晖

南朝宋鲍昭妹令晖著《香茗赋》。

该书记载了鲍令晖所著的茶诗。

3. 世祖武帝

南朝齐《遗诏》描述了"以茶为祭"的典故："我灵座上慎勿以牲为祭，但设饼果、茶饮、干饭、酒脯而已"。

南齐世祖武帝在遗诏中写到，"我"死后祭祀只需摆放茶、果子。

4. 刘廷尉（刘孝绰）

南朝梁刘廷尉《谢晋安王饷米等启》描述了"茶为珍品"的典故："传诏李孟孙宣教旨，垂赐米、酒、瓜、笋、菹、脯、酢、茗八种。气苾新城，味芳出杜。江潭抽节，迈昌荇之珍。疆场擢翘，越茸精之美。羞非纯束野麏，裛似雪之驴；鲊异陶瓶河鲤，操如琼之粲。茗同食粲，酢类望柑。免千里宿舂，省三月粮聚。小人怀惠，大懿难忘。"

茶叶为皇族赏赐大臣的珍品之一。

5. 陶弘景

南朝梁陶弘景《杂录》描述了"茶为药用"的典故："苦茶，轻身换骨，昔旦丘子、黄山君服之。"

茶可使人轻身换骨，曾经丹丘子、黄山君就服用它。

6. 王肃

北朝北魏《后魏录》描述了王肃酷爱饮茶："琅琊王肃，仕南朝，好茗饮、莼羹。及还北地，又好羊肉、酪浆。人或问之：'茗何如酪?'肃曰：'茗不堪与酪为奴'。"

王肃投降到北魏说："茶不应该是奶酪的奴仆"。

（八）唐代茶事

李勣《本草·木部》描述了"茶为药用"的典故："茗，苦茶，味甘苦，微寒，无毒，主瘘疮，利小便，祛痰渴热，令人少睡。秋采之苦，主下气消食。"

茶可治瘘疮，利小便，祛痰渴热。

四、研习方案

（一）引入七之事

"引入七之事"研习方案见表7-1。

表7-1 "引入七之事"研习方案

研习内容	引入七之事		
学情分析	经过《茶经·七之事》专题的学习，已基本了解相关茶人及其典故		
研习目标	回顾《茶经·六之饮》，温故而知新；引入《茶经·七之事》内容，学习新知识点		
评价目标	（1）熟知饮茶重要性； （2）掌握饮茶九难		
重难点	温故而知新，引入七之事		
研习方法	（1）讲授法； （2）实物演示法； （3）讨论法		
研习环境	教师活动	学生活动	设计意图
导入 六之饮	什么是生命之源	思考，回答： 水？粮食？	思考问题 引出专题
回顾 六之饮	为什么饮茶	思考，回答： 解渴？提神？	以已学知识为引 逐步导出
讲解	翼而飞，毛而走，呿而言，饮啄以活；荡昏寐，饮之以茶。 茶有九难：一曰造，二曰别，三曰器，四曰火，五曰水，六曰炙，七曰末，八曰煮，九曰饮	认真听讲	联系实际 随堂互动
交流讨论	喝到一杯好茶，什么步骤最关键	讨论，回答： 茶有九难	

总结知识	饮啄以活，茶有九难	做笔记	引出七之事
导入七之事	三皇五帝始，尧舜禹相传；夏商与西周，东周分两段；春秋和战国，一统秦两汉；三分魏蜀吴，二晋前后沿；南北朝并立，隋唐五代传；宋元明清后，皇朝至此完。 那么人们从什么时候开始用茶的	思考，回答： 神农？	思考问题 引出专题
引入七之事	饮茶起源	讨论，回答： 神农？唐代？	以已学知识为引 逐步导出
讲解	茶之为饮，发乎神农氏，闻于鲁周公，兴于唐，盛于宋	认真听讲	联系实际 随堂互动
交流讨论	神农为什么尝百草	讨论，回答： 生活？日遇七十毒？	
总结知识	茶之为饮，发乎神农氏	做笔记	引出远古茶事

（二）三皇茶事

"引入三皇茶事"研习方案见表7-2。

表7-2 "引入三皇茶事"研习方案

研习内容	引入三皇茶事
学情分析	经过《茶经·七之事》专题的学习，已基本了解相关茶人及其典故
研习目标	在《茶经·六之饮》基础上，学习《三皇茶事》相关知识
评价目标	（1）了解炎帝神农； （2）熟知神农尝百草的典故
重难点	温故而知新，引入七之事
研习方法	（1）讲授法； （2）实物演示法； （3）讨论法

研习环境	教师活动	学生活动	设计意图
导入 三皇时期	三皇五帝始，尧舜禹相传； 为什么时期	思考，回答： 神话？远古？三皇？	思考问题 引出专题
三皇茶事	茶之为饮，发乎神农氏，三皇时期有哪些故事呢	思考，回答： 尝百草？七十毒？	以已学知识为引 逐步导出
讲解	相传《神农本草经》记载："神农尝百草，日遇七十毒，得茶解之。""茶茗久服，令人有力、悦志。"（《神农食经》）	认真听讲	联系实际 随堂互动
交流讨论	除了解毒、提神，茶叶还有什么功效	讨论，回答： 抗氧化？降脂？减肥？	
总结知识	神农尝百草，茶为药用	做笔记	引出周代茶事

（三）周代茶事

"引入周代茶事"研习方案见表7-3。

表7-3　"引入周代茶事"研习方案

研习内容	引入周代茶事		
学情分析	经过《三皇茶事》专题的学习，已基本了解相关茶人及其典故		
研习目标	在《三皇茶事》基础上，学习《周代茶事》相关知识		
评价目标	（1）了解周代茶事； （2）熟知周代茶事"以茶为食，以茶养性"的典故，以及茶的别名"槚"		
重难点	熟知周代茶事的典故		
研习方法	（1）讲授法； （2）实物演示法； （3）讨论法		
研习环境	教师活动	学生活动	设计意图
导入 茶别名	"茶叶"别名是什么呢	思考，回答： "槚"？"茶"？	思考问题 引出专题

"槚"	"槚"是什么	思考, 回答: 姓氏? 茶?	以已学知识为引 逐步导出
讲解	槚, 苦丁茶。周公旦《尔雅》首次记载了茶的别名"槚":"槚, 苦茶。"	认真听讲	联系实际 随堂互动
交流讨论	除了"槚", 还知道茶叶的哪些别名呢	讨论, 回答: 其字, 或从草, 或从木, 或草木并。其名, 一曰茶, 二曰槚, 三曰蔎, 四曰茗, 五曰荈。	
总结知识	槚, 苦丁茶	做笔记	引出茶为食用
导入 茶为食用	"茶茗久服, 令人有力、悦志。" 除了"茶为药用", "茶"还可以怎么用	思考, 回答: 炒? 炖? 饮用?	思考问题 引出专题
晏婴以茶 为食	晏子使楚的故事。 那么晏婴与茶有没有什么故事呢	讨论, 回答: 有? 没?	以已学知识为引 逐步导出
讲解	《晏子春秋》描述了"以茶为食, 以茶养性"的典故:"婴相齐景公时, 食脱粟之饭, 炙三戈、五卯茗菜而已。" 齐国晏婴, 力行节俭, 每餐粗茶淡饭而已	认真听讲	联系实际 随堂互动
交流讨论	药食同源, 现存有哪些"以茶入食"典故	讨论, 回答: 苗族的打油茶? 藏族的酥油茶?	
总结知识	"以茶为食, 以茶养性":齐国晏婴, 力行节俭, 每餐粗茶淡饭而已	做笔记	引出汉代茶事

(四) 汉代茶事

"引入汉代茶事"研习方案见表7-4。

表7-4 "引入汉代茶事"研习方案

研习内容	引入汉代茶事
学情分析	经过《周代茶事》专题的学习, 已基本了解相关茶人及其典故
研习目标	在《周代茶事》基础上, 学习《汉代茶事》相关知识

评价目标	（1）了解汉代茶事； （2）熟知汉代茶事"以茶为祭""茶为药用"的典故，以及茶的别名"蔎"		
重难点	熟知"以茶为祭""茶为药用"的典故以及茶的别名"蔎"		
研习方法	（1）讲授法； （2）实物演示法； （3）讨论法		
研习环境	教师活动	学生活动	设计意图
导入 茶的别名	茗，即茶，为茶的别名。 茶的别名还有哪些	思考，回答： 荈？槚？	
荈	荈是什么	讨论，回答： 茶？老茶？	以已学知识为引 逐步导出
讲解	司马相如《凡将篇》描述了"茶为药用"的典故："乌喙，桔梗，芫华，款冬，贝母，木檗，蒌，芩草，芍药，桂，漏芦，蜚廉，雚菌，荈诧，白敛，白芷，菖蒲，芒消，莞椒，茱萸"。 南北朝·顾野王《玉篇》："荈，茶叶老者。" "荈诧"可为药	认真听讲	联系实际 随堂互动
交流讨论	荈，茶叶老者。茶叶放久后即可药用	讨论，回答： 白茶？普洱茶？	
总结知识	"荈"为茶的别名，且可药用	做笔记	引出茶的别名
导入 茶的别名	槚，茗，荈等均为茶，为什么呢	思考，回答：不同时期，不同民族，对"茶"或"茶叶"的称呼或发音有差别。	
蔎	西南地方的一般怎么称呼"茶"或"茶叶"	讨论，回答： 蔎？茶？	以已学知识为引 逐步导出
讲解	四川西南部称呼茶为"蔎"。扬雄《方言》记载了茶的别名"蔎"："蜀西南人谓茶曰蔎"	认真听讲	联系实际 随堂互动
交流讨论	槚、茗、荈、蔎，有什么差别	讨论，回答：槚、茗、荈，均为老茶、苦茶；蔎，为香茶。	
总结知识	"蔎"，即香茶，茶的别名	做笔记	引出三国茶事

（五）三国茶事

"引入三国茶事"研习方案见表7-5。

表7-5　"引入三国茶事"研习方案

研习内容	引入三国茶事		
学情分析	经过《汉代茶事》专题的学习，已基本了解相关茶人及其典故		
研习目标	在《汉代茶事》基础上，学习《三国茶事》相关知识		
评价目标	（1）了解三国茶事； （2）熟知三国茶事"以茶代酒"的典故		
重难点	熟知三国茶事的典故		
研习方法	（1）讲授法； （2）实物演示法； （3）讨论法		
研习环境	教师活动	学生活动	设计意图
导入宴席	中国为礼仪之邦，初一十五或久别重逢，均举国同庆或接风洗尘；在宴席上必不可少的东西是什么	思考，回答：酒？茶？饮料？	思考问题 引出专题
以茶代酒	在宴席上，若不能喝酒怎么办	思考，回答：爱喝不喝？舍命陪君子？	以已学知识为引逐步导出
讲解	《吴志·韦曜传》描述了"以茶代酒"的典故："孙皓每飨宴，坐席无不悉以七胜（升）为限，虽不尽入口，皆浇灌取尽。曜饮酒不过二升，皓初礼异，密赐茶荈以代酒。" 弘嗣不善酒力，孙皓赐茶弘嗣以代酒	认真听讲	联系实际 随堂互动
交流讨论	除了以茶代酒的典故，还有什么典故	讨论，回答：以茶为祭，以茶入食	
总结知识	"以茶代酒"	做笔记	引出两晋茶事

（六）两晋茶事

"引入两晋茶事"讲解方案见表7-6。

表7-6　"引入两晋茶事"讲解方案

教学内容	引入两晋茶事		
学情分析	经过《三国茶事》专题的学习，已基本了解相关茶人及其典故		
教学目标	在《三国茶事》基础上，学习《两晋茶事》相关知识		
评价目标	(1) 了解两晋茶事； (2) 熟知两晋茶事"茶为商品、以茶待客、以茶入食、以茶修身、以茶养性"以及喝茶提神、解腻		
重难点	熟知两晋茶事的典故		
教学方法	(1) 讲授法； (2) 实物演示法； (3) 讨论法		
教学环境	教师活动	学生活动	设计意图
导入 惠帝	中国历史上并称"吕武"的是谁	思考，回答： 吕雉？武则天？	思考问题 引出专题
惠帝	刘邦驾崩，惠帝刘盈继位，吕雉夺权，以致惠帝无事可做，何以解忧	思考，回答： 喝茶？逗鸟？	以已学知识为引 逐步导出
教师讲解	《晋四王起事》记载了惠帝爱茶的故事："惠帝蒙尘，还洛阳，黄门以瓦盂盛茶上至尊。" 惠帝蒙受屈辱、被迁出宫时，宦官用粗陶碗盛茶给他喝	认真听讲	联系实际 随堂互动
交流讨论	茶碗材质有哪些	讨论，回答： 铜制？陶制？	
总结知识	惠帝蒙受屈辱、被迁出宫时，宦官用粗陶碗盛茶给他喝	做笔记	引出刘琨
导入 刘琨	"闻鸡起舞"的由来	思考，回答： 祖逖和刘琨的故事？	思考问题 引出专题
刘琨	当你心情不好时一般会干什么	讨论，回答： 听歌？喝茶？	以已学知识为引 逐步导出
教师讲解	刘琨《与兄子南兖州刺史演书》描述了"茶为药用"的典故："前得安州干姜一斤，桂一斤，黄芩一斤，皆所须也。吾体中溃闷，常仰真茶，汝可置之。" 刘琨写到当心烦意乱时，靠茶来提神、解闷	认真听讲	联系实际 随堂互动
交流讨论	茶还有什么功效	讨论，回答： 利尿？解毒？令人少眠？	

总结知识	刘琨写到当心烦意乱时，靠茶来提神、解闷。	做笔记	引出茗茶
导入茗茶	贵州的茅台，四川的熊猫，北京的天安门，这说明什么	思考，回答：标志？特产？	思考问题 引出专题
茗茶	名茶一般会想到什么地方	讨论，回答：贵州？巴蜀？	以已学知识为引 逐步导出
讲解	孙楚《歌》记载了茶的出处："茱萸出芳树颠，鲤鱼出洛水泉。白盐出河东，美豉出鲁渊。姜、桂、茶荈出巴蜀，椒桔木兰出高。蓼苏出沟渠，精稗出中田。" 好的茶叶出自巴蜀	认真听讲	联系实际 随堂互动
交流讨论	中国十大名茶有哪些	讨论，回答：都匀毛尖？西湖龙井？	
总结知识	好的茶叶出自巴蜀	做笔记	引出茶饮
导入茶饮	茶之为饮起源于什么时候	思考，回答：唐代？晋代？	思考问题 引出专题
茶饮	世界饮品有什么	讨论，回答：茶？咖啡？	以已学知识为引 逐步导出
讲解	张孟阳《登成都楼》诗中描述了"茶为饮用"的典故："借问扬子舍，想见长卿庐。程卓累千金，骄侈拟五侯。门有连骑客，翠带腰吴钩。鼎食随时进，百和妙且殊。披林采秋橘，临江钓春鱼。黑子过龙醢，果馔逾蟹蝑，芳茶冠六清，溢味播九区。人生苟安乐，兹土聊可娱。" 茶作为六大饮品之一，盛名世界；盛赞了茶的美味	认真听讲	联系实际 随堂互动
交流讨论	现在大家常喝的饮品有什么	讨论，回答：茶？咖啡？	
总结知识	茶作为六大饮品之一，盛名世界；盛赞了茶的美味	做笔记	引出茶粥
导入茶粥	大家平时喝什么粥	思考，回答：小米粥？白米粥？	思考问题 引出专题
茶粥	茶可以熬粥吗	讨论，回答：可以？不可以？	以已学知识为引 逐步导出

讲解	傅咸《司隶教》描述了"茶入食为商品"的典故："闻南市有蜀妪作茶粥卖，为廉事打破其器具，后又卖饼于市，而禁茶粥以因蜀姥，何哉?"蜀妪制作茶粥在南市售卖，被官吏禁售，并打破其器具	认真听讲	联系实际 随堂互动
交流讨论	现在的茶食品有哪些	讨论，回答： 茶面条? 茶水饺?	
总结知识	茶入食为商品	做笔记	引出茶店
导入 茶店	印象中的茶店位置在哪里	思考，回答： 街上? 安静园中?	思考问题 引出专题
江统	是谁上奏西园卖茶影响市容	讨论，回答： 江统? 杜康?	以已学知识为引 逐步导出
讲解	《江氏家传》描述了"茶为商品"的典故："江统，字应，迁愍怀太子洗马，尝上疏谏云：'今西园卖醯、面、蓝子、菜、茶之属，亏败国体。'"宋朝时茶作为商品流通	认真听讲	联系实际 随堂互动
交流讨论	茶叶是否真的会亏败国体	讨论，回答： 答案是肯定的，为了扭转贸易利差，引发鸦片战争	
总结知识	宋朝时茶作为商品流通	做笔记	引出茶的功能
导入 茶的功能	为什么内蒙古人喜欢喝酥油茶	思考，回答： 解腻? 充饥?	思考问题 引出专题
茶的功能	解腻的食物有什么	讨论，回答： 茶叶? 山楂?	以已学知识为引 逐步导出
讲解	左思《娇女诗》描述了"茶为药用"典故："吾家有娇女，皎皎颇白皙。小字为纨素，口齿自清历。……心为茶荈剧，吹嘘对鼎立。""吾家娇女"心急煮茶解腻，对鼎吹火	认真听讲	联系实际 随堂互动
交流讨论	茶除药用还有什么作用	讨论，回答： 以茶养性? 婚嫁?	
总结知识	"吾家娇女"心急煮茶解腻，对鼎吹火	做笔记	引出传统美德
导入 传统美德	中国传统文化基本精神包括哪几点	思考，回答： 修身? 齐家? 治国?	思考问题 引出专题

修身方式	修身的方式有什么	讨论，回答： 打坐？喝茶？	以已学知识为引 逐步导出
讲解	《晋中兴书》描述了"以茶待客、以茶入食，以茶修身，以茶养性"的典故："陆纳为吴兴太守时，卫将军谢安尝诣纳，纳兄子俶怪纳无所备，不敢问之，乃私蓄十数人馔。安既至，所设唯茶果而已。俶遂陈盛馔，珍羞必具。及安去，纳杖俶四十，云：'汝既不能光益叔父，奈何秽吾素业？'" 陆纳备茶果请谢安吃饭，陆俶看其不备，摆上丰盛的菜肴；谢安走后，说："你既不能使我增加光彩，为何还破坏我廉洁的名声呢？"	认真听讲	联系实际 随堂互动
交流讨论	待客时需要准备什么	讨论，回答： 酒？茶？水果？	
总结知识	陆纳备茶果请谢安吃饭，陆俶看其不备，摆上丰盛的菜肴；谢安走后，说："你既不能使我增加光彩，为何还破坏我廉洁的名声呢？"	做笔记	引出时间
导入 时间	"一寸光阴一寸金"说明时间的重要性	思考，回答： 是？不是？	思考问题 引出专题
时间	"早采一天是宝，晚采一天是草。"指什么	讨论，回答： 会？不会？	以已学知识为引 逐步导出
讲解	郭璞《尔雅注》描述了茶的别名："树小似栀子，冬生叶，可煮羹饮。今呼早取为茶，晚取为茗，或一曰荈，蜀人名之苦荼。" 茶树外形像栀子，早采的为茶、晚采的为茗或荈；蜀地人称作苦茶	认真听讲	联系实际 随堂互动
交流讨论	早采和晚采的茶有什么区别	讨论，回答： 名字不一样？品质不同？	
总结知识	茶树外形像栀子，早采的为茶、晚采的为茗或荈；蜀地人称作苦茶	做笔记	引出齐家方式
导入 传统美德	中国传统文化基本精神包括哪几点	思考，回答： 修身？齐家？治国？	思考问题 引出专题
齐家方式	齐家的方式有什么	讨论，回答： 打坐？喝茶？	以已学知识为引 逐步导出

讲解	《晋书》描述了"以茶待客、以茶养廉"的典故："桓温为扬州牧，性俭，每燕饮，唯下七奠柈茶果而已。" 温是节俭的人，设宴仅七盘茶果	认真听讲	联系实际 随堂互动
交流讨论	齐家方式除了勤俭节约还有什么	讨论，回答： 尊老爱幼？家庭和睦？	
总结知识	桓温是节俭的人，设宴仅七盘茶果	做笔记	引出茗、茶
导入 茗、茶	名茶和茗茶有没有区别	思考，回答： 有？没有？	思考问题 引出专题
茗与茶的 差别	郭璞：早采为茶，晚采为茗。茗和茶哪个更好	讨论，回答： 茶？茗？	以已学知识为引 逐步导出
讲解	《世说》描述了任瞻爱饮的故事："任瞻，字育长，少时有令名，自过江失志。既下饮，问人云：'此为茶？为茗？'觉人有怪色，乃自申明云：'向问饮为热为冷'。" 任瞻失志后茶、茗不分	认真听讲	联系实际 随堂互动
交流讨论	任瞻为什么会问茗和茶的差别	讨论，回答： 酷爱茶？神志不清？	
总结知识	任瞻失志后茶、茗不分	做笔记	引出长寿
导入 长寿	为什么妖精都想吃唐僧肉	思考，回答： 长生不老？充饥？	思考问题 引出专题
喝茶	长期喝茶是否可以延年益寿	讨论，回答： 可以？不可以？	以已学知识为引 逐步导出
讲解	《续名僧传》描述了"茶为药用"的典故："宋释法瑶，姓杨氏，河东人。元嘉中过江，遇沈台真君武康小山寺，年垂悬车，饭所饮茶。大明中，敕吴兴礼致上京。年七十九。" 法瑶常饮茶，七十九岁仍然精神抖擞	认真听讲	联系实际 随堂互动
交流讨论	长期饮茶有什么功效	讨论，回答： 益寿？抗氧化？	
总结知识	法瑶常饮茶，七十九岁仍然精神抖擞	做笔记	引出情至深
导入 情至深	为什么会有"人鬼情未了"的故事	思考，回答： 情至深？鬼魂索命？	思考问题 引出专题
感情	爱人之深则人鬼情未了，那么爱茶深会不会也有茶情未了	讨论，回答： 会？不会？	以已学知识为引 逐步导出

讲解	《搜神记》描述了夏侯恺视茶如命的故事:"夏侯恺因疾死,宗人子苟奴,察见鬼神,见恺来收马,并病其妻。著平上帻、单衣,入坐生时西壁大床,就人觅茶饮。" 夏侯恺去世后鬼魂坐在生前床上,向人要茶喝	认真听讲	联系实际 随堂互动
交流讨论	俗话说"人走茶凉",那么感情深是否真的会人走茶凉	讨论,回答: 会? 不会?	
总结知识	夏侯恺去世后鬼魂坐在生前床上,向人要茶喝	做笔记	引出求愿
导入 待客之道	客人到来一般怎么招待	思考,回答: 一碗酸菜? 一坛老酒?	思考问题 引出专题
客来敬茶	酸菜味大,酒后误事,那么一杯清茶会不会更好	讨论,回答: 会? 不会?	以已学知识为引 逐步导出
讲解	弘君举《食檄》描述了"以茶待客"的典故:"寒温既毕,应下霜华之茗。三爵而终,应下诸蔗、木瓜、元李、杨梅、五味、橄榄、悬钩、葵羹各一杯。" 客来时端上浮有白沫的好茶一起品饮	认真听讲	联系实际 随堂互动
交流讨论	为什么客来敬茶	讨论,回答: 芳茶冠六情,溢味播九区。	
总结知识	客来时端上浮有白沫的好茶一起品饮	做笔记	引出毛人赠茶
导入 毛人赠茶	茶树是由毛人看护的吗	思考,回答: 是? 不是?	思考问题 引出专题
毛人赠茶	"指路采茗"的故事中的主人公是谁	思考,回答: 毛人? 秦精? 茶?	以已学知识为引 逐步导出
讲解	《续搜神记》描述了"指路采茗"的故事:"晋武帝时,宣城市人秦精,常入武昌山采茗,遇一毛人,长丈余,引精至山下,示以丛茗而去。俄而复还,乃探怀中桔以遗精。精怖,负茗而归。" 秦精得"毛人"指路采得大茗	认真听讲	联系实际 随堂互动
交流讨论	毛人象征野蛮,而茶象征文明,为什么毛人和茶会联系在一起	讨论,回答: 提升茶的身价? 茶生长在野外?	
总结知识	秦精得"毛人"指路采得大茗	做笔记	引出茶的功能

续表

导入 茶的功能	为什么感冒喝姜茶	思考，回答： 驱寒？解渴？	思考问题 引出专题
茶的功能	可以驱寒的食物有什么	讨论，回答： 茶叶？山楂？	以已学知识为引 逐步导出
讲解	《艺术传》描述了"茶为药用"的典故："敦煌人单道开，不畏寒暑，常服小石子，所服药有松、桂、蜜之气，所饮茶苏而已。" 敦煌人单道开不畏严寒，因常饮紫苏茶	认真听讲	联系实际 随堂互动
交流讨论	什么茶驱寒效果更好	讨论，回答： 红茶？黑茶？	
总结知识	敦煌人单道开不畏严寒，因常饮紫苏茶	做笔记	引出祭品
导入 祭品	常见的祭品有哪些	思考，回答： 猪？羊？	引出专题
祭品	茶是否可以作为祭品	讨论，回答： 可以？不可以？	以已学知识为引 逐步导出
讲解	《异苑》描述了"以茶为祭"的典故："剡县陈务妻，少与二子寡居，好饮茶茗。以宅中有古冢，每饮，辄先祀之。儿子患之，曰：'古冢何知？徒以劳意！'欲掘去之，母苦禁而止。其夜梦一人云：'吾止此冢三百余年，卿二子恒欲见毁，赖相保护，又享吾佳茗，虽潜壤朽骨，岂忘翳桑之报！'及晓，于庭中获钱十万，似久埋者，但贯新耳。母告二子惭之，从是祷馈愈甚。" 剡县陈务的妻子，喜欢饮茶，住处有一古墓，每饮茶总先奉祭一碗	认真听讲	联系实际 随堂互动
交流讨论	茶为什么可以作为祭品	讨论，回答： 茶为洁净之物，以表尊敬。	
总结知识	剡县陈务的妻子，喜欢饮茶，住处有一古墓，每饮茶总先奉祭一碗	做笔记	引出扫帚
导入 扫帚	《白雪公主》里面女巫为什么可以骑着扫帚飞	思考，回答： 有魔法？能量？	思考问题 引出专题
茶具	那么在与茶有关的典故里面是否有人会骑着茶具飞	讨论，回答： 会？不会？	以已学知识为引 逐步导出

讲解	《广陵耆老传》描述了"茶为商品"的典故："晋元帝时，有老姥每旦独提一器茗，往市鬻之。市人竞买，自旦至夕，其器不减。所得钱散路旁孤贫乞人。人或异之。州法曹絷之狱中。至夜老姥执所鬻茗器从狱牖中飞出。"老姥提器卖茗，所赚皆用于救济孤儿、穷人和乞丐	认真听讲	联系实际随堂互动
交流讨论	为什么老姥可以骑着茶具飞	讨论，回答：爱的力量。	
总结知识	老姥提器卖茗，所赚皆用于救济孤儿、穷人和乞丐	做笔记	引出贡品
导入贡品	贡品一般有哪些	思考，回答：丝绸？茶叶？	思考问题引出专题
贡茶	贡茶产地有哪些	讨论，回答：乌程县？永嘉县？	以已学知识为引逐步导出
讲解	山谦之《吴兴记》描述了贡茶的产地："乌程县西二十里有温山，出御荈。"乌程县温山出产贡茶	认真听讲	联系实际随堂互动
交流讨论	作为贡茶的茶叶有哪些	讨论，回答：普洱？西湖龙井？	
总结知识	乌程县温山出产贡茶	做笔记	引出南北朝茶事

（七）南北茶事

"引入南北朝茶事"研习方案见表7-7。

表7-7　"引入南北朝茶事"研习方案

研习内容	引入南北朝茶事
学情分析	经过《两晋茶事》专题的学习，已基本了解相关茶人及其典故
研习目标	在《两晋茶事》基础上，学习《南北朝茶事》相关知识
评价目标	（1）了解南北朝茶事； （2）熟知南北朝茶事

重难点	熟知南北朝茶事的典故		
研习方法	（1）讲授法； （2）实物演示法； （3）讨论法		
研习环境	教师活动	学生活动	设计意图
导入 待客之道	客人到来一般怎么招待	思考，回答： 一碗酸菜？一坛老酒？	思考问题 引出专题
客来敬茶	酸菜味大，酒后误事，那么一杯清茶会不会更好	讨论，回答： 会？不会？	以已学知识为引逐步导出
讲解	南朝宋《宋录》描述了"以茶待客"的典故："新安王子鸾、豫章王子尚，诣县济道人于八公山。道人设茶茗，子尚味之，曰：'此甘露也，何言茶茗？'" 王子鸾和王子尚拜访昙济，昙济设茶招待他们；子尚尝了尝茶说："这是甘露啊，怎么说是茶呢？"	认真听讲	联系实际 随堂互动
交流讨论	玉露和甘露有没有区别	讨论，回答： 有？没有？	
总结知识	王子鸾和王子尚拜访昙济，昙济设茶招待他们；子尚尝了尝茶说："这是甘露啊，怎么说是茶呢？"	做笔记	引出诗词
导入 诗词	学过的诗词有哪些	思考，回答： 茶诗？古诗？	思考问题 引出专题
鲍晖 茶诗	描写茶的诗句有	讨论，回答： 《拟青青河畔草》？《香茗赋》？	以已学知识为引逐步导出
讲解	南朝宋鲍昭妹令晖著《香茗赋》，该书记载了鲍令晖所著茶诗	认真听讲	联系实际 随堂互动
交流讨论	唐代的茶诗有哪些	讨论，回答： 《六羡歌》？《娇女诗》？	
总结知识	该书记载了鲍令晖所著茶诗	做笔记	引出祭品
导入 祭品	常见的祭品有哪些	思考，回答： 猪？羊？	引出专题

祭品	茶是否可以作为祭品	讨论，回答：可以？不可以？	以已学知识为引逐步导出
讲解	南北朝齐国《遗诏》描述了"以茶为祭"的典故："我灵座上慎勿以牲为祭，但设饼果、茶饮、干饭、酒脯而已"。 南齐世祖武帝在遗诏中写到，"我"死后祭祀只需摆放茶、果子	认真听讲	联系实际随堂互动
交流讨论	茶除了用作祭祀还可以用作什么	讨论，回答：婚嫁？礼品？	
总结知识	南齐世祖武帝在遗诏中写到，"我"死后祭祀只需摆放茶、果子	做笔记	引出赏赐
导入赏赐	当你表现优异时，老师会干什么	思考，回答：夸奖？奖励？	思考问题引出专题
赏赐	一般历代皇族赏赐大臣的物品有哪些	讨论，回答：米？茶？	以已学知识为引逐步导出
讲解	南朝梁刘廷尉《谢晋安王饷米等启》描述了"茶为珍品"的典故："传诏李孟孙宣教旨，垂赐米、酒、瓜、笋、菹、脯、酢、茗八种。气苾新城，味芳云松。江潭抽节，迈昌荇之珍。疆场擢翘，越葺精之美。羞非纯束野麏，裛似雪之驴；鲊异陶瓶河鲤，操如琼之粲。茗同食粲，鲊类望柑。免千里宿春，省三月粮聚。小人怀惠，大懿难忘。" 茶叶为皇族赏赐大臣的珍品之一	认真听讲	联系实际随堂互动
交流讨论	茶为什么可以作为赏赐品	讨论，回答：珍贵？好喝？	
总结知识	茶叶为皇族赏赐大臣的珍品之一	做笔记	引出运动
导入运动	平常我们运动的目的是什么	思考，回答：降脂？热爱？	思考问题引出专题
茶的功能	降脂的食物有哪些	讨论，回答：茶叶？蔬菜？	以已学知识为引逐步导出

讲解	南朝梁陶弘景《杂录》描述了"茶为药用"的典故："苦茶，轻身换骨，昔旦丘子、黄山君服之。" 茶可使人轻身换骨，曾经丹丘子、黄山君就服用它	认真听讲	联系实际 随堂互动
交流讨论	饮茶降脂的原理	讨论，回答： 茶多酚类化合物能溶解脂肪。	
总结知识	茶可使人轻身换骨，曾经丹丘子、黄山君就服用它	做笔记	引出饮品
导入 饮品	平常大家常喝的饮品有哪些	思考，回答： 茶？牛奶？	思考问题 引出专题
茶	现在茶和牛奶谁更受欢迎	讨论，回答： 茶？牛奶？	以已学知识为引 逐步导出
讲解	北朝北魏《后魏录》描述了王肃酷爱饮茶："琅琊王肃，仕南朝，好茗饮、莼羹。及还北地，又好羊肉、酪浆。人或问之：'茗何如酪？'肃曰：'茗不堪与酪为奴'。" 王肃投降到北魏说："茶不应该是奶酪的奴仆"	认真听讲	联系实际 随堂互动
交流讨论	茶和牛奶可以一起喝吗	讨论，回答： 可以？不可以？	
总结知识	王肃投降到北魏说："茶不应该是奶酪的奴仆"	做笔记	引出唐代茶事

（八）唐代茶事

"引入唐代茶事"研习方案见表7-8。

表7-8　"引入唐代茶事"研习方案

研习内容	引入唐代茶事
学情分析	经过《南北朝茶事》专题的学习，已基本了解相关茶人及其典故
研习目标	在《南北朝茶事》基础上，学习《唐代茶事》相关知识
评价目标	（1）了解唐代茶事； （2）熟知

重难点	熟知唐代茶事的典故		
研习方法	（1）讲授法； （2）实物演示法； （3）讨论法		
研习环境	教师活动	学生活动	设计意图
导入 唐代茶事	"神农尝百草，日遇七十毒，得茶解之。"说明茶有什么功效	思考，回答： 解毒	思考问题 引出专题
唐代茶事	茶除了可以解毒还有什么功效	思考，回答： 祛痰？利尿？	以已学知识为引 逐步导出
讲解	徐勣《本草·木部》描述了"茶为药用"的典故："茗，苦茶，味甘苦，微寒，无毒，主瘘疮，利小便，祛痰渴热，令人少睡。秋采之苦，主下气消食。" 茶可治瘘疮，利小便，祛痰渴热	认真听讲	联系实际 随堂互动
交流讨论	茶叶中的药用成分有哪些	讨论，回答： 茶多酚？生物碱？	
总结知识	茶可治瘘疮，利小便，祛痰渴热	做笔记	

五、课后活动

课后活动内容见表7-9。

表7-9　"茶人、茶事、茶文化交流会"活动方案

活动名称	茶人、茶事、茶文化交流会
活动时间	根据教学环节灵活安排
活动地点	根据教学环节灵活安排
活动目的	（1）扩展认知面，开拓视野，了解自然，享受自然，回归自然； （2）增进团队中个人的有效沟通，增强团队的整体互信，结识新朋友； （3）提升开放的思维模式，体验自我生存的价值，分享成功的乐趣
安全保障	专业拓展培训教师、户外安全指导员、专业技术保障设备、随队医生全程陪同

活动内容			
项目	指导教师	辅助教师	备注
找活动地点、准备人物画像、茶叶等	A老师	B老师	
组织大家进入博览馆	A老师	B老师	
看图识人，交流讨论	A老师	B老师	
看图中人物，交流关于人物的茶故事	A老师	B老师	
休息，吃饭	A老师	B老师	
分组泡茶并总结茶人故事	A老师	B老师	
结合所看所感交流茶习俗、茶文化	A老师	B老师	
老师总结活动	A老师	B老师	
活动反馈			

（1）本次活动让同学们了解并认识不同朝代有关茶的人和事及其茶习俗等；

（2）灵活的课程安排让大家不仅深刻学习茶知识，还能增强大家的团结意识

第八章

茶之出研习

《茶经·八之出》，详细地介绍了唐代八大茶叶产区的分布、茶叶特征和名山名茶等。

为了深入研究唐代茶区、历代茶区演变、中国四大茶区和世界茶区等，普及茶叶知识，传播中国茶文化；本章以陆羽《茶经·八之出》为引，从茶经原文、原文分析、知识解读、研习方案、课后活动五个方面，详细地剖析了八之出、茶区演变以及中国四大茶区和世界茶区等知识及讲解方案。

一、茶经原文

shān nán　　　yǐ xiá zhōu shàng　xiāng zhōu　jīng zhōu cì　　héng zhōu xià　　jīn zhōu　liáng zhōu yòu xià
山 南：以峡州 上，襄 州、荆 州次，衡 州下，金 州、梁 州又下。

山南道所产的茶，湖北宜昌、远安、宜都的品质是最好的，其次是湖北襄阳、谷城、光化、南漳、宜城、荆州，湖南衡山、常宁、耒阳间的湘水流域所产茶的品质就差一些，陕西石泉以东、旬阳以西、城固以西的汉水流域所产的品质就更差了。

huái nán　　　yǐ guāng zhōu shàng　yì yáng jùn　　shū zhōu cì　　shòu zhōu xià　　qí zhōu　huáng zhōu yòu xià
淮 南：以 光 州 上，义阳郡、舒州次，寿州下，蕲州、黄 州又下。

淮南道所产的茶，淮河以南、竹竿河以东的品质是最好的，其次是河南信阳、罗山与信阳、桐柏县以东和湖北应山、广水、随州、大悟三县部分地区、安徽舒城附近的茶，安徽淮南以南、霍山以北一带所产茶品质略差，湖北长江以北、巴河以东、湖北长江以北、京汉铁路以东、巴河以西所产品质更差一等。

zhè xī　　　yǐ hú zhōu shàng　cháng zhōu cì　　xuān zhōu　háng zhōu　mù zhōu　shè zhōu xià　　rùn zhōu
浙 西：以湖州 上，常 州次，宣 州、杭 州、睦 州、歙 州下，润 州、
sū zhōu yòu xià
苏 州又下。

浙西道所产的茶，以浙江嘉兴、长兴、安吉一带的品质为最好，其次是江苏常州、无锡及武进、江阴、宜兴等县，再其次是安徽长江以南、黄山、九华山以北地区及江苏溧水、溧阳等县、浙江兰溪、富春江以北、天目山脉东南地区及杭州湾北岸的海宁县、浙江桐庐、建德、淳安三县、安徽新安江流域、祁门以至江西婺源等地，最差的是江苏镇江市、丹阳、句容、金坛等县、江苏苏州地区吴县、常熟以东、浙江嘉兴地区桐乡、海盐以东北及上海的部分地区。

jiàn nán　　yǐ péng zhōu shàng　mián zhōu　shǔ zhōu cì　qióng zhōu cì　yǎ zhōu　lú zhōu xià　méi zhōu　hàn zhōu yòu xià
剑南：以彭州上，绵州、蜀州次，邛州次，雅州、泸州下，眉州、汉州又下。

剑南道所产的茶，以四川彭县一带品质为最好，其次是四川罗江上游以东、潼河以西江油、绵阳间的培江流域、四川崇庆、灌县等县，再其次是四川邛崃、大邑、浦江等县，四川雅安、名山、荥经、天全、芦山、小金等县、四川泸州市及泸县、纳溪等县的要差一些，四川眉山、乐山、彭山、丹棱一带、四川广汉、绵竹等县的最差。

zhè dōng　　yǐ yuè zhōu shàng　míng zhōu　wù zhōu cì　tāi zhōu xià
浙东：以越州上，明州、婺州次，台州下。

浙东道所产的茶，以浙江余姚和嵊州一带的品质为最好，其次是浙江甬江流域及慈溪、舟山群岛等地、浙江金华，再其次是浙江临海、黄岩、温岭、仙居、天台、宁海等县。

qián zhōng　shēng sī zhōu　bō zhōu　fèi zhōu　yí zhōu
黔中：生思州、播州、费州、夷州。

黔中道这个区域里，贵州务川、印江、沿河和四川酉阳等县、贵州遵义市和桐梓等县、贵州德江县东南一带、贵州石阡县一带都生产茶。

jiāng nán　shēng è zhōu　yuán zhōu　jí zhōu
江南：生鄂州、袁州、吉州。

江南道这个区域中，湖北武汉长江以南部分地区、黄石和咸宁地区、江西萍乡和新余以西的袁水流域、江西新干、泰和间的赣江流域及安福、永新等县这些地区都生产茶。

岭南：生福州、建州、韶州、象州。

岭南道区域，产茶的地方就更多了，福建龙溪口以东的闽江流域和洞宫山以东、福建省建阳建瓯、南平一带、广西象州县一带都生产茶。

其思、播、费、夷、鄂、袁、吉、福、建、韶、象十一州，未详。往往得之，其味极佳。

思、播、费、夷、鄂、袁、吉、福、建、韶、象十一州情况不明确。每次品这些地区所产的茶，味道都让人惊叹不已。

二、原文分析

唐太宗贞观元年（627），将天下划分为十个道，即关内道、河南道、河东道、河北道、山南道、陇右道、淮南道、江南道、剑南道、岭南道；唐玄宗开元二十一年（733），进一步分成了十五个道，山南道分置为东、西二道，关内道长安附近增置京畿道，河南洛阳附近增置都畿道，江南分置江南东道、江南西道和黔中道。

《茶经》根据当时的实际茶叶产地将其划分为八大产区，并没有严格按照当时的行政区域来叙述。

（一）山南

山南即山南道。

唐开元"十五道"之一，今四川东部，陕西、甘肃南部，河南西南部，湖北以西。

1. 峡州

天宝元年（742）改为夷陵郡，乾元元年（758）又改为硖州，今湖北宜昌、远安、宜都等地区，其主要茶产地有夷陵（今湖北宜昌）、宜都和远安，所产名茶有夷陵小江园、碧涧茶、明月茶、茱萸茶、芳蕊茶、夷陵茶、压砖、东川兽目。

远安县，在今湖北远安，居长江北岸。

宜都县，在今湖北宜都，居长江南岸。

夷陵县，在今湖北宜昌市东南。

"簇簇新英摘露光，小江园里火煎尝。"（宋·郑谷《峡中尝茶》）

"定访玉泉幽院宿，应过碧涧早茶时。"（唐·张籍《送枝江刘明府》）

"峡州有夷陵小江园、碧涧寮、明月房、茱萸寮。"（唐·李肇《唐国史补》）

"茶之所产，六经载之详矣，独异美之名未备……若东川曰兽目。"（宋·杨伯嵒《臆乘》）

2. 襄州

唐武德四年（621）改为襄州，今湖北襄阳、谷城、光化、南漳、宜城等县，其主要茶产地为南漳县（今湖北南漳），所产名茶为襄州茶。

3. 荆州

唐武德四年（621）改为荆州，今湖北荆州，其主要茶产地为江陵（湖北江陵），所产名茶有仙人掌茶和楠木茶。

"荆州玉泉寺近清溪诸山……，其状如手，名为'仙人掌茶'。"（唐·李白《赠玉泉仙人掌茶诗序》）

"江陵有楠木茶。"（唐·李肇《唐国史补》）

4. 衡州

唐武德四年（621）设置，今湖南衡山、常宁、耒阳间的湘水流域，其主要茶产地为衡山和茶陵，所产名茶有石廪茶、衡山团饼、衡山玉团、衡山茶。

"客有衡岳隐，遗余石廪茶。"（唐·李群玉《龙山人惠石廪方及团茶》）

"衡州衡山，团饼而巨串，岁取十万。"（唐·杨晔《膳夫经手录》）

271

"湖南有衡山茶。"（唐·李肇《唐国史补》）

5. 金州

唐武德元年（618）设置，今陕西石泉以东、旬阳以西的汉水流域，其主要茶产地为安康和西城，今为汉阴和安康，所产名茶有紫阳茶、金州芽茶和茶牙。

"自昔关南春独早，清明已煮紫阳茶。"（清·叶世倬《春日兴安舟中杂咏》）

6. 梁州

武德元年（618）设梁州总管府，今陕西城固以西的汉水流域，其主要茶产地为金牛（陕西宁强东北地区）和褒城，今为陕西城固、汉中、宁强，所产名茶有西乡月团茶和梁州茶。

（二）淮南

淮南即淮南道。

唐开元"十五道"之一，今淮河以南，长江以北，东至海，西至湖北应山、汉阳一带，此外还包括河南的东南部地区。

1. 光州

唐武德三年（620）改隋弋阳郡为光州，为今淮河以南、竹竿河以东地区，其主要茶产地为光山县（今河南光山），所产名茶为光山茶。

2. 义阳郡

义阳郡，于唐武德四年（621）设置，今河南罗山、桐柏东部以及湖北应山、大悟、随县三县部分地区，其主要茶产地为义阳县（今河南信阳及其周边地区），所产名茶有义阳茶和罗山茶。

"罗山茶，出河南汝宁府信阳州。"（明·《河南通志》）

3. 舒州

唐武德四年（621）设置，今安徽舒城附近，其主要茶产地为安徽太湖县，所产名茶为舒州天柱茶。

"舒州天柱茶虽不峻拔遒劲，亦甚甘香芳美，可重也。"（唐·杨晔《膳夫经手录》）

4. 寿州

唐武德三年（620）改隋淮南郡为寿州，今安徽淮南以南、霍山以北一带，其主要茶产地为盛唐县（安徽六安）霍山，今为安徽六安所产名茶有霍山小团、六安茶、小岘春、霍山天柱茶、霍山黄芽。

"有寿州霍山小团，此可能仿造小片龙芽作为贡品。"（唐·杨晔《膳夫经手录》）

"六安茶为天下第一。有司包贡之余，例馈权贵与朝士之故旧者。"（明·陈霆《雨山默谈·卷九》）

"小岘山，在六安州。六安茶貌小岘春。"（明·杨慎《艺林伐山》）

"寿州霍山黄芽之佳品也。"（明·王象晋《群芳谱》）

5. 蕲州

蕲州即湖北长江以北、巴河以东地区。

唐武德四年（621）改隋蕲春郡为蕲州，今湖北黄梅、蕲春、浠水、英山一带，其主要茶产地为黄梅县，所产名茶为蕲门团黄。

"蕲州有蕲门团黄。"（唐·李肇《唐国史补》）

6. 黄州

唐武德三年（620）改隋永安郡为黄州，今湖北长江以北，京汉铁路以东，巴河以西地方，其主要茶产地为麻城县，今为湖北黄冈、黄陂、麻城等地区，所产名茶为黄冈茶。

（三）浙西

浙西即浙江西道。

唐贞观"十道"之一，今江苏长江以南，茅山以东及浙江新安江以北地区。

1. 湖州

唐武德四年（621）设为湖州（今浙江嘉兴、长兴、安吉一带），其主要茶产地为长城县顾渚山谷，现在为浙江安吉、长兴一带，所产名茶为顾渚紫笋。

"牡丹花笑金钿动，传奏吴兴紫笋来。"（唐·张文规《湖州贡焙新茶》）

2. 常州

唐武德三年（620）设置，今江苏常州一带，其主要茶产地为义兴县君山悬脚岭北峰下，今为江苏宜兴市东南地区，所产名茶为阳羡茶。

273

宋代以后改义兴县为宜兴，即今江苏宜兴。

"天子未尝阳羡茶，百草不敢先开花。"（唐·卢仝《走笔谢孟谏议寄新茶》）

3. 宣州

唐武德三年（620）改为宣州，今安徽长江以南，黄山、九华山以北地区及江苏南京、溧阳等市，其主要茶产地为宣城县雅山，今为安徽宣城和芜湖，所产名茶有瑞草魁和雅山茶。

雅山，又称鸦山，或丫山，今安徽宣城境内。

"山实东吴秀，茶称瑞草魁。剖符虽俗吏，修贡亦仙才。"（唐·杜牧《题茶山》）

"宣城县有丫山……题曰丫山阳坡横纹茶。"（唐·毛文锡《茶谱》）

"早春之来宾化，横纹之出阳坡。"（宋·吴淑《茶赋》）

"昔观唐人诗，茶韵鸦山嘉，鸦衔茶子生，遂同山名鸦，重以初枪旗，采之穿烟霞，江南虽盛产，处处无此茶，纤嫩如雀舌，煎烹比露芽，竞收青蒻焙，不重漉酒纱……"（北宋·梅尧臣《答宣城张主簿遗鸦山茶次其韵》）

"宣城丫山之瑞草魁……京洛人士题曰'鸦山阳城横纹'（因其茶叶主侧脉交角偏大，形似横向纹理），又名'阳坡横纹'。"（明·王象晋《群芳谱》）

"阳坡山下，旧产佳茶，名瑞草魁，一名横纹"（清·章绶《宣城县志》）

4. 杭州

唐武德四年（621）设为杭州，今浙江兰溪、富春江以北，天目山脉东南地区及杭州湾北岸的海宁市，其主要茶产地有钱塘（浙江杭州）、於潜（浙江杭州临安区於潜镇）和临安（浙江杭州临安区）的天目山，所产名茶有径山茶、天目山茶、灵隐茶和天竺茶。

天目山，浙江四大名山（天目山、雁荡山、天台山、四明山）之一。

"文火香偏胜，寒泉味转佳。"（唐·皎然《饮天目山茶诗》）

5. 睦州

唐武德四年（621）设为睦州，今浙江桐庐、建德、淳安，其主要茶产地为桐庐县（浙江桐庐），所产名茶有鸠坑茶和睦州细茶。

"睦州鸠坑茶，味薄，研膏绝胜霍者。"（唐·杨晔《膳夫经手录》）

"茶之名品益从……睦州有鸠坑。"（唐·李肇《唐国史补》）

"睦州之鸠坑，以其水蒸之，色香味俱臻妙境。"（唐·毛文锡《茶谱》）

6. 歙州

唐武德四年（621）设为歙州，今安徽新安江流域、祁门以至江西婺源等地，其主要茶产地为婺源（江西婺源），所产名茶有婺源先春含膏、婺源方茶和歙州茶。

"歙州……其先春含膏，亦在顾渚茶品之亚列二。"（唐·杨晔《膳夫经手录》）

"歙州、婺州、祁门、婺源方茶，置制精好，不杂木叶……"（唐·杨晔《膳夫经手录》）

7. 润州

唐武德三年（620）设为润州，今江苏镇江、丹阳、句容以及常州金坛区，其主要茶产地为江宁县（江苏南京江宁区），所产名茶为润州茶。

8. 苏州

唐武德四年（621）设为苏州，今江苏苏州吴中区和相城区、常熟市以东，浙江桐乡、海盐东北及上海市的部分地区，其主要茶产地为长洲县洞庭山，即今江苏苏州吴中区和相城区，所产名茶为碧螺春。

洞庭山，在太湖中，现在分为东、西两洞庭山。

"洞庭山有茶……产碧螺峰者尤佳，名碧螺春。"（清·《随见录》）

"洞庭东山碧螺峰石壁……题之曰碧螺春。"（清·《野史大观》）

（四）剑南

剑南即剑南道。

唐开元二十一年（733）划分的"十五道"之一，今四川涪江流域以西，大渡河流域和雅砻江下游以东；云南澜沧江、哀牢山以东，曲江、南盘江以北；及贵州六盘水水城区、普安以西和甘肃文县一带。

1. 彭州

唐垂拱二年（686）设为彭州，今四川彭州一带，其主要茶产地为九陇县（四川彭州）马鞍山至德寺、棚口，所产名茶有堋口茶、石花、彭州石龙、仙崖茶和仙崖石花。

2. 绵州

唐武德元年（618）改为绵州，今四川罗江上游以东、潼河以西江油、绵阳间的培江流域，其主要茶产地有神泉、昌明、西昌（四川绵阳安州区东）和龙安县（四川绵阳安州区）松岭关（四川绵阳安州区北），今为四川绵阳、江油，所产名茶有神泉小团、昌明茶、兽目茶、绵州茶、骑火茶和绵州松岭。

昌明、神泉两县，均在汉代的涪县。昌明县是唐代所置，神泉县则是隋开皇六年（586）所置。两县辖境相当于后来的彰明县。彰明县现已并入江油市。

"剑南有蒙顶石花、或小方、或散牙，号为第一，川东有神泉小团，吕别兽目。"（唐·李肇《唐国史补》）

"东川昌明茶，与新安含膏争其上下。"（唐·杨晔《膳夫经手录》）

"山下有白汇龙潭，上下凡三潭。其水常流，产茶名兽目茶。"（清·顾祖禹《读史方舆纪要》）

"龙安有骑火茶，最上。言不在火前，不在火后作也。清明改火，故曰骑火。"（唐·毛文锡《茶谱》）

3. 蜀州

唐垂拱二年（686）改为蜀州，今四川崇州、都江堰，其主要茶产地为青城县丈人山，所产名茶有味江茶、横牙、雀舌、鸟嘴、麦颗、片甲、蝉翼。

青城县，原名清城县，唐开元十八年（730）改清城为青城，治所在今四川都江堰市东南。

丈人山，一名青城山，在今四川都江堰。

"傍竹欲添犀浦石，栽松更碾味江茶。"（唐·周庠《寄禅月大师》）

"蜀州……有横芽、雀舌、鸟嘴、麦颗，盖取其嫩芽所造，以形似之也。又有片甲、蝉翼之异……"（唐·毛文锡《茶谱》）

4. 邛州

唐武德元年（618）割雅州五县设为邛州，今四川邛崃市及大邑、蒲江等县，其主要茶产地为太平，即今四川邛崃一带，所产名茶有火前茶、火井茶和邛州茶。

"枪旗初吐含轻烟，雨前不已称火前。"（清·弘历《火前茶》）

"甘传天下口，贵占火前名。"（唐·齐己《咏茶十二韵》）

"红纸一封书后信，绿芽十片火前春。"（唐·白居易《谢李六郎中寄新蜀茶》）

"邛州之临邛、临溪、思安、火井，有早春、火前、火后、嫩绿等上中下茶。"（唐·毛文锡《茶锡》）

"邛州之火井、思安。"（唐·李肇《唐国史补》）

5. 雅州

唐武德元年（618）改为雅州，今四川雅安、名山、荥经、天全、芦山、小金等县，其主要茶产地为百丈山和名山，今为四川雅安一带，所产名茶有蒙顶压膏露芽、蒙顶井东茶、蒙顶石花、研膏茶。

"剑南有蒙顶石花，或小方、散芽，号为第一。"（唐·李肇《唐国史补》）

"蒸之馥之香胜梅，研膏架动轰如雷。"（唐·李郢《茶山贡焙歌》）

"自建茶入贡，阳羡不复研膏，祇谓之草茶而已。"（宋·葛立方《韵语阳秋》）

"宋初闽茶，北苑为之，最初造研膏，继造腊面。"（明·谢肇淛《五杂俎·物部三》）

"《画墁录》云：'有唐茶品以阳羡为上供，……谓之研膏茶。'"（清·梁章钜《归田琐记·品茶》）

6. 泸州

唐武德四年（621）改为泸州，今四川泸县、泸州纳溪区等，其主要茶产地为泸川，今为四川宜宾和泸州，所产名茶有纳溪茶（泸州茶）和梅岭茶。

"泸州纳溪梅岭茶。"（宋·黄庭坚《煎茶记》）

7. 眉州

唐武德二年（619）设为眉州，今四川眉山、乐山、彭山、丹棱一带，其主要茶产地有丹棱县铁山和彭山，今为四川乐山、彭山、丹棱，所产名茶有峨眉雪芽、峨眉白芽茶、五花茶。

"蒙顶茶受阳气全，故芳香。唐李德裕入蜀，得蒙饼，以沃于汤瓶之上，移时尽化，乃验其真蒙顶。又有五花茶，其片作五出。"（明·慎懋官《华夷花木考》）

"芽新抽雪茗，枝重集猿枫。"（唐·贾岛《送朱休归剑南》）

8. 汉州

唐垂拱二年（686）设为汉州，今四川广汉、绵竹等市，其主要茶产地为绵竹县

（四川绵竹）竹山和什邡，所产名茶为赵坡茶。

竹山，疑为绵竹山之误，绵竹山，在过去的绵竹县西。

"蜀茶之细者，其品视南方已下，惟广汉之赵坡，合州之水南，峨眉之白牙，雅安之蒙顶，土人亦珍之……"（元《宋史》）

（五）浙东

浙东即浙江东道。

今浙江衢江流域、浦阳江流域以东。

1. 越州

唐武德四年（621）设为越州，今浙江省余姚和绍兴嵊州一带，其主要茶产地为余姚瀑布泉岭和剡县，今为浙江余姚和嵊州，所产名茶有瀑布岭仙茗和剡溪茶。

"越人遗我剡溪茶，采得金芽爨金鼎，素瓷雪色缥沫香，何似诸仙琼蕊浆。"（唐·皎然《饮茶歌诮崔石使君》）

2. 明州

唐开元十六年（728）在越州鄮县设置明州，今浙江甬江流域及慈溪、舟山群岛等地，其主要茶产地为鄮县榆荚村，今为浙江宁波鄞州区，所产名茶为明州茶。

3. 婺州

唐武德四年（621）设为婺州，今浙江金华，其主要茶产地为东阳县东白山，今为浙江金华东阳，所产名茶有东白茶、举岩茶、碧婺、婺州方茶。

"婺州方茶，制置精好，不杂木叶。"（唐·杨晔《膳夫经手录》）

"婺州有东白、举岩、碧婺。"（唐·李肇《唐国史补》）

"婺州有举岩茶，片片方细，所出虽少，味极甘芳，煎如碧乳。"（唐·毛文锡《茶谱》）

4. 台州

唐武德五年（622）改为台州，今浙江临海、台州、天台、宁海等地区，其主要茶产地为始丰县（浙江天台）赤城山。

赤城，山名，在天台县北，因土色皆赤得名。

（六）黔中

黔中即黔中道。

唐开元"十五道"之一，今湖南沅水、澧水流域，湖北清江流域，四川黔江流域和贵州东北一部分。

1. 思州

贞观四年（630）改务州为思州，底本作"恩州"。唐无恩州，疑为思州之误，今贵州务川、印江、沿河和重庆酉阳等县，所产名茶有务川高树茶和思州茶。

"茶出务川，名高树茶，色味亦佳。"（清·卫既齐《贵州通志》）

"黔之龙里、东坡……诸处产名茶，而出务川者名高树茶。"（清·张澍《黔中记闻》）

2. 播州

唐贞观十三年（639）设置，今贵州遵义播州区、桐梓县等，所产名茶为播州土生黄茶。

"夷州土产茶，播州土生黄茶。"（宋·乐史《太平寰宇记》）

3. 费州

唐贞观四年（630）设置，今贵州德江县东南一带，所产名茶为费州茶。

4. 夷州

唐武德四年（621）设置，今贵州石阡一带，所产名茶为夷州茶。

（七）江南

江南即江南道。

唐贞观"十道"之一，今浙江、福建、江西、湖南等省及江苏、安徽的长江以南，湖北、四川江南的一部分和贵州东北部地区。

1. 鄂州

唐武德四年（621）改为鄂州，今湖北武汉市长江以南部分、黄石市和咸宁市。

2. 袁州

唐武德四年（621）设置，今江西萍乡市和新余以西的袁水流域，所产名茶为界桥茶。

3. 吉州

唐武德五年（622）设置，今江西新干、泰和间的赣江流域及安福、永新等县，所产名茶有吉州贡茶和吉安茶。

"吉州贡茶。"（唐·李吉甫《元和郡县志》）

（八）岭南

岭南即岭南道。

唐贞观"十道"之一，今广东、广西大部和越南北部地区。

1. 福州

开元十三年（725）改为福州，今福建龙溪口以东的闽江流域和洞宫山以东地区，所产名茶有福州正黄茶、柏岩茶（半岩茶）、唐茶、方山露芽。

"福州正黄茶，不如在彼味峭……"（唐·杨晔《膳夫经手录》）

"柏岩茶，又名半岩茶，产于福州鼓山。"（陈宗懋《中国茶经》）

"福州方山有露芽。"（唐·李肇《唐国史补》）

2. 建州

唐武德四年（621）设置，今福建省南平建阳区一带，所产名茶有建州大团、腊面茶、建州研膏茶。

"建州大团，状类紫笋……"（唐·杨晔《膳夫经手录》）

"建州研膏茶起于南唐，太平兴国中始进御。"（南北朝·晁公武《郡斋读书志》）

3. 韶州

贞观元年（627）改为韶州，今广东韶关、曲江、乐昌、仁化、南雄，翁源等地，所产名茶有岭南茶和韶州生黄茶。

"高人惠我岭南茶，烂赏飞花雪没车。"（元·耶律楚材《在西域作茶会值雪》）

4. 象州

象州即广西象州一带。

唐武德四年（621）设置，今广西象州一带，所产名茶为象州茶。

三、知识解读

（一）引入

1. 回顾七之事

茶之为饮，发乎神农氏，闻于鲁周公。齐有晏婴，汉有扬雄、司马相如，吴有韦曜，晋有刘琨、张载、远祖纳、谢安、左思之徒，皆饮焉。

2. 引入八之出

茶者，南方之嘉木也。茶为累也，亦犹人参。上者生上党，中者生百济、新罗，下者生高丽。有生泽州、易州、幽州、檀州者，为药无效，况非此者，设服荠苨，使六疾不瘳。知人参为累，则茶累尽矣。

同学们知道茶叶主要产于哪些地方吗？

（二）八之出

唐代行政区域分为关内道、河南道、河东道、河北道、山南道、陇右道、淮南道、江南道、剑南道、岭南道、山南、江南、京畿、都畿、黔中十五道，其中山南道、淮南道、浙西道、剑南道、浙东道、黔中道、江南道、岭南道均有茶叶产出。

1. 山南道

（1）湖北宜昌、远安、宜都品质最好。

（2）湖北襄阳、谷城、光化、南漳、宜城、荆州品质较好。

（3）湖南衡山、常宁、耒阳间的湘水流域品质较差。

（4）陕西石泉以东、旬阳以西的汉水流域、城固以西的汉水流域品质最差。

2. 淮南道

（1）淮河以南、竹竿河以东品质最好。

（2）河南信阳、罗山和桐柏县东部以及湖北应山、大悟、随县、安徽舒城品质较好。

（3）安徽淮南以南、霍山以北品质较差。

（4）湖北长江以北、巴河以东、京汉铁路以东、巴河以西品质最差。

3. 浙西道

(1) 浙江嘉兴、长兴、安吉品质最好。

(2) 江苏常州、无锡及武进、江阴、宜兴品质较好。

(3) 安徽长江以南、黄山、九华山以北及江苏溧水、溧阳、浙江兰溪、富春江以北、天目山脉东南及杭州湾北岸的海宁、浙江桐庐、建德、淳安、安徽新安江流域、祁门以至江西婺源品质较差。

(4) 江苏镇江、丹阳、句容、金坛、江苏苏州吴县、常熟以东、浙江嘉兴桐乡、海盐以东北及上海品质最差。

4. 剑南道

(1) 四川彭县一带品质最好。

(2) 四川罗江上游以东、潼河以西江油、绵阳间的涪江流域、四川崇庆、灌县等县品质较好。

(3) 四川邛崃、大邑、浦江、雅安、名山、荥经、天全、芦山、小金、泸州市及泸县、纳溪等县品质较差。

(4) 四川眉山、乐山、彭山、丹棱一带、广汉、绵竹等县品质最差。

5. 浙东道

(1) 浙江余姚和嵊州一带品质最好。

(2) 浙江甬江流域及慈溪、舟山群岛、浙江金华品质较好。

(3) 浙江临海、黄岩、温岭、仙居、天台、宁海等地品质较差。

6. 黔中道

贵州务川、印江、沿河和四川酉阳、贵州遵义、桐梓、贵州德江东南一带、贵州石阡一带这些地方都产茶。

7. 江南道

湖北武汉长江以南部分、黄石和咸宁地区、江西萍乡和新余以西的袁水流域、江西新干、泰和间的赣江流域及安福、永新等县这些地区也都产茶。

8. 岭南道

福建龙溪口以东的闽江流域和洞宫山以东地区、福建省建阳建瓯、南平一带、广西象州县一带都产茶。

（三）茶区演变

历代茶区演变见表8-1。

表8-1　历代茶区演变

时间	地区	产地	历代名茶
唐以前		重庆彭水、武隆，陕西汉中、安康，四川丹棱、洪雅，四川彭山、眉山，四川邛崃，湖北鄂西，湖北长阳、五峰，湖南武陵山脉，湖北黄冈、巴东，重庆奉节，湖北鄂州，湖北宜昌黄牛峡，湖北枝城，江苏常州、宜兴，江苏淮安，安徽庐江、六安，浙江长兴，浙江永嘉雁荡山，湖南沅陵、辰溪、溆浦，湖南茶陵，贵州大方	
唐代	山南茶区	湖北宜昌、湖北襄阳、湖北江陵、湖南衡阳、陕西安康、陕西汉中	巴蜀贡茶、香茗、南安茶、武阳茶、龙凤茶饼、荆巴茶饼、武陵茶、酉阳茶、巴东真香茶、武昌茶、黄牛山茶、荆门山茶、女观山茶、望州山茶、晋陵茶、山阴坡茶、庐江茶、温山玉舜、永嘉茶、辰州溆浦茶、茶陵茶、平夷茶顾渚紫笋、蒙顶石花、碧涧、明月、方山露芽、瀑湖含膏、西山白露、霍山黄芽、蕲门月团、神泉小团、香雨、南木、东白、鸠坑、阳羡、仙茗、剡溪茶
唐代	淮南茶区	河南潢川、光山，安徽怀宁，安徽寿县，湖北蕲春，湖北黄冈、新州，河南信阳	
唐代	浙西茶区	浙江吴兴、江苏武进、安徽宣城、浙江杭州、浙江建德、安徽歙县、江苏镇江、江苏吴县	
唐代	剑南茶区	四川彭县、四川绵阳、重庆及四川成都、四川邛崃、四川雅安、四川泸州、四川眉山、四川广汉	
唐代	浙东茶区	浙江绍兴、浙江宁波、浙江金华、浙江临海	
唐代	黔中茶区	贵州务川，贵州遵义，贵州思南，贵州凤岗、石阡	
唐代	江西茶区	湖北武汉、江西宜春、江西吉安	
唐代	岭南茶区	福建福州、闽侯，福建建瓯、建阳，广东曲江、韶关，广西象州	

283

时间	地区	产地	历代名茶
宋代	江南路	江西及安徽省长江以南和江苏茅山以西	贡新銙、试新銙、白茶、龙团胜雪、御苑玉芽、万寿龙芽、上林第一、乙液清供、承平雅玩、龙凤英华、玉除清尝、启沃承恩、云叶、雪英、蜀葵、金钱、玉华、寸金、无比寿芽、万春银叶、宜年宝玉、玉清庆云、无疆寿比、玉叶长春、瑞云翔龙、长寿玉圭、兴国岩銙、香口焙銙、上品拣芽、新收拣芽、太平嘉瑞、龙苑报春、南山应瑞、兴国岩拣芽、兴国岩小龙、兴国岩小凤、拣芽、大龙、大凤、小龙、小凤、琼林玉粹、浴雪呈祥、壑源佳品、旸谷先春、寿岩却胜、延年石乳、日铸茶
	淮南路	南至长江，东至海，西至今湖北省武汉市黄陂区、河南省光山县	
	荆湖路	湖南长沙和湖北江陵	
	两浙路	浙江、上海及江苏南部	
	福建路	福建省	
元朝	江西行中书省	江西	头金、骨金、次骨、末骨、粗骨、泥片、绿英、金片、早春、华英、来泉、胜金、独行、灵草、绿芽、片金、金茗、大石枕
	湖广行中书省	湖南、湖北、广东、广西、贵州、重庆、四川南部	
明代	江西行中书省	江西	龙焙、蒙顶石花、玉叶长春、火井、思安、芽茶、家茶、孟冬、銕甲、薄片、真香、柏岩、白露、阳羡茶、举岩、阳坡、骑火、都濡、高株、麦颗、鸟嘴、云脚、绿花、紫英、白芽、瑞草魁、小四岘春、先春、石崖白、绿昌明、苏州虎丘、日铸兰雪茶
	湖广行中书省	湖南、湖北、广东、广西、贵州、重庆、四川南部	
清朝	砖茶生产中心	湖北蒲圻、咸宁，湖南临湘、岳阳	龙井茶、九曲红梅、珍眉、贡熙、强兴芽茶、平水珠茶、高邮茶、瑞龙茶、玉芝茶、岩顶茶、芭茶、建德芽茶、寿昌茶、十二都里洪坑茶、十都绿茶、天尊岩茶、径山茶、伏虎岩茶、天目山茶、南乡黄茶、天目云雾茶、黄脚岭茶、龙游芽茶、石门芽茶、绿牡丹、丽水芽茶、云雾茶、惠明茶、雁荡山、温绿、温州黄汤、东阳毛尖、举岩茶、金华贡茶、茗茶、方山早茶、莫干黄芽、慈溪贡茶、小溪茶、魏岭茶、紫凝茶、茅尖茶、区茶、灵山茶、四明山十二雷茶、龙角山茶、隐地茶、勃鸪岩茶、雪水岭茶、覆卮山茶、凤鸣山茶、后山茶、瀑布岭茶、梓乌山茶、柱山茶、五泄山茶、宜家山茶、石笕岭茶、东白山茶、罗岕片茶、界岕梗茶、顾渚山茶、剡溪茶、茶芽、泉岗辉白、鸠坑、大方、遂绿、上云茶、芽茶、普陀茶、茗山茶、屯溪绿茶、松萝茶
	乌龙茶生产中心	福建安溪、建瓯、崇安	
	红茶生产中心	湖南安化，安徽祁门、旌德，江西武宁、修水、浮梁	
	绿茶生产中心	江西婺源、德兴，浙江杭州、绍兴，江苏苏州虎丘、太湖洞庭山	
	边茶生产中心	四川雅安、天全、名山、荥经、灌县、大邑、什邡、安县、平武、汶川	
	珠兰花茶生产中心	广东罗定、泗纶	

时间	地区	产地	历代名茶
现代	江北茶区	甘、陕、豫南部、鄂、皖、苏北部、鲁东南部	铁观音、凤凰单丛、滇红、英德红茶、蒙顶茶、都匀毛尖茶、昆明十里香、西湖龙井、洞庭碧螺春、黄山毛峰、太平猴魁、武夷岩茶、庐山云雾、君山银针、六安瓜片、信阳毛尖、紫阳毛尖
	华南茶区	闽、粤中南部、桂、滇南部、琼、台	
	西南茶区	黔、滇、渝、滇中北部、藏东南部	
	江南茶区	粤、桂北部、闽中北部、皖、赣、鄂南部、湘、赣、浙	

（四）四大茶区

四大茶区见表8-2。

表8-2　四大茶区

茶区	分布范围	气候	土壤	主要产茶品种
华南茶区	闽、粤中南部、桂、滇南部、琼、台	热带季风气候和南亚热带季风气候，年均温≥20℃	多为赤红壤，部分为黄壤	红茶、普洱茶、六堡茶、绿茶、乌龙茶
西南茶区	黔、滇、渝、滇中北部、藏东南部	亚热带季风气候，年均温14~18℃	滇中北多为赤红壤、山地红壤和棕壤，川、黔及藏东南则以黄壤为主	绿茶、普洱茶、边销茶、花茶、红茶
江南茶区	粤、桂北部、闽中北部、皖、赣、鄂南部、湘、赣、浙	中亚热带季风气候、南亚热带季风气候，年均温≥15.5℃	多为红壤，部分为黄壤	绿茶、红茶、乌龙茶、白茶、黑茶
江北茶区	甘、陕、豫南部、鄂、皖、苏北部、鲁东南部	北亚热带和温暖带季风气候，年均温≥15℃	多为黄棕壤，部分为棕壤	绿茶

（五）世界茶区

世界茶区见表8-3。

285

表8-3　世界茶区

茶区		分布范围	气候	名茶
东亚茶区	中国	闽、粤中南部，桂、滇南部，琼、台、黔、滇、渝、滇中北部，藏东南部，粤、桂北部，闽中北部，皖、赣、鄂南部，湘、赣、浙、甘、陕、豫南部，鄂、皖、苏北部，鲁东南部	热带季风气候、亚热带季风气候、中亚热带季风气候、南亚热带季风气候、北亚热带季风气候、温暖带季风气候	西湖龙井、信阳毛尖、竹叶青、安吉白茶、汉中仙毫、洞庭碧螺春、崂山绿茶、祁门红茶、滇红茶、正山小种、霍山黄芽、蒙顶黄芽、白毫银针、白牡丹、安化黑茶、老班章
	日本	静冈、琦玉、宫崎、鹿儿岛、京都、三重、茨城、奈良、高知	温带海洋性季风气候	抹茶、煎茶、番茶、蒸青、粉茶、焙茶、玄米茶
南亚茶区	印度	阿萨姆茶区、西孟加拉茶区、南部茶区	热带季风气候	大吉岭红茶
	斯里兰卡	多集中在中部山区，如康提、巴杜勒、拉特纳普勒等	热带气候	锡兰红茶
	孟加拉国	锡尔赫特、吉大港等	亚热带季风型气候	七层茶
东南亚茶区	印度尼西亚	爪哇岛、苏门答腊岛	热带雨林气候	爪哇红茶
	越南	北部、中部、南部	热带季风气候	谭冲绿茶
	马来西亚	金马伦高地	热带雨林气候	独树香
西亚和欧洲茶区	高加索地区	格鲁吉亚、阿塞拜疆、俄罗斯克拉斯诺达尔	亚热带海洋性气候、干燥型气候、温带大陆性气候	刘茶、连科兰茶
	土耳其	里泽、阿尔特温、特拉布宗	亚热带地中海气候	土耳其红茶
	伊朗	吉兰省、马赞达兰省	亚热带地中海气候	伊朗红茶

茶区		分布范围	气候	名茶
东非茶区	肯尼亚	内罗毕地区西部及尼安萨地区，如凯里乔、南迪、尼耶利等	热带草原气候	红茶
	马拉维	尼亚萨湖东南部及山坡地带，如松巴、姆兰杰、布兰太尔等	热带草原气候	红茶
	乌干达	西部及西南部，如穆本德、马等萨卡	热带草原气候	薄荷味绿茶、姜味红茶
	坦桑尼亚	维多利亚湖沿岸、布科巴	热带草原气候	红茶
	莫桑比克	西北部山区	热带草原气候、热带季风气候、热带稀树草原气候	红茶
中南美茶区	阿根廷、巴西、秘鲁、厄瓜多尔、墨西哥、哥伦比亚		热带湿润气候	马黛茶

四、研习方案

（一）引入八之出

"引入八之出"研习方案见表8-4。

表8-4　"引入八之出"研习方案

研习内容	引入八之出
学情分析	经过《茶经·七之事》专题的学习，已基本了解相关茶人及其典故
研习目标	回顾《茶经·七之事》，温故而知新；引入《茶经·八之出》内容，学习新知识点
评价目标	（1）熟知饮茶的起源； （2）掌握相关茶人及其典故
重难点	温故而知新，引入八之出
研习方法	（1）讲授法； （2）实物演示法； （3）讨论法

研习环境	教师活动	学生活动	设计意图
导入 七之事	远古时期三皇指哪些	思考，回答： 神农？伏羲？	思考问题 引出专题
回顾 七之事	熟知哪些茶人及其典故	思考，回答： 神农？司马相如？	以已学知识为引 逐步导出
讲解	茶之为饮，发乎神农氏，闻于鲁周公，兴于唐，盛于宋，衰落于晚清，复兴于近代，繁荣于当代	认真听讲	联系实际 随堂互动
交流讨论	中国现在的茶学泰斗有哪几位	讨论，回答。	
总结知识	茶之为饮，发乎神农氏，闻于鲁周公。齐有晏婴，汉有扬雄、司马相如，吴有韦曜，晋有刘琨、张载、远祖纳、谢安、左思之徒，皆饮焉	做笔记	引出八之出
导入 八之出	橘生于淮南为橘，生于淮北则为枳的原因是什么	思考，回答： 气候？降水量？	思考问题 引出专题
引入 八之出	茶树生长于哪些地方	思考，回答。	思考问题 引出专题
讲解	茶，是我国南方的优良树木。选用茶叶的困难与选用人参相似。上等的人参产于上党，中等的产于百济、新罗，下等的产于高丽。出产在泽州、易州、幽州和檀州的，作药用没有功效，更何况其他地方的呢！倘若误把荠苨当人参服用，生了病也不能痊愈，明白了选用人参的困难，也就可知选用茶叶的一切了	认真听讲	联系实际，随堂互动
交流讨论	茶叶品质受哪些因素的影响	讨论，回答： 产地？品种？	
总结知识	茶者，南方之嘉木也。茶为累也，亦犹人参。上者生上党，中者生百济、新罗，下者生高丽。有生泽州、易州、幽州、檀州者，为药无效，况非此者，设服荠苨，使六疾不瘳。知人参为累，则茶累尽矣	做笔记	引出八之出

（二）八之出

"八之出"研习方案见表8-5。

表8-5 "八之出"研习方案

研习内容	八之出		
学情分析	经过《茶经·七之事》专题回顾，已基本掌握相关茶人及其典故		
研习目标	在《茶经·七之事》基础上，学习《茶经·八之出》相关知识		
评价目标	（1）熟知唐代茶区分布； （2）了解唐代各茶区的特点		
重难点	熟知唐代茶区及其特点		
研习方法	（1）讲授法； （2）实物演示法； （3）讨论法		
研习环境	教师活动	学生活动	设计意图
导入 山南道	展示唐代行政区划地图	观察，回答： 山南道？河北道？	看图说话 引出专题
山南道	山南道有哪些地方产茶	思考，回答： 静州？荆州？	以已学知识为引 逐步导出
讲解	山南茶区：峡州、襄州、荆州、衡州、金州、梁州。 峡州：湖北宜昌、远安、宜都品质最好。 襄州、荆州：湖北襄阳、谷城、光化、南漳、宜城、荆州品质较好。 衡州：湖南衡山、常宁、耒阳间的湘水流域品质饶差。 金州、梁州：陕西石泉以东、旬阳以西的汉水流域、城固以西的汉水流域品质最差	认真听讲	联系实际 随堂互动
交流讨论	山南道所产名茶有哪些	讨论，回答： 明月茶？小江园？紫阳茶？	
总结知识	山南：以峡州上，襄州、荆州次，衡州下，金州、梁州又下	做笔记	引出淮南道
导入 淮南道	展示唐代行政区划地图	思考，回答： 淮南道？关内道？	看图说话 引出专题
淮南道	淮南道有哪些地方产茶	讨论，回答： 光州？濠州？	以已学知识为引 逐步导出

289

讲解	淮南茶区：光州、义阳郡、舒州、寿州、蕲州、黄州。 光州：淮河以南、竹竿河以东品质最好。 义阳郡、舒州：河南信阳、罗山和桐柏县东部以及湖北应山、大悟、随县、安徽舒城品质较好。 寿州：安徽淮南以南、霍山以北品质较差。 蕲州、黄州：湖北长江以北、巴河以东、京汉铁路以东、巴河以西品质最差	做笔记	联系实际 随堂互动
交流讨论	淮南道所产名茶有哪些	讨论，回答： 六安茶？蕲门团黄？霍山小团？	
总结知识	淮南：以光州上，义阳郡、舒州次，寿州下，蕲州、黄州又下	做笔记	引出浙西道
导入 浙西道	展示唐代行政区划地图	思考，回答： 浙西道？陇右道？	看图说话 引出专题
浙西道	浙西道有哪些地方产茶	讨论，回答： 湖州？杭州？	以已学知识为引 逐步导出
讲解	浙西茶区：湖州、常州、宣州、杭州、睦州、歙州、润州、苏州。 湖州：浙江嘉兴、长兴、安吉品质最好。 常州：江苏常州、无锡及武进、江阴、宜兴品质较好。 宣州、杭州、睦州、歙州：安徽长江以南、黄山、九华山以北及江苏溧水、溧阳、浙江兰溪、富春江以北、天目山脉东南及杭州湾北岸的海宁、浙江桐庐、建德、淳安、安徽新安江流域、祁门以至江西婺源品质较差。 润州、苏州：江苏镇江、丹阳、句容、金坛、江苏苏州吴县、常熟以东、浙江嘉兴桐乡、海盐以东北及上海市品质最差	认真听讲	联系实际 随堂互动
交流讨论	浙西道所产名茶有哪些	讨论，回答： 顾渚紫笋？婺源方茶？碧螺春？	

总结知识	浙西：以湖州上，常州次，宣州、杭州、睦州、歙州下，润州、苏州又下	做笔记	引出剑南道
导入剑南道	展示唐代行政区划地图	思考，回答：剑南道？河东道？	看图说话 引出专题
剑南道	剑南道有哪些地方产茶	思考，回答：蜀州？姚州？	以已学知识为引 逐步导出
讲解	剑南茶区：彭州、绵州、蜀州、邛州、雅州、泸州、眉州、汉州。 彭州：四川彭县一带品质最好。 绵州、蜀州：四川罗江上游以东、潼河以西江油、绵阳间的涪江流域、四川崇庆、灌县等县品质较好。 邛州、雅州、泸州：四川邛崃、大邑、浦江、雅安、名山、荥经、天全、芦山、小金、泸州市及泸县、纳溪等县品质较差。 眉州、汉州：四川眉山、乐山、彭山、丹棱一带、广汉、绵竹等县品质最差	做笔记	联系实际 随堂互动
交流讨论	剑南道所产名茶有哪些	讨论，回答：栅口茶？火前茶？蒙顶茶？	
总结知识	剑南：以彭州上，绵州、蜀州次，邛州次，雅州、泸州下，眉州、汉州又下	做笔记	引出浙东道
导入浙东道	展示唐代行政区划地图	思考，回答：浙东道？河北道？	看图说话 引出专题
浙东道	浙东道有哪些地方产茶	思考，回答：台州？婺州？	以已学知识为引 逐步导出
讲解	浙东茶区：越州、明州、婺州、台州。 越州：浙江省宁波余姚市和绍兴嵊州市一带品质最好。 明州、婺州：浙江甬江流域及慈溪、舟山群岛、浙江省金华品质较好。 台州：浙江临海、黄岩、温岭、仙居、天台、宁海等县品质较差	做笔记	联系实际 随堂互动

交流讨论	浙东道所产名茶有哪些	讨论，回答： 婺州方茶？瀑布岭仙茗？	
总结知识	浙东：以越州上，明州、婺州次，台州下	做笔记	引出黔中道
导入 黔中道	展示唐代行政区划地图	思考，回答： 黔中道？江南道？	看图说话 引出专题
黔中道	黔中道有哪些地方产茶	思考，回答： 播州？夷州？	以已学知识为引 逐步导出
讲解	贵州务川、印江、沿河和四川酉阳、贵州遵义市、桐梓、贵州德江县东南一带、贵州石阡县一带这些地方都产茶	做笔记	联系实际 随堂互动
交流讨论	黔中道所产名茶有哪些	讨论，回答： 务川高树茶？播州土生黄茶？	
总结知识	黔中：生思州、播州、费州、夷州	做笔记	引出江南道
导入 江南道	展示唐代行政区划地图	思考、回答： 黔中道？岭南道？	看图说话 引出专题
江南道	江南道有哪些地方产茶	思考，回答： 吉州？潭州？	以已学知识为引 逐步导出
讲解	湖北武汉市长江以南部分、黄石市和咸宁地区、江西萍乡市和新余以西的袁水流域、江西新干、泰和间的赣江流域及安福、永新等县这些地区也都产茶	做笔记	联系实际 随堂互动
交流讨论	江南道所产名茶有哪些	讨论，回答： 界桥茶？吉州贡茶？	
总结知识	江南：生鄂州、袁州、吉州	做笔记	引出岭南道
导入 岭南道	展示唐代行政区划地图	思考、回答： 黔中道？岭南道？	看图说话 引出专题

岭南道	岭南道有哪些地方产茶	思考，回答： 韶州？福州？	以已学知识为引 逐步导出
讲解	福建龙溪口以东的闽江流域和洞宫山以东地区、福建省建阳建瓯、南平一带、广西象州县一带都产茶	做笔记	联系实际 随堂互动
交流讨论	岭南道所产名茶有哪些	讨论，回答： 福州正黄茶？建州大团？	
总结知识	岭南：生福州、建州、韶州、象州	做笔记	引出茶叶产区 演变

（三）茶区演变

"茶叶产区演变"研习方案见表8-6。

表8-6　"茶叶产区演变"研习方案

研习内容	茶叶产区演变		
学情分析	经过《茶经·八之出》专题的学习，已基本了解唐代茶区分布		
研习目标	回顾《茶经·八之出》，温故而知新；引入茶叶产区演变内容，学习新知识点		
评价目标	（1）熟知历代茶区分布； （2）了解历代名茶		
重难点	熟知历代茶区分布及其名茶		
研习方法	（1）讲授法； （2）实物演示法； （3）讨论法		
研习环境	教师活动	学生活动	设计意图
导入茶叶产区演变	随着朝代的更替，茶叶产区有变化吗	思考，回答： 有？没有？	思考问题 引出专题

茶叶产区演变	茶之为饮，发乎神农氏，闻于鲁周公，兴于唐，盛于宋，衰落于晚清，复兴于近代，繁荣于当代。有人了解各朝代的茶区分布吗	思考，回答： 唐：江南道、淮南道？ 宋：淮南路、荆湖路？ 元、明：江西行中书省？ 清：砖茶、乌龙茶？ 现代：江北、华南？	以已学知识为引 逐步导出
讲解	唐代茶区分为山南、淮南、浙西、剑南、浙东、黔中、江西、岭南八个； 宋代茶区分为江南路、淮南路、荆湖路、两浙路、福建路五个； 元、明茶区分为江西行中书省、湖广行中书省二个； 清朝分为砖茶、乌龙茶、红茶、绿茶、边茶、珠兰花茶六个生产中心； 现代茶区分为江北、华南、西南、江南四个	认真听讲	联系实际 随堂互动
交流讨论	从古至今茶区划分特点是什么	讨论，回答： 经济发展？种植规模？	
总结知识	茶叶产区演变（表）	做笔记	引出四大茶区

（四）四大茶区

"四大茶区"研习方案见表8-7。

表8-7 "四大茶区"研习方案

研习内容	四大茶区
学情分析	经过茶叶产区演变专题的学习，已基本了解历代茶区分布
研习目标	回顾茶叶产区演变，温故而知新；引入四大茶区内容，学习新知识点
评价目标	（1）熟知四大茶区分布； （2）了解茶区气候特点
重难点	熟知四大茶区分布及其主要产茶品种
研习方法	（1）讲授法； （2）实物演示法； （3）讨论法

研习环境	教师活动	学生活动	设计意图
导入 茶叶产区 演变	展示现代茶区地图	观察，回答： 西南茶区：贵州、云南、江西？ 华南茶区：广西、安徽？ 江北茶区：甘肃、陕西、北京？ 江南茶区：浙江、湖南？	看图说话 引出专题
茶叶产区 演变	各茶区气候特点是什么	思考，回答： 西南茶区：热带季风气候，≥20℃？ 华南茶区：亚热带季风气候，18℃？ 江北茶区：温暖带季风气候，≥15℃？ 江南茶区：南亚热带季风气候，≥15.5℃？	以已学知识为引 逐步导出
讲解	江北：甘、陕、豫南部、鄂、皖、苏北部、鲁东南部，绿茶。 华南：闽、粤中南部、桂、滇南部、琼、台，红茶、普洱茶六堡茶、绿茶、乌龙茶。 西南：黔、滇、渝、滇中北部、藏东南部，绿茶、普洱茶、边销茶、花茶、红茶。 江南：粤、桂北部、闽中北部、皖、赣、鄂南部、湘、赣、浙，绿茶、红茶、乌龙茶、白茶、黑茶	认真听讲	联系实际 随堂互动
交流讨论	四大茶区对茶产业的发展有何推动	讨论，回答： 经济？文化？	
总结知识	四大茶区（表）	做笔记	引出世界茶区

（五）世界茶区

"世界茶区"研习方案见表8-8。

表8-8　"世界茶区"研习方案

研习内容	世界茶区		
学情分析	经过四大茶区专题的学习，已基本了解四大茶区分布		
研习目标	回顾四大茶区，温故而知新；引入世界茶区内容，学习新知识点		
评价目标	（1）熟知世界茶区分布范围； （2）了解茶区名茶		
重难点	熟知世界茶区分布及其名茶		
研习方法	（1）讲授法； （2）实物演示法； （3）讨论法		
研习环境	教师活动	学生活动	设计意图
导入 世界茶区	除了中国还有哪些国家产茶	思考，回答： 俄罗斯？日本？	思考问题 引出专题
茶叶产区 演变	世界茶区气候特点	思考，回答： 东亚茶区：北亚热带季风气候、温暖带季风气候？ 东非茶区：热带草原气候？	以已学知识为引 逐步导出
讲解	东亚茶区：中国、日本；南亚茶区：印度、斯里兰卡、孟加拉国；东南亚茶区：印度尼西亚、越南、马来西亚。西亚和欧洲茶区：欧洲俄罗斯、土耳其、伊朗。 东非茶区：肯尼亚、马拉维、乌干达、坦桑尼亚、莫桑比克。中南美茶区：阿根廷、巴西、秘鲁、厄瓜多尔、墨西哥、哥伦比亚	认真听讲	联系实际 随堂互动
交流讨论	茶树种植主要集中在哪几个洲	讨论，回答： 亚洲？欧洲？非洲？	
总结知识	世界茶区（表）	做笔记	

五、课后活动

课后活动内容见表8-9。

表8-9　"赏园悉性"活动方案

活动名称	赏园悉性		
活动时间	根据教学环节灵活安排		
活动地点	根据教学环节灵活安排		
活动目的	（1）扩展学生认知面，开拓视野，了解自然，享受自然，回归自然； （2）增进团队中个人的有效沟通，增强团队的整体互信，结识新朋友； （3）提升开放的思维模式，体验自我生存的价值，分享成功的乐趣		
安全保障	专业拓展培训教师、户外安全指导员、专业技术保障设备、随队医生全程陪同		
活动内容			
项目	指导教师	辅助教师	备注
集合，从学校出发乘车去往茶园	A老师	B老师	
网上观看茶区宣传片	A老师	B老师	
徒步参观茶园，领略茶园风光	A老师	B老师	
访问茶农，了解茶园的生产情况	A老师	B老师	
体验采摘茶叶	A老师	B老师	
品尝茶叶	A老师	B老师	
午餐	A老师	B老师	
集合，乘车返回学校	A老师	B老师	
活动反馈			
通过本次活动，学生对茶叶生长环境和茶叶加工技术方面有了更深刻的认知，对茶园设计也有所了解。学生的观察能力及表达能力也有所提高			

第九章

茶之略研习

《茶经·九之略》原文共221字，详细地介绍了在一定条件下，有些制茶用具、煮茶器具可省略等。

为了深入研究茶叶制作、冲泡过程可省略的步骤及其用具和器具，弃繁从简，传播中国茶文化；本章以陆羽《茶经·九之略》为引，从茶经原文、原文分析、知识解读、研习方案、课后活动五个方面，详细地剖析了制茶工艺及其用具，以及煮茶过程中可省略的步骤和器具。

一、茶经原文

其造具，若方春禁火之时，于野寺山园，丛手而掇，乃蒸，乃舂，乃拍，以火干之，则又棨、扑、焙、贯、棚、穿、育等七事皆废。

> 对于制茶用具，若春季清明前后，在野外自然环境下寺院或山间的茶园，大家一起采茶，即刻进行杀青、揉捻、干燥，那么棨、扑、焙、贯、棚、穿、育七种制茶工具皆可省略。

其煮器，若松间石上可坐，则具列废。用槁薪、鼎锧之属，则风炉、灰承、炭挝、火筴、交床等废。若瞰泉临涧，则水方、涤方、漉水囊废。若五人以下，茶可末而精者，则罗废。若援藟跻岩，引絙入洞，于山口灸而末之，或纸包合贮，则碾、拂末等废。既瓢、碗、筴、札、熟盂、醝簋悉以一筥盛之，则都篮废。

> 对于泡茶器具，若在山涧、松林间煮茶，茶具放于石上，可省略摆放茶具的架子；若用枯柴、鼎枥烧水，可省略风炉、灰承、炭挝、火筴、交床等器具；若在泉水、溪水边煮茶，用水

方便，可省略水方、涤方、漉水囊；若饮茶少于五人，充分碾茶，使其更加精细，可省略罗筛；若攀登高山，或者顺着粗大的绳索进入山洞，提前把茶烤好、捣碎，用纸或盒子包装，可省略碾和拂末；若瓢、碗、竹筴、札、熟盂、醾篮这些工具都能装进一筥里，可省略都篮。

<ruby>但城邑之中<rt>dàn chéng yì zhī zhōng</rt></ruby>，<ruby>王公之门<rt>wáng gōng zhī mén</rt></ruby>，<ruby>二十四器阙一<rt>èr shí sì qì quē yī</rt></ruby>，<ruby>则茶废矣<rt>zé chá fèi yǐ</rt></ruby>！

而在都市之中，在贵族家中饮茶，所用的器具缺少任何一样，都会让饮茶失去风味。

二、原文分析

（一）禁火

禁火即清明前一日或二日；最早见于《周礼·司烜氏》："仲春以木铎修火禁于国中。"

"火禁开何晚，春芳半已凋。"（宋·欧阳修《禁火》）

"晋阳寒食地，风俗旧来传。雨灭龙蛇火，春生鸿雁天。泣多流水涨，歌发舞云旋。西见之推庙，空为人所怜。"（唐·王昌龄《寒食即事》）

"三月心星见辰，出火。禁烟、插柳，谓厌此耳。寒食有内伤之虞，故令人作秋千、蹴鞠之戏以动荡之。"（唐·段成式《酉阳杂俎》）

"几日春阴画不成，才过寒食又清明。"（清·黄遵宪《寒食诗》）

（二）野寺山园

野寺山园即野外寺院或山间茶园。"野"，即野外或郊外。

"野，郊外也……邑外谓之郊，郊外谓之野。"（东汉·许慎《说文解字》）

"寺"，即寺院的茶园。最早起源于八世纪中叶，马祖道一率先于江西倡行一种

"农禅结合"的习禅生活；九世纪中叶，江南新型的禅林经济已有长足发展。

山园，即园林或园地。

"至于才名之士，咸被荐擢，假有未居显位者，皆置之门下，以为宾客，每山园游燕，必见招携。"（唐·李百药《北齐书·文襄帝纪》）

"瓦木诸物，凡入用者，尽赐下民；山园之田，各还本主。"（唐·令狐德棻《周书·武帝纪下》）

"山园寂寂春将晚，酷爱幽花似蜜香。"（宋·陆游《新辟小园》）

（三）丛手

丛手即众人一起动手。

丛，即聚集，许多事物凑在一起。

手，即人使用工具的上肢前端。

"砚工视之，贺曰：'此必有宝石藏中……'即丛手攻剖，果得一石于泓水中，大如鹅卵。"（宋·何薳《春渚纪闻·丁晋公石子砚》）

（四）掇

掇即采取。

"掇，拾取也。"（东汉·许慎《说文解字》）

（五）舂

舂即揉捻。

"舂，捣粟也。"（东汉·许慎《说文解字》）

"水舂河漕。"（南北朝·范晔《后汉书·西羌传》）

（六）鼎枥

鼎枥即煮茶的锅，始见于商代。

"心为茶荈剧，吹嘘对鼎枥。"（西晋·左思《娇女诗》）

"巽木于下者为鼎，象析木以炊也。"（周·姬昌《易》）

"鼎，三足两耳，和五味之宝器也。"（东汉·许慎《说文解字》）

（七）蘽

蘽即藤蔓。

"南有樛木，葛蘽藟之。"（西周·姬旦《国风·周南·樛木》）

"葛蘽藟于桂树兮。"（汉·刘向《九叹》）

（八）跻

跻即攀登，到达。

"跻，登也。"（东汉·许慎《说文解字》）

"跻于九陵，勿逐。"（周·姬昌《易经》）

"跻彼公堂，称彼兕觥。"（西周·姬旦《国风·豳风·七月》）

"跻蹐连绝。"（西汉·王褒《洞箫赋》）

（九）絚

絚即粗大的绳索。

"昶诣江陵，两岸引竹絚为桥，渡水击之。"（西晋·陈寿《王昶传》）

（十）阙

阙同缺，即空缺；缺少。

"三纲之道，天地之纪，毋乃有阙?"（明·罗贯中《三国演义》）

"每车一偏在前，别用甲士五五二十五人随后，塞其阙漏。车伤一人，伍即补之，有进无退。"（明·冯梦龙《东周列国志》）

（十一）制茶工具

制蒸青团茶的工具有：棨、扑、焙、贯、棚、穿、育，其功能同"二之具"。

303

（十二）煮茶器具

唐代煮茶器具包括风炉、炭挝、火筴、筥、交床、具列、複、筴、罗合、则、竹筴、纸囊、碾、涤方、碗、水方、漉水囊、瓢、熟盂、鹾簋、灰承、札、巾、都篮、畚，其功能同"四之器"。

（十三）槁薪

槁薪即枯柴。

"槀，木枯也。"（东汉·许慎《说文解字》）

"离为科上槁。"（周·姬昌《易·说卦传》）

"形固可使如槁木。"（东周·庄周《庄子·齐物论》）

"则苗槁矣。"（东周·孟子《孟子·梁惠王上》）

（十四）城邑

城邑即城镇。

"城子崖遗址环绕着长方形的板筑城墙，南北约四百五十公尺，东西约三百九十公尺，住房多在城内。"（范文澜《中国通史》）。

"城市臣观大王无意偿赵王城邑。"（西汉·司马迁《史记》）

"且夫制城邑若体性焉，有首领股肱，至於手拇毛脉，大能掉小，故变而不勤。"（东周·左丘明《国语》）

"以天下城邑封功臣，何所不服！"（西汉·司马迁《史记》）

"程公为是州，得闽山嶻嶭之际，为亭于其处，其山川之胜，城邑之大，宫室之荣，不下簟席而尽四瞩。"（宋·曾巩《道山亭记》）

"自昔遘难初，城邑遭屠割。"（清·顾炎武《寄弟纾及友人江南》）

（十五）瞰

瞰即视、看。

"瞰，视也。"（东汉·张揖《广雅·释诂一》）

"瞰四裔而抗棱。"（东汉·班固《文选·东都赋》）

"左瞰肠谷。"（东汉·张衡《文选·东京赋》）

"瞰帝唐之嵩高兮，脉隆周之大宁。"（东汉·班固《汉书·扬雄》）

"俯瞰九江水，旁瞻万里窒。"（唐·元稹《松鹤》）

"瞰临城中。"（南北朝·范晔《后汉书·光武纪上》）

"下瞰峭壑阴森。"（明·徐宏祖《徐霞客游记·游黄山记》）

（十六）临

临即靠近。

"不临深溪，不知地之厚也。"（东周·荀子《荀子·劝学》）

"有亭翼然临于泉上。"（宋·欧阳修《醉翁亭记》）

（十七）涧

涧即山间流水的沟，或者小溪。

"涧，山夹水也。"（东汉·许慎《说文解字》）

（十八）王公

王公即爵位显贵的人。"王"即中国古代皇帝以下的最高爵位，"公"即对祖先的尊称，在西周金文中主要是王朝大臣之称，春秋时代"公"是诸侯的通称。

"今王公贵人。"（宋·苏轼·《教战守》）

"王公设险以守其国。险之时用大矣。"（周·姬昌·《周易》）

"坐而论道，谓之王公。"（西周·姬旦《周礼·考工记序》）

三、知识解读

（一）回顾三之造和二之具

1. 回顾三之造

凡采茶，在二月，三月，四月之间。其日有雨不采，晴有云不采。晴，采之、蒸之、捣之、焙之、穿之、封之、茶之干矣。自采至于封，七经目。

茶有千万状，卤莽而言。自胡靴至于霜荷，八等。

2. 回顾二之具

唐代制茶工具包括籝、灶、釜、甑、箄、叉、杵臼、规、承、襜、芘莉、棨、扑、焙、贯、棚、穿、育，其作用依次如下：

（1）采茶（采摘）工具

籝，即竹篮，用于盛放鲜叶。

（2）蒸茶（杀青）工具

灶，即无烟囱的炉灶，用于给"釜"加热；

釜，即带唇口形的锅，用于烧水、盛"甑"；

甑，即蒸茶的蒸笼，包括箄、叉，用于盛放并蒸茶。

（3）捣茶（揉捻）、拍茶（造型）工具

杵臼，即碓，用于捣碎（揉捻）蒸青叶；

规，即铁制模具，用于揉捻叶造型；

承，即石头或木头制成的砧或台，用于盛放模具；

襜，即油绢或雨衣或单衫制成的布或袋，用于盛放蒸过的茶叶，便于压制后脱模；

芘莉，即竹制的架子，用于放置茶饼。

（4）烘焙（干燥）工具

棨，即锥刀，供饼茶穿孔用；

扑，即绳子或鞭子，用于串饼茶运输；

焙，即炉灶，用于烘烤茶饼；

贯，即竹子削成的棍子，用于串饼茶烘焙；

棚，即两层木架，用于盛放饼茶烘焙。

（5）穿茶（计数）、封藏（包装）工具

穿，即串或钏，用于计数工具，分为上、中、小串；

育，即木制的框架，用于贮藏茶饼。

（二）可省略的制茶工艺及其用具

清明节前后，三五好友相约去茶园采茶，随即进行杀青、揉捻、干燥，其制茶工具包括籝、灶、釜、甑、箅、叉、杵臼、规、承、襜、芘莉，则可省略烘焙用具、计数用具以及包装用具。

（1）若茶叶无剩余，可省略造型、干燥、计数和封藏等工艺；为了减轻旅途的负担，享受更多的闲适与自由，即省略造型工具、干燥工具、计数工具及包装工具。

（2）若茶叶有剩余，可将散茶压制成茶饼，然后包装即可带走；或者直接用封藏工具包装即可带走。

总而言之，携带完备的制茶工具会增添许多不便，故不必机械地照搬照用，只要根据制茶情况灵活选择制茶工艺及用具即可。

（三）回顾五之煮和四之器

1. 回顾五之煮

其始，蒸罢热捣。

其火，用炭，次用劲薪。

凡炙茶，慎勿于风烬间炙。

其水，用山水上，江水中，井水下。

其沸，缘边如涌泉连珠，为二沸。

凡酌，置诸碗，令沫饽均。

凡煮水一升，酌分五碗，乘热连饮之。

2. 回顾四之器

唐代煮茶器具包括风炉、灰承、炭挝、火筴、筥、交床、竹筴、複、筅、碾、罗合、则、纸囊、水方、漉水囊、瓢、熟盂、醝簋、碗、札、涤方、巾、具列、都篮、畚等二十几件，据其功能，可分为如下六类：

（1）烤茶器具

①生火器具

风炉，即火炉，用于煮茶；

灰承，即三脚架，用于支撑火炉；

炭檛，即铁棒或铁锤，用于碎碳；

火筴，即火筷、火钳，用于夹碳；

筥，即篮子，用于盛碳或盛碗等。

②烤茶器具：夹，即茶夹，用于夹烤茶叶。

（2）碾茶器具

碾，即碾槽、碾磙，用于磨碎茶叶；

拂抹，即刷子，用于清扫茶末；

罗，即筛子，用于筛出茶末；

纸囊，即纸袋，用于储藏茶叶；

合，即盒子，用于保存茶末。

（3）煮水器具

①取水器具：瓢，即舀水瓢，用于取水。

②过滤器具：漉水囊，即滤水用具，用于过滤煮茶之水。

③储水器具：水方，即盛水器皿。

④煮水器具：熟盂，即盛放沸水的水盂。

⑤盛盐、取盐器具：

醝簋，即盐罐子，用于装盐；

揭，即竹勺，用于取盐。

（4）煮茶器具

①取茶器具：则，即盛茶叶、茶末的匙，用于量取茶叶。

② 煮茶器具：

镀，即锅，用于煮水烹茶；

交床，即木架，用于安置镀；

竹筴，即筷子，用于煎茶时搅拌。

（5）饮茶器具　碗，即品茗器具。

（6）其他器具

① 清洁器具：

札，即刷子，用于清洗茶具；

涤方，即盆，用于清洗和装废水；

滓方，即收集茶叶渣的器具，用于汇聚废弃物；

巾，即茶巾，用以擦拭器具。

② 收纳器具：

畚，即草笼，用于收纳茶碗；

具列，即架子和柜子，用于陈列茶器；

都篮，即竹篮子，用于收贮所有茶具。

（四）可省略的煮茶步骤及其器具

唐代煮茶步骤是炙茶→碾（罗）茶→炭火→择水→煮水→加盐→加茶粉→育汤花→分茶→饮茶，所需的煮茶器具包括风炉、炭檛、火筴、筥、交床、具列、複、筴、罗合、则、竹筴、纸囊、碾、涤方、碗、水方、漉水囊、瓢、熟盂、鹾簋、灰承、札、巾、都篮、畚。

（1）若在山涧、松林间煮茶，茶具可以放在石头上，即可省略具列；若用干柴枯叶、鼎枥之类的锅来烧水，即可省略风炉、灰承、炭檛、火筴、複；若煮茶的锅放在岩石或地面上，即可省略交床。

（2）若煮茶附近有泉水、小溪，即可省略水方、漉水囊及涤方。

（3）若饮茶少于五人，即可省罗。

（4）若想攀登高山，或者进入山洞，需提前炙茶、末茶，即可省略烤茶步骤及碾茶步骤，对应的器具有纸囊、碾、水方、罗合、则、拂末。

（5）若瓢、碗、竹笑、札、熟盂、醯篮这些工具都能装进管里，即可省略都篮、畚、具列。

四、研习方案

（一）回顾三之造和二之具

"回顾三之造和二之具"研习方案见表9-1。

表9-1 "回顾三之造和二之具"研习方案

研习内容	回顾三之造和二之具		
学情分析	经过三之造和二之具专题的学习，学生已经能够基本掌握制茶工艺及其用具		
研习目标	回顾三之造和二之具，温故而知新		
评价目标	（1）熟知制茶工艺； （2）熟知制茶用具		
重难点	熟知制茶工艺及其用具，并灵活运用		
研习方法	（1）讲授法； （2）实物演示法； （3）讨论法		
研习环境	教师活动	学生活动	设计意图
导入 三之造	展示图片	观察，回答： "采茶？蒸茶？"	看图说话 引出专题
回顾 三之造	唐代制茶工艺有哪些	思考，回答："采茶？ 蒸茶？捣茶？"	以已学知识为引 逐步导出
讲解	从采摘到封装，一共有七道工序。采摘新鲜茶叶，进行蒸青，揉捻，造型，干燥，记数，封装几道工序，即可制成茶饼。茶饼的形状千姿百态，按其形态颜色来分，从像胡人的皮靴到像经霜打过的荷叶，共有八个等级	认真听讲	联系实际 随堂互动

交流讨论	唐代的制茶工艺有哪些被沿用至今	讨论，回答：采茶、蒸茶（杀青）	
总结知识	自采至于封，七经目。晴，采之、蒸之、捣之、焙之、穿之、封之、茶之干矣。茶有千万状，自胡靴至于霜荷，八等	做笔记	回顾三之造
导入 二之具	展示图片	思考，回答：采茶？ 蒸茶？捣茶	看图说话 引出专题
回顾 二之具	唐代制茶工具有哪些	讨论，回答：籝？灶？ 杵臼？规？焙？贯？	以已学知识为引 逐步导出
讲解	茶有千万状，自采至于封，七经目，与其制茶工具按作用可分为： 采茶工具：籝； 蒸茶工具：灶、釜、甑、箄、叉； 成型工具：杵臼、规、承、檐、芘莉； 干燥工具：棨、扑、焙、贯、棚；记数工具：穿； 封藏工具：育	认真听讲	联系实际 随堂互动
交流讨论	唐代制茶工具有哪些特点	讨论，回答：就地取材，制作简便	
总结知识	茶有千万状，自采至于封，七经目，与其制茶工具有籝、灶、釜、甑、箄、叉、杵臼、规、承、檐、芘莉、棨、扑、焙、贯、棚、穿、育	做笔记	回顾二之具

（二）可省略的制茶工艺及其用具

"可省略的制茶工艺及用具"研习方案见表9-2。

表9-2 "可省略的制茶工艺及用具"研习方案

研习内容	可省略的制茶工艺及其用具
学情分析	在本专题学习之前，学生已经熟练掌握制茶工艺及其用具
研习目标	在熟练掌握制茶工艺及其用具基础上，可根据不同情况灵活运用制茶工艺及其用具
评价目标	具体场景具体分析，灵活运用制茶工艺及其用具
重难点	灵活运用制茶工艺及其用具

研习方法	(1) 讲授法； (2) 实物演示法； (3) 讨论法		
研习环境	教师活动	学生活动	设计意图
导入 制茶工艺	根据不同的制茶情况，如何选择制茶的工艺及 其用具	观察，回答：在野 外，用木柴生火炒 茶。	引出内容
制茶工艺	在野外的茶园制茶，可省略哪些制茶工艺及其 用具	思考，回答：可省 略棨？朴？贯？棚？	以已学知识为引 逐步导出
讲解	若春季清明前后，在野外自然环境下寺院或山 间的茶园，大家一起采茶，即刻进行杀青、揉 捻、干燥，那么棨、扑、焙、贯、棚、穿、育 七种制茶工具均可省略	认真听讲	联系实际 随堂互动
交流讨论	若茶有剩余，应该怎么办	讨论，回答：压制？封藏？冷藏？	
总结知识	于野寺山园，丛手而掇，乃蒸，乃舂，乃复以 火干之，则又棨、扑、焙、贯、棚、穿、育等 七事皆废	做笔记	
导入 制茶用具	唐代制茶工艺及其器具十分繁琐，能通过哪些 方式化繁为简呢	思考，回答：省略制 茶工艺及其用具，使 制茶过程更加精炼	看图说话 引出专题
制茶用具	为什么省略制茶工艺及其用具	讨论，回答：便捷、 简单	以已学知识为引， 逐步导出
讲解	春季清明前后，在野外自然环境下寺院或山间 的茶园采茶，制茶和饮茶，若茶叶无剩余，不 需要将散的干茶压制成饼茶并带走，即可省略 棨、扑、焙、贯、棚、穿、育七种制茶工具	做笔记	
交流讨论	唐代制茶用具的精炼对现代茶叶的发展有什么 意义	讨论，回答：指导现代茶叶生产，使制 茶工艺更加简化，发展茶产业	
总结知识	于野寺山园，若茶叶无剩余，不需要将散的干 茶压制成饼茶并带走，则又棨、扑、焙、贯、 棚、穿、育等七事皆废	做笔记	

（三）回顾五之煮和四之器

"回顾五之煮和四之器"研习方案见表9-3。

表9-3　"回顾五之煮和四之器"研习方案

研习内容	回顾五之煮和四之器		
学情分析	经过五之煮和四之器专题的学习，学生已基本掌握煮茶步骤及其器具		
研习目标	回顾五之煮和四之器，温故而知新		
评价目标	（1）熟知煮茶步骤； （2）熟知煮茶器具		
重难点	熟知煮茶步骤及其器具，并灵活运用		
研习方法	（1）讲授法； （2）实物演示法； （3）讨论法		
研习环境	教师活动	学生活动	设计意图
导入 五之煮	展示图片	观察，回答："采茶？蒸茶？"	看图说话 引出专题
回顾 五之煮	唐代制茶工艺有哪些	思考，回答："采茶？蒸茶？捣茶？"	以已学知识为引 逐步导出
讲解	开始制茶的时候，柔嫩的叶子要趁热捣碎。烤茶和煮茶的燃料最好用木炭，其次用硬柴。不能在通风的余焰上烤茶饼。煮茶用的水，以山水最好，江水次之，井水最差。边缘像泉涌连珠时，为第二沸；喝茶的时候，将茶汤倒进茶碗里，应该保持水面的浮沫每只碗里均匀。通常烧一升水，可以舀出五碗来。煮好的茶要趁热喝完	认真听讲	联系实际 随堂互动
交流讨论	哪些煮茶步骤对茶汤色香味有影响	讨论，回答：炙茶、择水、煮水	

总结知识	其始，蒸罢热捣。 其火，用炭，次用劲薪。 凡炙茶，慎勿于风烬间炙。 其水，用山水上，江水中，井水下。 其沸，缘边如涌泉连珠，为二沸。 凡酌，置诸碗，令沫饽均。 凡煮水一升，酌分五碗，乘热连饮之。 沾有膻腥气味的风炉或碗，不能用作煮饮茶叶的器具；有油烟的柴和沾染油腥气味的炭，不宜用作烤、煮茶的燃料；急流和死水，不宜用于调煮茶汤；外熟内生或青绿色的茶末不宜用于煮茶；操作不熟练和搅动过快，不能煮出好茶汤	做笔记	
导入四之器	展示图片	观察，回答：风炉、炭檛、茶碾？	看图说话引出专题
回顾四之器	唐代煮茶器具有哪些	讨论，回答：唐代煮茶器具有风炉、炭檛、火筴、笪	以已学知识为引逐步导出
讲解	唐代煮茶步骤需要八类煮茶器具，即烤茶器具、碾茶器具、煮水器具、煮茶器具、饮茶器具，其包括风炉、炭檛、火筴、笪、交床、竹筴、複、筴、碾、罗合、则、纸囊、水方、漉水囊、瓢、熟盂、鹾簋、碗、札、涤方、巾、具列、都篮、畚。茶有九难，一曰造，二曰别，三曰器，四曰火，五曰水，六曰炙，七曰末，八曰煮，九曰饮。沾有膻腥气味的风炉和碗，不能用作煮饮茶叶的器具；有油烟的柴和沾染了油腥气味的炭，不宜用作烤、煮的燃料；急流和死水，不宜用于调煮茶汤；外熟内生，是没有烤炙好；青绿色的粉末和青白色的茶灰，是碾得不好的茶末；操作不熟练和搅动得过快，就煮不出好茶汤；只在夏天饮茶而不在冬季饮茶，就不能说是饮茶	认真听讲	联系实际随堂互动
交流讨论	有哪些唐代煮茶器具被沿用至今	讨论，回答："我国饮茶历史经历了咀嚼鲜叶、煮茶法等到现在的泡饮法。比如札、巾、碗等一直被沿用至今。"	

总结知识	唐代煮茶器具即风炉、炭檛、火筴、鍑、交床、竹筴、複、筥、碾、罗合、则、纸囊、水方、漉水囊、瓢、熟盂、鹾簋、碗、札、涤方、巾、具列、都篮、畚。茶有九难：一曰造，二曰别，三曰器，四曰火，五曰水，六曰炙，七曰末，八曰煮，九曰饮。膻鼎腥瓯，非器也；膏薪庖炭，非火也；飞湍壅潦，非水也；外熟内生，非炙也；碧粉缥尘，非末也；操艰搅遽，非煮也；夏兴冬废，非饮也	做笔记

（四）可省略的煮茶步骤及其器具

"可省略的煮茶步骤及其器具"研习方案见表9-4。

表9-4　"可省略的煮茶步骤及其器具"研习方案

研习内容	可省略的煮茶步骤及其器具		
学情分析	在本专题学习之前，学生已经熟练掌握煮茶步骤及其器具		
研习目标	学习"九之略"专题内容后，能够根据实际情况省略煮茶步骤及其器具		
评价目标	灵活运用煮茶步骤及其器具		
重难点	具体场景具体分析，灵活运用煮茶步骤及其器具		
研习方法	（1）讲授法； （2）实物演示法； （3）讨论法		
研习环境	教师活动	学生活动	设计意图
导入 煮茶步骤	根据不同的煮茶环境，如何煮茶	观察，回答："若在野外的茶园煮茶，唐代煮茶步骤及其器具均可省略，若在都市或贵族家中煮茶，不能省略任何一个煮茶步骤及其器具。"	引出内容
煮茶步骤	在野外的茶园煮茶，可省略哪些煮茶步骤	思考，回答：择水？碾茶？	以已学知识为引逐步导出

讲解	对于煮茶步骤,可以省略炙茶、碾(罗)茶、炭火、择水	认真听讲	联系实际 随堂互动
交流讨论	现代泡茶技艺与唐代煮茶步骤有什么相似之处	讨论,回答:"现代泡茶技艺的品饮烤茶的方式与唐代煮茶需要炙茶相似。"	
总结知识	其煮器,若松间石上可坐,则具列废。用槁薪、鼎枥之属,则风炉、灰承、炭檛、火筴、交床等废。若瞰泉临涧,则水方、涤方、漉水囊废。若五人以下,茶可末而精者,则罗废。若援藟跻岩,引絙入洞,于山口炙而末之,或纸包合贮,则碾、拂末废。既瓢、碗、筴、札、熟盂、醯簋悉以一筥盛之,则都篮废	学习古人对茶道的态度有助于我们认识现代茶道	
导入 煮茶器具		思考,回答:"在野寺山园、松间石上、泉水涧侧等幽野之处煮茶时,直接取水用具瓢、分茶用具熟盂、盛盐、取盐用具醯簋、烤茶用具筴及清洁用具札即可煮茶饮用。"	看图说话 引出专题
煮茶器具	可以省略哪些器具	讨论,回答:风炉?火?交床?	以已学知识为引,逐步导出
教师讲解	对于煮茶器具,在煮茶过程中,可依据实际情况灵活选择煮茶器具。若在山涧、松林间煮茶,茶具放于石上,可省略摆放茶具的架子;若用干柴枯叶、鼎枥之类的锅来烧水,可省略风炉、灰承、炭檛、火筴、交床等工具;若在泉水、溪水边煮茶,用水方便,可省略水方、涤方、漉水囊;若饮茶少于五人,充分碾茶后,可省略罗筛;若攀登高山或入山洞,提前将茶烤好、捣碎,用纸或盒包装。做好以上准备后,可省略碾和拂末;若瓢、碗、竹筴、札、熟盂、醯簋都能装进一筥里,那么可省略都篮。综上所述,在野外的茶园中煮茶可以省略具列、风炉、灰承、炭檛、火筴、筥、交床、水方、涤方、漉水囊、罗合、碾、拂末、都篮等。由此我们只需携带取水用具瓢、分茶用具熟盂、盛盐、取盐用具醯簋、烤茶用具筴及清洁用具札即可	做笔记	

第九章

茶之略研习

交流讨论	煮茶器具的精炼对现代茶叶的发展有什么意义	讨论，回答： 促进茶文化发展？
总结知识	于野寺山园，其煮器，若松间石上可坐，则具列废。用槁薪、鼎枥之属，则风炉、灰承、炭檛、火筴、交床等废。若瞰泉临涧，则水方、涤方、漉水囊废。若五人以下，茶可末而精者，则罗废。若援藟跻岩，引绠入洞，于山口灸而末之，或纸包合贮，则碾、拂末等废。既瓢、碗、筴、札、熟盂、醯篮悉以一笥盛之，则都篮废	做笔记

五、课后活动

课后活动内容见表9-5。

表9-5　"游茶园品茶味"活动方案

活动名称	游茶园品茶味		
活动时间	根据教学环节灵活安排		
活动地点	根据教学环节灵活安排		
活动目的	（1）扩展学生认知面，开拓视野，了解自然，享受自然，回归自然； （2）增进团队中个人的有效沟通，增强团队的整体互信，结识新朋友； （3）提升开放的思维模式，体验自我生存的价值，分享成功的乐趣		
安全保障	专业拓展培训教师、户外安全指导员、专业技术保障设备、随队医生全程陪同		
活动内容			
项目	指导教师	辅助教师	备注
全体集合乘校车前往茶园	A老师	B老师	
观看制茶车间，学习制茶技术	A老师	B老师	

项目	指导教师	辅助教师	备注
看图说话	A老师	B老师	规则：老师给出三张不同场景的制茶图片，分别为野外、唐代宫廷和现代制茶工厂；同学们依次说出对应图片中制茶工艺及其用具的名称，正确加一分，在最短时间内累计十分则获胜
全体集合乘校车返校	A老师	B老师	
午餐	A老师	B老师	
择具泡茶	A老师	B老师	学生自行选择泡茶器具品饮茶
真心话大总结	A老师	B老师	学生交流学习收获

活动反馈

通过本次活动，学生更加了解制茶和煮茶过程，以及制茶工具、煮茶器具，学会根据实践情况选择制茶工艺及其用具和煮茶步骤及其器具

第九章

茶之略研习

第十章

茶之图研习

《茶经·十之图》原文共64个字，详细地介绍了陆羽完成《茶经》后，分布写之、陈诸座隅、目击而存和始终备焉的宣传策略。

　　为了深入宣传《茶经》，陈诸座隅，目击而存，普及茶叶知识，传播中国茶文化；本章以陆羽《茶经·十之图》为引，从茶经原文、原文分析、知识解读、研习方案、课后活动五个方面，回顾一之源、二之具、三之造、四之器、五之煮、六之饮、七之事、八之出、九之略。

一、茶经原文

以绢素或四幅或六幅，分布写之，陈诸座隅，则茶之源、之具、之造、之器、之煮、之饮、之事、之出、之略，目击而存，于是茶经之始终备焉。

> 用素色绢绸，分成四幅或六幅，将《茶经》分别写在上面，陈列于茶桌旁，那么茶的起源、采制工具、制茶方法、煮饮器具、煮茶方法、饮茶方法、有关茶事记载、产地及茶具的省略方式等，一目了然，《茶经》的内容从头到尾完全掌握了。

二、原文分析

（一）图

　　图即挂图，由白色的绢布制成。

　　"其曰图者，乃谓统上九类写绢素张之，非有别图。其类十，其文实九也。"（清·纪昀《四库全书提要》）

（二）以

以即用。

"视其所以。"（东周·孔子《论语·为政》）

（三）绢素

绢素即白色的绢布，用以书画或屏风。

"诏谓将军拂绢素，意匠惨澹经营中。"（唐·杜甫《杜工部草堂诗笺》）

"今之画人，笔墨混于尘埃，丹青和其泥滓，徒污绢素，岂曰绘画。"（唐·张彦远《历代名画记》）

绢，即丝织物名，用绢纱抄写诗词、书写经文、记载文献等。

"绢，生白缯，似缣面疏者也。"（汉·史游《急就篇》）

素，即白色生绢，用来制作服饰、书写文字。

"素衣朱绣。"（西周《诗经》）

（四）幅

幅即布帛的宽度。

"幅陨既长。"（西周《诗经·商颂·长发》）

（五）座隅

座隅即座位的旁边。

"昏封印点刑徒，愧负荆山入座隅。"（唐·李商隐《任弘农尉献州刺史乞假还京》）

隅，即角落。

"举一隅不以三隅反，则不复也。"（东周·孔子《论语·述而》）

（六）目击而存

目击而存即看在眼里，铭记于心。

"庄子所谓'传'，传以心也；屈子所谓'受'，'受'以心也。目击而存，不言而喻。耳受而口传之，离道远矣！"（宋·王应麟《困学纪闻》）

三、知识解读

（一）回顾《茶经》各章

《茶经》有一之源、二之具、三之造、四之器、五之煮、六之饮、七之事、八之出、九之略等知识介绍内容，"十之图"为印制宣传部分。

回顾《茶经》前九个章节内容：

1. 一之源

茶者，南方之嘉木也。

其字，或从草，或从木，或草木并。其名，一曰茶，二曰槚，三曰蔎，四曰茗，五曰荈。

2. 二之具

唐代制茶工具包括籝、灶、釜、甑、箅、叉、杵臼、规、承、檐、芘莉、棨、扑、焙、贯、棚、穿、育，其作用依次如下：

采茶工具：籝。

蒸茶工具：灶、釜、甑。

捣茶工具：杵臼、规、檐、芘莉。

烘茶工具：棨、扑、焙、贯、棚。

穿茶、封茶工具：穿、育。

3. 三之造

凡采茶，在二月，三月，四月之间。其日有雨不采，晴有云不采。晴，采之、蒸之、捣之、焙之、穿之、封之、茶之干矣。自采至于封，七经目。

茶有千万状，卤莽而言。自胡靴至于霜荷，八等。

4. 四之器

茶之为饮，发乎神农氏，闻于鲁周公，兴于唐；唐代多为蒸青团茶，以煮茶为主，涉及十四件相关器具——风炉、炭檛、火筴、鍑、交床、竹筴、鍑、筴、碾、罗合、则、纸囊、水方、漉水囊、瓢、熟盂、鹾簋、碗、札、涤方、巾、具列、都篮、畚。

5. 五之煮

凡炙茶，慎勿于风烬间炙。

其始，蒸罢热捣。

其火，用炭，次用劲薪。

其水，用山水上，江水中，井水下。

其沸如鱼目，微有声。

凡煮水一升，酌分五碗，乘热连饮之。

6. 六之饮

翼而飞，毛而走，呿而言，此三者俱生于天地间，饮啄以活，饮之时义远矣哉！

茶有九难：一曰造，二曰别，三曰器，四曰火，五曰水，六曰炙，七曰末，八曰煮，九曰饮。

7. 七之事

茶之为饮，发乎神农氏，闻于鲁周公。齐有晏婴，汉有扬雄、司马相如，吴有韦曜，晋有刘琨、张载、远祖纳、谢安、左思之徒，皆饮焉。

8. 八之出

八之出，将唐代全国茶区的分布归纳为山南（荆州之南）、浙南、浙西、剑南、浙东、黔中、江西、岭南等八区，并谈各地所产茶叶的优劣。

9. 九之略

在九之略中，分析采茶、制茶用具可依当时环境，省略某些用具，若在野外的茶园煮茶，唐代煮茶步骤及其器具均可省略，若在都市或贵族家中煮茶，不能省略任何一个煮茶步骤及其器具。

（二）十之图

1. 分布写之

用几幅白绢分别书写茶之源、之具、之造、之器、之煮、之饮、之事、之出、之略，陈列于茶桌旁，便于随时看到并讨论从而得到传播。

2. 始终备焉

从头到尾书写完《茶经》，通过学习十之图之后，从十之图的内容上可分析出，十之图这一章节作为《茶经》的印制宣传部分，为宣传《茶经》这一书奠定了基础。

四、研习方案

（一）回顾《茶经》

"回顾《茶经》各章节研习方案"见表10-1。

表10-1　"回顾《茶经》各章节"研习方案

研习内容	回顾《茶经》各章节
学情分析	经过一之源至九之略专题的学习，学生已能够基本掌握回顾《茶经》各章节知识
研习目标	回顾一之源至九之略，温故而知新
评价目标	熟知《茶经》各章节知识
重难点	熟知《茶经》各章节主要内容，并灵活运用
研习方法	（1）讲授法； （2）实物演示法； （3）讨论法； （4）情景再现

（二）十之图

"十之图"研习方案见表10-2。

表10-2　"十之图"研习方案

研习内容	十之图
学情分析	经一之源、二之具、三之造、四之器、五之煮、六之饮、七之事、八之出、九之略专题的讲解，学生已熟练掌握《茶经》一至九专题知识
研习目标	在《茶经》一至九专题知识基础上，归纳总结

324

评价目标	归纳总结		
重难点	总结知识		
研习方法	（1）讲授法； （2）实物演示法； （3）讨论法		
研习环境	教师活动	学生活动	设计意图
导入 分布写之	茶企业、茶厂墙壁上张贴的质量规范标准文件和茶叶生产规范有什么作用	观察，回答： 警示？提示？	思考问题 引出专题
分布写之	茶经写了哪些内容	思考，回答： 茶之具？茶之煮？	以已学知识为引 逐步导出
讲解	用白绢分别书写茶之源、之具、之造、之器、之煮、之饮、之事、之出、之略，陈列于茶桌座位旁边	认真听讲	联系实际 随堂互动
交流讨论	茶经宣传册应挂在什么地方	讨论，回答：座位旁边？墙上？	
总结知识	以绢素，分布写之，陈诸座隅，目击而存	做笔记	引出始终备焉
导入 始终备焉	印制海报的作用是什么	思考，回答： 宣传？展览？	思考问题 引出专题
引入 始终备焉	现在如何宣传一本书	讨论，回答： 开推荐会？	以已学知识为引 逐步导出
讲解	从头到尾书写完成《茶经》，通过学习十之图之后，从十之图的内容上可分析出，十之图这一章节作为《茶经》的印制宣传部分，为宣传《茶经》这一书奠定了基础	认真听讲	联系实际 随堂互动
交流讨论	现今宣传茶经的方式	讨论，回答：报纸？广告？电视宣传？	
总结知识	于是《茶经》之始终备焉	做笔记	

五、课后活动

课后活动内容见表10-3。

表10-3　"参观茶叶博物馆"活动方案

活动名称	参观茶叶博物馆
活动时间	根据教学环节灵活安排
活动地点	根据教学环节灵活安排
活动目的	（1）扩展学生认知面，开拓视野，了解自然，享受自然，回归自然，回归原始； （2）增进团队中个人的有效沟通，增强团队的整体互信，结识新朋友； （3）提升开放的思维模式，体验自我生存的价值，分享成功的乐趣
安全保障	专业拓展培训教师、户外安全指导员、专业技术保障设备、随队医生全程陪同

活动内容

项目	指导教师	辅助教师	备注
集合乘车	A老师	B老师	
进入馆内参观	A老师	B老师	
了解茶史	A老师	B老师	
吃饭、休息	A老师	B老师	
了解茶俗	A老师	B老师	
了解茶人茶事	A老师	B老师	
参观各类茶具	A老师	B老师	
集合乘车返回	A老师	B老师	

活动反馈

通过本次活动，学生更加了解茶叶历史，以及茶俗、茶人茶事和茶具，学会根据实践情况选择适合喝茶的器具

[1] 蔡定益.明代茶书研究［D］.合肥：安徽大学，2016.

[2] 曹壹茗.唐宋时期中原地区茶叶地理［D］.郑州：郑州大学，2019.

[3] 陈文华，余悦.国家职业资格培训教程——茶艺师（基础知识）［M］.北京：中国劳动社会保障出版社，2004.

[4] 陈文华，余悦.国家职业资格培训教程——茶艺师（初级技能·中级技能·高级技能）［M］.北京：中国劳动社会保障出版社，2004.

[5] 陈文华.我国饮茶方法的演变［J］.农业考古，2006（2）：118-124.

[6] 陈文华.中国茶道与美学［J］.农业考古，2008（5）：172-182.

[7] 陈文华.中国茶文化学［M］.北京：中国农业出版社，2006.

[8] 陈文华.中国茶艺的美学特征［J］.农业考古，2009（5）：78-85.

[9] 陈文华.中国古代茶具演变简史［J］.农业考古，2006（2）：131-140.

[10] 陈文华.中华茶文化基础知识［M］.北京：中国农业出版社，2003.

[11] 陈香白，陈叔麟.潮州工夫茶［M］.北京：中国轻工业出版社，2005.

[12] 陈香白."茶文化学者"之太极思维［J］.农业考古，2002（2）：68-73.

[13] 陈香白.中国茶文化（修订版）［M］.太原：山西人民出版社，2002.

[14] 陈宗懋，杨亚军.中国茶经［M］.上海：上海文化出版社，2011.

[15] 丁以寿.茶艺［M］.北京：中国农业出版社，2014.

[16] 丁以寿.茶艺与茶道［M］.北京：中国轻工业出版社，2019.

[17] 丁以寿.中国茶艺［M］.合肥：安徽教育出版社，2011.

［18］丁以寿.中华茶道［M］.合肥：安徽教育出版社，2007.

［19］丁以寿.中华茶艺［M］.合肥：安徽教育出版社，2008.

［20］范增平.茶艺美学论［J］.广西民族学院学报（哲学社会科学版），2002，24（2）：58-61.

［21］付大霞.唐代咏茶文学研究［D］.南京：南京师范大学，2013.

［22］高红."自然"与日本茶道美学［J］.农业考古，2008（6）：171-173.

［23］高希.唐代茶酒文化研究［D］.北京：首都师范大学，2012.

［24］顾湘俊.中国茶礼仪及其文化底蕴［J］.食品工业，2021，42（4）：513.

［25］顾野王.玉篇校释［M］.上海：上海古籍出版社，1989.

［26］关传友.唐宋时期皖西地区的茶业［J］.农业考古，2008（2）：274-277.

［27］何先成.唐代茶文化形成的原因述论［J］.农业考古，2015（5）：27-30.

［28］何晓芳.唐代茶文化探析［D］.南京：南京农业大学，2010.

［29］黄晓琴.茶文化的兴盛及其对社会生活的影响［D］.杭州：浙江大学，2003.

［30］黄友谊.茶艺学［M］.北京：中国轻工业出版社，2021.

［31］黄玉梅.茶叶制作技术的演变［J］.农业考古，2010（5）：322-323.

［32］贾雯.英国茶文化及其影响［D］.南京：南京师范大学，2008.

［33］江静，吴玲.茶道［M］.杭州：杭州出版社，2003.

［34］江茗，汪松能，金彩虹.中华茶文化与宗教活动［J］.蚕桑茶叶通讯，2009（3）：40-41.

［35］江用文，童启庆.茶艺技师培训教材［M］.北京：金盾出版社，2008.

［36］江用文，童启庆.茶艺师培训教材［M］.北京：金盾出版社，2008.

［37］姜天喜，邓秀梅，吴铁.日本茶道文化精神［J］.理论导刊，2009（1）：111-112.

［38］姜天喜.论日本茶道的历史变迁［J］.西北大学学报（哲学社会科学版），2005（4）：170-172.

［39］金永淑.韩国茶文化史（续）［J］.茶叶，2001，27（4）：56-58.

［40］金永淑.韩国茶文化史［J］.茶叶，2001，27（3）：62-63.

［41］凯亚.中国茶道的淡泊之美［J］.农业考古，2004（4）：105-107.

［42］凯亚.中国茶道的简约之美［J］.农业考古，2006（2）：109-113.

［43］柯冬英，王建荣.宋代斗茶初探［J］.茶叶，2005，31（2）：119-122.

［44］冷雯雯.从《全唐诗》看唐代的茶业发展［D］.福州：福建师范大学，2010.

［45］李尔静.唐代后期税茶与榷茶问题考论［D］.武汉：华中师范大学，2017.

［46］李日熙.韩国茶文化空间研究［J］.韩国家庭资源经营学报，2004，8（2）：62-84.

［47］李瑞文，郭雅玲.不同风格茶艺背景的分析——色彩、书法、绘画在不同风格茶艺背景中的应用［J］.农业考古，1999（4）：102-106.

［48］李思颖，谭艳梅，张俊.浅谈茶艺表演中的解说词［J］.云南农业科技，2009（3）：6-10.

［49］李竹雨.中国古代茶叶储藏方式及器具的演变［J］.农业考古，2014（2）：57-64.

［50］梁月荣.茶盏茗居话茶艺［M］.北京：中国农业出版社，2006.

［51］梁子.法门寺唐代茶文化研究综述［J］.农业考古，1999（2）：47-49.

［52］林安君.从阎立本《萧翼赚兰亭图卷》谈唐代茶文化［J］.农业考古，1995（2）：221-223.

［53］林更生.关于"斗茶"的研究［J］.农业考古，1996（4）：138-140.

［54］林治.中国茶道［M］.北京：中华工商联合出版社，2000.

［55］刘民英.商务礼仪［M］.上海：复旦大学出版社，2020.

［56］刘勤晋，李远华，叶国盛.茶经导读［M］.北京：中国农业出版社，2015.

［57］刘勤晋.茶馆与茶艺［M］.北京：中国农业出版社，2007.

［58］刘勤晋.茶文化学［M］.北京：中国农业出版社，2014.

［59］芦琳.清代制度环境变迁中的商人组织［D］.太原：山西大学，2013.

［60］陆羽，陆廷灿.茶经·续茶经［M］.北京：中华工商联合出版社，2018.

［61］陆羽，沈冬梅.茶经校注［M］.北京：中国农业出版社，2006.

［62］陆羽.茶经：全彩权威解读版［M］.北京：中国轻工业出版社，2017.

［63］陆羽.陆羽茶经诵读（注音版）［M］.北京：中国轻工业出版社，2017.

［64］罗依斯.基于审美视角下的茶席设计研究［D］.长沙：湖南农业大学，2018.

［65］骆耀平.茶树栽培学［M］.北京：中国农业出版社，2015.

［66］吕维新.唐代茶叶生产发展和演变［J］.茶叶通讯，1989（4）：53-54.

［67］潘林.浅谈唐代榷茶制的形成［J］.农业考古，2004（2）：32-34.

［68］庞旭.清代茶叶种植地域、品类及产量研究［D］.合肥：安徽农业大学，2020.

［69］钱大宇.文化的积淀，艺术的显示，礼仪的弘扬——从茶馆到茶艺馆［J］.农业考古，1994（2）：153-157.

［70］乔木森.茶席设计［M］.上海：上海文化出版社，2005.

［71］阮浩耕，童启庆，寿英姿.习茶（修订版）［M］.杭州：浙江摄影出版社，2006.

［72］阮浩耕，王建荣，吴胜天.中国茶文化系列——中国茶艺［M］.济南：山东科学技术出版社，2002.

［73］沈冬梅.茶与宋代社会生活［M］.北京：中国社会科学出版社，2007.

［74］苏松林.白族"三道茶"文化特征初探［J］.云南民族学院学报，1991（4）：28-31.

［75］孙威江，陈泉宾.武夷岩茶［M］.北京：中国轻工业出版社，2006.

［76］覃红利，覃红燕.表演型茶艺解说的美学分析［J］.湖南农业大学学报（社会科学版），2006，5（5）：85-87.

［77］覃红燕，施兆鹏.茶艺表演研究述评［J］.湖南农业大学学报（社会科学版），2005，6（4）：98-100.

［78］陶兆娟，阮倩.宋人斗茶与建窑黑釉盏［J］.茶叶，2008，34（3）：190-191.

［79］滕军.论日本茶道的若干特性［J］.农业考古，2009（3）：145-149.

［80］滕晓漪.日本茶道建筑研究［D］.北京：北京林业大学，2009.

［81］童启庆.习茶［M］.杭州：浙江摄影出版社，1996.

［82］屠幼英.茶与健康［M］.杭州：浙江大学出版社，2021.

［83］汪莘野.茶论［M］.杭州：杭州出版社，2007.

［84］王超.宋代茶叶产区、产量及品名研究［D］.合肥：安徽农业大学，2020.

［85］王朝阳.日本茶道文化传承的教育人类学研究［D］.北京：中央民族大学，2008.

［86］王广智.唐代贡茶［J］.农业考古，1995（2）：252-256.

［87］王润贤，刘馨秋，冯卫英.中国茶叶种类及加工方法的形成与演变［J］.农业考古，2011（2）：251-254.

［88］王燕.宋代斗茶的民俗学研究［D］.武汉：华中师范大学，2013.

［89］王岳飞.茶文化与茶健康［M］.杭州：浙江大学出版社，2020.

［90］王子龙，郑志强.宋代茶叶专卖管理制度及其演变［J］.江西财经大学学报，2009（3）：16-21.

［91］魏嘉莹.茶艺师培训的"误区"及改进分析［J］.福建茶叶，2020，42（6）：256-257.

［92］吴建勤.由茶具的演变谈中国茶文化［J］.农业考古，2013（5）：72-75.

［93］吴觉农.茶经述评［M］.2版.北京：中国农业出版社，2005.

［94］吴觉农.茶经述评［M］.北京：农业出版社，1987.

［95］吴凯歌.明代品茗空间及其意境初探［D］.合肥：安徽农业大学，2019.

［96］吴普，孙星衍，孙冯翼.神农本草经［M］.北京：科学技术文献出版社，1996.

［97］吴启桐.宋代咏茶词研究［D］.延吉：延边大学，2012.

［98］吴泽.宋代茶诗研究［D］.锦州：渤海大学，2020.

［99］邢黎.浅谈日本茶道的文化魅力［J］.中国科技信息，2005（19）：175.

［100］徐美英，郭亮.唐代西南地区茶业述论［J］.农业考古，2021（5）：251-257.

［101］徐晓村.茶文化学［M］.北京：首都经济贸易大学出版社，2009.

［102］薛德炳.剖析茶之为饮闻于鲁周公的论据［J］.茶业通报，2020，42（1）：36-39.

[103] 晏婴著.晏子春秋［M］.北京：中国文史出版社，1999.

[104] 杨钦.中国古代茶具设计的发展演变研究［D］.南昌：南昌大学，2013.

[105] 杨秋莎.略谈宋代斗茶与茶具［J］.四川文物，1998（4）：42-44.

[106] 杨晓华.唐代茶及茶文化对外传播探析［J］.安徽农业大学学报（社会科学版），2017，26（2）：119-122.

[107] 杨雄撰.方言［M］.北京：国际文化出版公司，1993.

[108] 杨亚军.中国茶树栽培学［M］.上海：上海科学技术出版社，2005.

[109] 杨远宏，张文.白族三道茶茶艺表演初探［J］.德宏师范高等专科学校学报，2007，16（2）：13-15.

[110] 姚国坤，姜堉发，陈佩珍.中国茶文化遗迹［M］.上海：上海文化出版社，2004.

[111] 姚国坤，王存礼，程启坤.中国茶文化［M］.上海：上海文化出版社，1991.

[112] 姚国坤.茶宴的形成与发展［J］.中国茶叶，1989（1）：38.

[113] 叶伟颖.宋代茶叶私贩研究［D］.昆明：云南大学，2017.

[114] 于嘉胜.元明时期中国茶业的发展与管理制度创新［J］.山东农业大学学报（社会科学版），2012，14（2）：13-17.

[115] 余小荔，薛圣言.饮茶习俗的演变与陶瓷茶具的发展［J］.农业考古，2005（2）：101-103.

[116] 余悦.中国茶艺的美学品格［J］.农业考古，2006（2）：87-99.

[117] 余悦.中国茶艺的叙事方式及其学术意义［J］.江西社会科学，2007（10）：39-46.

[118] 余悦.中国茶韵［M］.北京：中央民族大学出版社，2002.

[119] 余悦.中国古代的品茗空间与当代复原［J］.农业考古，2006（5）：98-105.

[120] 张凯农，肖纯.我国茶税演进与茶业发展［J］.福建茶叶，1996（2）：43-45.

[121] 张丽霞，朱法荣.茶文化学英语［M］.西安：世界图书西安出版有限公

司，2015.

［122］张凌云，梁慧玲，陈文品. 茶文化教学内容对大学生人文素质与思想道德的影响初探［J］. 广东茶业，2010（1）：29-32.

［123］张凌云. 茶艺学［M］. 北京：中国林业出版社，2011.

［124］张堂恒，刘祖生，刘岳耘. 茶、茶科学、茶文化［M］. 沈阳：辽宁人民出版社，1994.

［125］张婉婷，詹潇洒. 茶席设计的美学［J］. 福建茶叶，2021，43（7）：270-272.

［126］张亚萍. 日本茶道的历程［J］. 贵州茶叶，2001（3）：36-38.

［127］赵和涛. 我国茶类发展与饮茶方式演变［J］. 农业考古，1991（2）：193-195.

［128］周才碧，宋丽莎. 都匀毛尖茶［M］. 成都：西南交通大学出版社，2020.

［129］周红杰，李亚莉. 民族茶文化［M］. 昆明：云南科技出版社，2016.

［130］周佳灵. 主题茶会中的茶席设计研究［D］. 杭州：浙江农林大学，2016.

［131］周景洪. 英国茶文化漫谈［J］. 武汉冶金管理干部学院学报，2007，17（2）：74-76.

［132］周巨根，朱永兴. 茶学概论［M］. 北京：中国中医药出版社，2007.

［133］周文棠. 茶道［M］. 杭州：浙江大学出版社，2003.

［134］周文棠. 茶艺表演的认识与实践［J］. 茶业通报. 2000，22（3）：47-48.

［135］周新华，潘城. 茶席设计的主题提炼及茶器择配——以茶艺《竹茶会》中茶席为例［J］. 农业考古，2012（5）：109-112.

［136］周智修，江用文，阮浩耕. 茶艺培训教材Ⅰ［M］. 北京：中国农业出版社，2021.

［137］周智修，江用文，阮浩耕. 茶艺培训教材Ⅱ［M］. 北京：中国农业出版社，2021.

［138］周智修，江用文，阮浩耕. 茶艺培训教材Ⅲ［M］. 北京：中国农业出版社，2022.

［139］周智修，薛晨，阮浩耕. 中华茶文化的精神内核探析——以茶礼、茶俗、

茶艺、茶事艺文为例［J］.茶叶科学，2021，41（2）：272-284.

［140］周智修.茶席美学探索［M］.北京：中国农业出版社，2020.

［141］周智修.习茶精要详解 上册（彩图版）/习茶基础教程［M］.北京：中国农业出版社，2018.

［142］周智修.习茶精要详解 下册（彩图版）/茶艺修习教程［M］.北京：中国农业出版社，2018.

［143］朱海燕.中国茶美学研究——唐宋茶美学思想与当代茶美学建设［D］.长沙：湖南农业大学，2008.

［144］朱红缨.茶文化学体系下的茶艺界定研究［J］.茶叶，2006，32（3）：176-178.

［145］朱红缨.关于茶艺审美特征的思考［J］.茶叶，2008，34（4）：251-254.

［146］朱红缨.中国茶艺规范研究［J］.浙江树人大学学报，2006，6（4）：96-99.

［147］朱云松，江平.论茶文化与社会文明之关系［J］.茶业通报，2007，29（1）：45-46.

［148］庄晚芳，唐庆忠，唐力新，等.中国名茶［M］.杭州：浙江人民出版社，1979.

［149］卓敏，李家贤，王秋霜，等.我国茶叶饮用的4个阶段及其特点［J］.广东农业科学，2009（7）：39-42.